黄河流域水利碑刻集成

河南卷 三

總　主　編　趙超　行龍

執行總主編　駱玉安

本　卷　主　編　余扶危

本卷執行主編　王雲紅

上海交通大學出版社
SHANGHAI JIAO TONG UNIVERSITY PRESS

清（二）

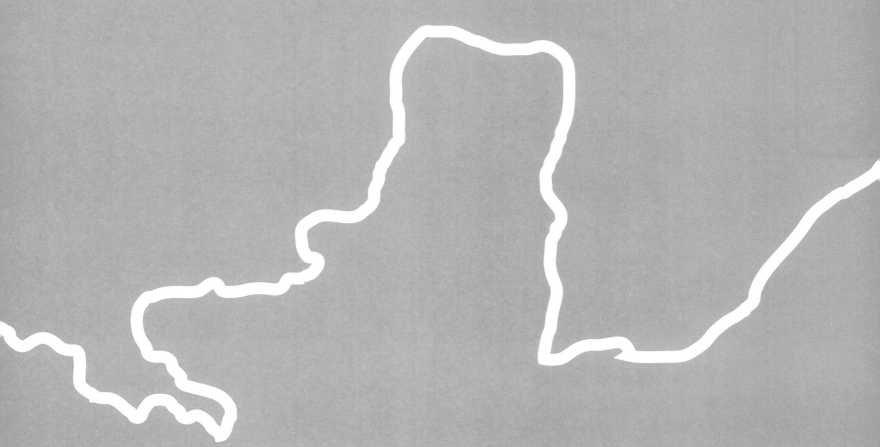

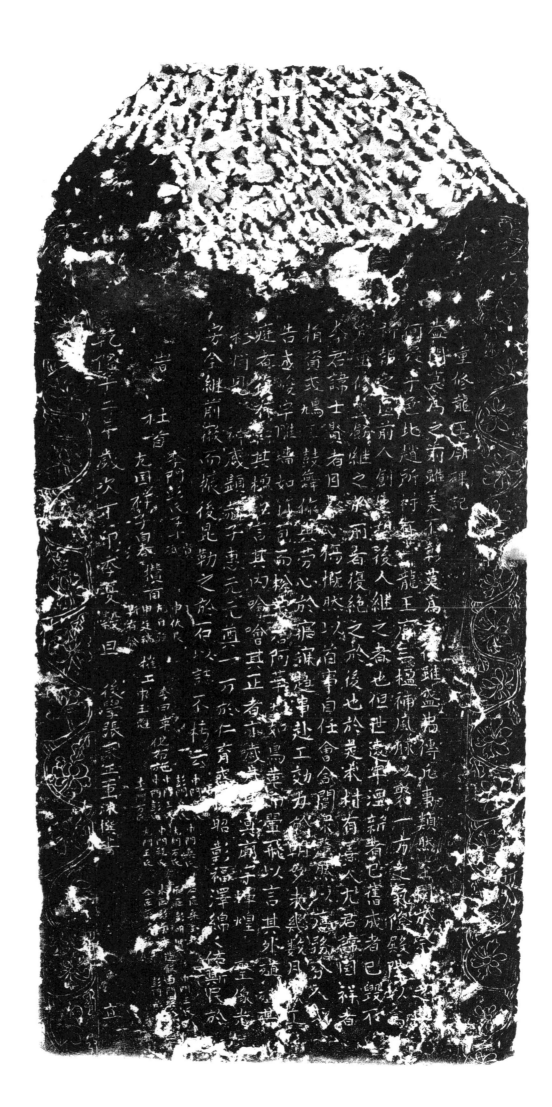

238. 重修龍王廟碑記

立石年代：清乾隆十二年（1747 年）
原石尺寸：高 116 厘米，寬 55 厘米
石存地點：安陽市林州市任村鎮趙所村龍王廟

重修龍王廟碑記

蓋聞莫爲之前，雖美不彰；莫爲之後，雖盛弗傳。凡事類然，至關於祭口之事，何疑乎？邑北趙所村有龍王廟三楹，補風脈以聚一方之氣，隆殿陛以爲祈報之區。前人創之，望後人繼之者也。但世遠年湮，新者已舊，成者已毀，不爲重修整飾，繼之於前者，復絕之於後也。於是本村有善人尤君諱國祥者、李君諱士賢者，目擊心傷，慨然以首事自任，會合闔衆，鰲然以庶務分人，或捐資，或鳩工。鼓舞作興，勞心於寤寐；趨事赴工，效力於朝夕。未幾數月，厥工告成。峻宇雕墻，如竹苞而松茂；檐阿華彩，如鳥革而翬飛。以言其外，殖殖其庭者，復有口其楹；以言其內，噲噲其正者，亦噦噦其冥。廟宇輝煌，聖像光彩。將見神威顯赫，子惠元元，奠一方於仁育；盛口昭彰，福澤綿綿，佑斯民於安全。繼前徽而振後昆，勒之於石，以誌不朽云。

後學張秉正薰沐撰書。

社首：李門彭氏子士賢、士斌，尤國祥子自春。攢首：申伏良、尤自強、申廷瑞、靳有發。摧工：李曰章、申玉魁。化布施：申門口氏、彭門口氏、申門王氏、申門彭氏。李門方氏、申門桑氏、尤門石氏、申門程氏、尤門王氏。

石匠桑玉林，瓦匠彭明賢，木匠彭子房，金匠蘇文口。造飯：申門王氏、申門桑氏、彭門桑氏。

時乾隆十二年歲次丁卯季夏穀旦立。

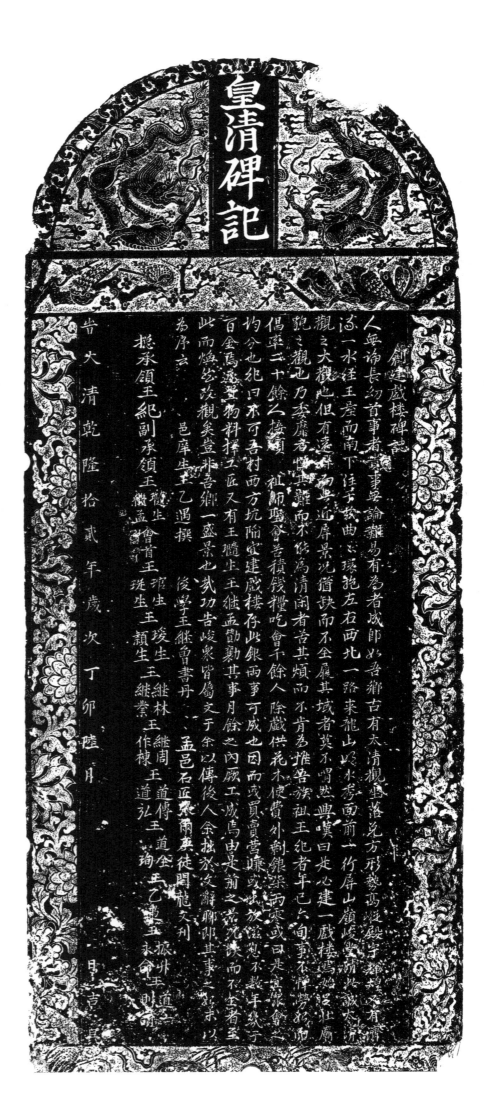

皇清碑記

創建戲樓碑記

人無論長幼首事者讀事要論難易有為者城即如吾鄉古有太清觀墅落尭方形勢高峻殿宇雜塴之有渭……

……邑庠生王乙遇撰

……後學王繼魯書丹

大清乾隆拾貳年歲次丁卯陸月……吉旦

239. 創建戲樓碑誌

立石年代：清乾隆十二年（1747年）
原石尺寸：高145厘米，寬57厘米
石存地點：焦作市溫縣番田鎮東口村

〔碑額〕：皇清碑記

創建戲樓碑誌

人無論長幼，首事者貴；事無論難易，有爲者成。即如吾鄉古有太清觀，坐落兌方，形勢高聳，殿宇輝煌。又有濟流一水，經王屋而南下注于茲，曲曲環抱左右。西北一路來龍，山明水秀；面前一行屏山，嶺峻堂清。此誠太清觀之大觀也。但有遠屏而無近屏，景況猶缺而不全。履其域者，莫不喟然興嘆，曰：是必建一戲樓焉，始足壯廟貌之觀也。乃委靡者憚其難而不能爲，清閑者苦其煩而不肯爲。惟吾族祖王紀者，年已六旬，事不憚勞，始而倡率。二十餘人接頌祖師聖會，苦積錢糧，吃會千餘人。除戲供花木使費外，剩銀柒兩零。或曰是宜眾會之均分也，紀曰：不可。吾村西方坑陷，宜建戲樓，存此銀兩，事可成也。因而或買賣營賺，或出放滋息，不數年，幾于百金焉。遂置物料，擇工匠。又有王隨生、王繼孟贊襄其事。月餘之內，厥工成焉。由是，前之景況缺而不全者，至此而煥然改觀矣，豈非吾鄉一盛景也哉。功告竣，眾皆屬文于余，以傳後人。余拙於文辭，聊即其事之始末，以爲序云。

邑庠生王乙遇撰，後學王繼魯書丹，孟邑石匠張爾庚、徒閆龍文刊。

總承領：王紀。副承領：王隨生、王繼孟。會首：王瑄生、王珽生、王瑗生、王穎生、王繼林、王繼業、王繼周、王作棟、王道傳、王道弘、王道全、王珣、王乙遇、王振升、王永命、王道一、王則詩。

時大清乾隆拾貳年歲次丁卯陸月　　日吉旦。

清（二）

240. 浚縣大伾山道院重修坊亭碑記

立石年代：清乾隆十三年（1748 年）
原石尺寸：高 250 厘米，寬 70 厘米
石存地點：鶴壁市浚縣大伾山張仙洞

浚縣大伾山道院重修坊亭碑記

　　自神禹平成底績，東過洛汭，至於大伾，則九河所由分灑以達於海之途也。迨河改南趨，而黎陽之山虛峙于道左，今衛河運道出其北焉。余嘗讀《桑經》《酈注》，感滄桑之變，每於湮刊之處，指梵宇、幡刹，堨垚以識之。蓋禹王所奠之高山大川，半爲緇黃栖托之勝境，而考古者必藉是爲證據矣。夫大地之廣輪，以流峙爲迹，而水枯石爛，閱世改觀，近者三十年一小易，遠者五百年一大易，其孰從而溯之哉？然則，古往今來，逝者如斯，惟文字之不朽，乃得以維繫于無窮耳。黎陽於今爲浚縣，由大名府改隸河南衛輝。糧艘所經，得順流而下，達於畿內。然則黎丘雖非衛河所注，而通貢道則猶之三代之冀州也。故考古者必以大伾爲識，殆與龍門、砥柱同其烜赫焉矣。山有道院，前邑令劉君德新倡建，以奉唐進士純陽呂祖師者。師之得道，蓋亦苦縣李老子之流，練氣凝神以幾於化。黃冠奉之，尊爲祖師。夫聃爲守藏史，岩爲前進士，皆儒家子，而所造詣乃以道顯。生則純修，歿而崇奉，民自獻其誠，於敷治設教無所增損也。宇內之名山大川，得此屋宇以飾勝景，固爲詩文金碧之助，迨夫流峙變遷、劫灰不滅，俾百世而下，得以溯原究委……殿庭位置宏敞，層次鱗比，以九爲數，其第四層爲六角亭，石坊顏曰鶴舞。乾隆癸亥大雷雨，亭坊俱毀。燕山劉君諱誠字意伯者重建之，規制彌加。……九斬木奠基，於是輪奂一新，與前後映發。夫雷雨之動滿盈，有草昧初開之象，造作經綸所由始也。五氣、六運往復於寰宇中，凝聚潰散。天道旋於上，地道變於下，而人之作爲者莫之致，而致則皆道之所爲也。吾溯之中古禹功明德，随刊之績，顯於大伾之下，垂今幾五千年。山川非舊，而此邦人士乃營建宮廟，依附勝境，以盡其離香之誠，豈泛求福國佑民哉！蓋以貢道所經，上供天庾，下資貿遷，魚、鹽、菽、粟輻湊於燕趙之都者，大道之鼓舞推移也，土木之功其容已乎？而以余上下今古統觀之，則渺滄海之一粟，飛閣浮之野馬，聖賢仙佛，等夷視之而已。雖然，紀時紀地，不可不留陳迹以資談叢考辨，則此碑之作，余實將維繫於罔替，有助於道元輩焉耳。

　　中憲大夫河南按察使司副使，分巡開、歸、陳、許、兼管河務兵備道，秀水沈青崖撰文兼篆額。

　　山西澤州府高平縣儒學生員武憲章書丹。

　　住持道人周仁楷募化。

　　石工張成德、劉德美鐫。

　　乾隆十有三年歲次戊辰夏五月穀旦立。

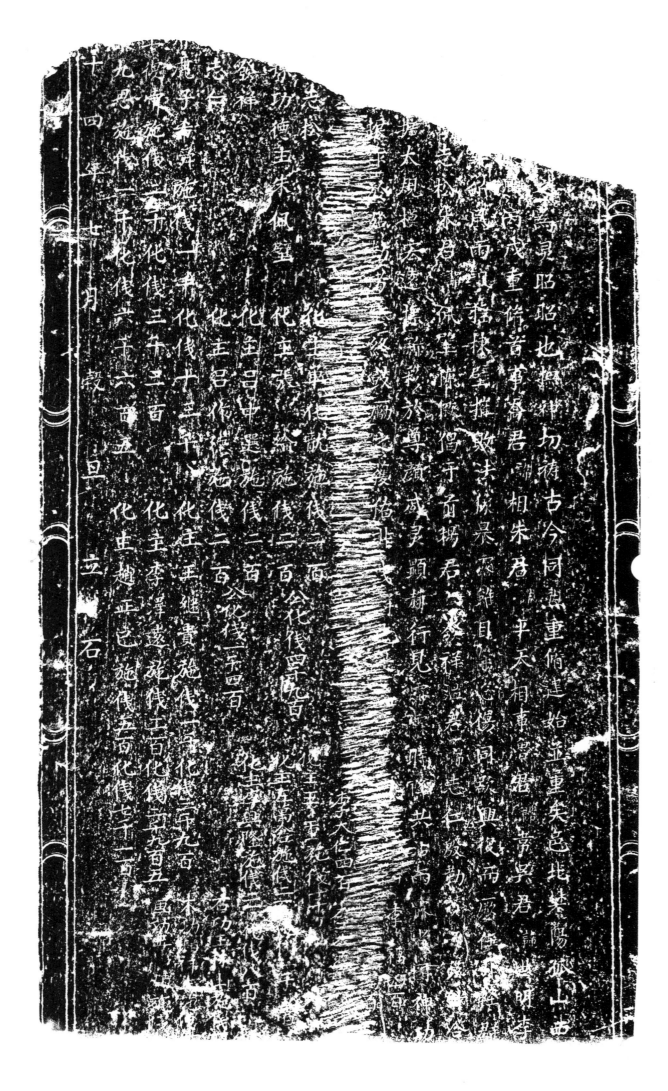

241. 重修五龍廟碑記

立石年代：清乾隆十四年（1749 年）
原石尺寸：殘高 158 厘米，寬 60 厘米
石存地點：洛陽市嵩縣閆莊鎮五龍廟村五龍廟

……之爲靈昭昭也。撫神切禱，古今同然，重修、建始并重矣。邑北樊陽孤山西……熙丙戌重修，首事喬君諱，相朱君諱平天，相事魯君諱韋，吳君諱世明，李……年所，風雨飄搖，棟壁摧敗，法像暴露，雖目擊心傷，同欲興復，而厥任非輕。群……志松、朱君諱佩璧慷慨倡于前，楊君諱發祥、溫君諱志仁殷勤贊□□，糾合……擴大，規模宏遠，標新彩於尊顏，威靈顯赫，行見霜霖時降，共沾雨露者，固神功……振作於始，□□於終，鼓勵之獲佑，非□得也。是爲序。

……志松……孫。功德主朱佩璧。□□□發祥。□□□志仁。□子希舜施錢一千，化錢十三千。□復帝施錢二千，化錢三千三百。□九思施錢一千，化錢六千六百五。化主單化龍施錢二百。化主張綸施錢二百。公化錢四千九百。化主呂中選施錢二百。化主呂作德施錢二百。公化錢一千四百。化主王繼貴施錢一千，化錢二千九百。化主李澤遠施錢二百，化錢二千九百五。化主趙正己施錢五百，化錢七千一百。李大仁四百。化主王重施錢一千。化主左萬倉施錢二百，化錢一千三百。化主李興隆施錢二百，化錢八百。石功王林山施錢□□。木功籍祥生施錢□□。画功王□邦施錢□□。

□□□十四年七月穀旦立石。

242. 重修龍王廟碑文

立石年代：清乾隆十五年（1750 年）

原石尺寸：高 179 厘米，寬 69 厘米

石存地點：洛陽市伊川縣鳴皋鎮季溝村

〔碑額〕：大清

重修龍王庙碑文

博觀古今，歷覽典籍，有先輩之創建，賴後人之重修。白楊鎮東馬家庄西，有海□凸龍王一庙，始建於大元至正之歲，繼修於皇清雍正之年。神像輝煌，宛然有如在之灵；旱魃爲虐，祈雨獲甘霖之休。庙雖不久而兩山將頹，神幸未壞而諸神受焉。余之堂弟王鋮、王鉁，念衆善士創修之艰难，想先四叔金塑之華麗，遂約會四鄉親友，募化八村信士，有捐資財，有出車牛，或任其飯，或助其工。因推堂弟爲共事之首領，全賴衆化主有輔翼之力，不易月而功告竣。從此而風調雨順，永無亢旱之灾，黍與稷翼長獲京坻之休。在堂弟不過繼緒先人之事，而衆□可謂與人爲善之士。因功告成，爰述其事之顛末以記之。

邑庠生王觀成駿声氏沐手拜撰，堂弟鈞書丹。

首命：□□錢□。□思富、化主□□施錢二百。□□施錢二百。馬家庄管飯姓氏：吳乾、師丙、王錕、張彥、王□、生員張雲□、生員王方成、楊□勳、王思沛、宋發財、王思敬。馬家庄施錢姓氏：賈大士錢三百、樹一株，王銳錢四百、石灰，王思昭錢四百、石灰，趙安錢二百，郭太信錢二百，王弘太錢二百，趙怀玉錢一百廿、石灰，生員王益銀二錢，刘顯仁錢一百，王加友錢一百，尚質錢一百，王世榮錢一百，郭信錢一百，王觀成錢一百，李北錢一百，李之用錢一百，王鈞錢一百，李杖茂錢一百，刘沛錢一百，王化成錢一百，王銓錢一百，王鍍錢一百，王銝錢一百，王平錢一百，鄭霖錢一百，趙平錢一百，陳明錢一百，楊介成錢一百，張傑錢一百，姚世傑錢一百，李天培錢一百，王建都錢一百，師永昌錢一百，姚進忠錢八十，王璘錢一百，王思平錢五十，王思康錢五十，鄭霧錢五十，姚宏錢五十，師永福錢五十，沈怀龍錢五十，韓自成錢五十，王思道錢五十，王玉路錢四十，王思豪錢五十，王松錢五十，王文英錢五十，紀得民錢五十，王錫醇錢五十，趙怀明錢五十，王鳴鳳錢五十，張偉錢五十，王治修錢五十，李大義錢五十，馮成錢五十，王林錢五十，黨弘欣錢四十，鄭重錢四十，孫門程氏銀二錢，匠工姓氏：王□鏡工六个，王思堯工十八个，鄭□雲工五个，王思文工十五个，賈大先工三个。尚起道工二个。土工姓名：邢廣田工十五个，王思年工十五个，段秉全工十八个，紀惠民工八个，李思元工九个，王才禄工七个，□昌宗工五个，崔振陽工五个，尚廷武工五个，王弘文工四个，王思端工四个，趙三工四个，韓自興捏獸錢五百。出車姓氏：李之隆一車，王思沛一車，李繼先一車，孫偉一車，王思正一車，王輅一車。馬迴營：化主陳起錢三百，刘龍章錢二百，刘藝章錢一百，刘鉅錢一百，陳勳錢一百，程攢伊錢一百，胡景世錢一百，趙信錢一百，陳烈錢一百，陳緯錢一百，趙峻德錢一百，刘順錢五十，趙文錢五十，陳倬錢五十，王傳禮錢五十，黃琰錢五十，程效伊錢五十，張門王氏錢二百，陳門李氏錢二百，王門陳氏錢一百，陳門蕭氏錢一百，陳門宋氏錢一百，于門王氏錢一百，蔣門李氏錢一百，刘門李氏錢一百，陳門吳氏錢一百，陳門毛氏錢一百，黃門金氏錢一百，刘門盧氏錢一百，程門粘氏錢一百。辛营村姓氏：白騰蛟錢八十，朱盡弟錢八十。馬迴寨姓氏：化主趙尚

德錢二百，方克勤錢二百，張憲載錢一百，李思誠銀二錢，方克儉錢一百，黃龍錢一百，張承乾錢一百，張□乾錢一百，潘天福錢五十，方克亮錢五十，潘天禄錢五十。馬迴村：馬礼錢一百，馬鐸錢一百，陳焯錢一百，馬鈉錢一百，馬良錢一百，馬鎮錢一百，馬鈞錢一百，馬鎧錢一百，馬銓錢一百，生員馬秋金錢一百，馬銑錢一百，馬邦相錢一百，刘銘章錢一百，秦亮錢一百，刘珍錢一百，李長庚錢一百，刘炎錢一百，梁法聖錢一百，梁溥錢一百，員九龍錢一百，張超錢一百，李道成錢五十，方克明錢五十，杜景實錢五十，曹起印錢五十。四合頭姓氏：化主王宗錢二百，王官錢二百、石灰，王先錢二百、石灰，裴宗昌錢一百，李典錢一百，康起正錢一百，王雲錢一百，學常根錢一百，王璉錢一百，王瑚錢一百，王朝佐錢一百，王望錢一百，常太錢一百。

中費西村姓氏：化主李孟忠錢二百，張祥錢一百，李旺錢一百，田大成錢一百，王明錢一百，高雲錢八十，高丙錢五十，高希賢錢五十，刘世臣錢五十，田起龍錢五十，姜春龍錢五十，高昌錢五十，黃玉之錢五十，李有錢五十，高廷玉錢五十，姜弘道錢五十，李允錢五十，趙建昇錢五十，陳起鳳錢五十，李進城錢五十，何士魁錢五十，姜辰龍錢五十，姜弘賢錢五十，姜弘仁錢五十，李江儒錢五十，刘世榮錢五十。中費東村姓氏：化主王平錢二百，姜學詩錢一百，姜學寬錢五百，姜廷臣錢一百，生員姜玉梅錢一百，張生錢一百，姜中昂錢一百，高信錢一百，姜弘德錢一百。

坡頭村：苗金成錢八十，苗沛燒獸作錢一千，姜鵬龍錢一百，姜弘基錢一百，姜玉璞錢一百，姜檀生錢一百，姜渭錢六十，姜植生錢六十，姜升龍錢六十，姜魁龍錢五十，高恭錢五十，高嵩士錢五十，姜弘璧錢五十，姜乾龍錢五十，高惠錢五十，高節錢五十，王生榮錢五十，姜思恭錢五十，徐尚友錢五十，姜五臣錢五十，姜滙錢五十，姜涇錢五十，姜湛錢五十。四合頭：王鉉錢五十，林慶之錢五十，王選錢五十，林喜錢五十，苗金星錢五十，刘承德錢五十，苗龍錢五十，陳進明錢五十，王安錢五十，陳進顯錢五十，裴宗道錢五十，王还錢五十，王斗錢五十。海山村車工：李元沛三車，楊大明三車，朱坤三車，徐尚義三車，李光禄三車，李文炳三車，季堯三車，楊大亮二車，姜弘明一車，王珍一車。海山村姓氏：化主楊怀智錢二百，李廣錢一百六十，楊文玉錢一百，馬友義錢一百，朱起福錢八十，朱起祥錢八十，李選錢八十，楊玉錢八十，楊大吉錢八十，楊開基錢八十，郭朝良錢四十，李芳錢四十，郭相貴錢四十，楊貴生錢四十，楊大奇錢四十，毛輔臣錢四十，楊天禄錢四十，楊怀成錢四十，楊林錢四十，閆林錢四十，楊福生錢四十。

　　画工：梁有用、胡鵬。

　　龍飛乾隆拾伍年歲次庚午花月下弦穀旦。

《重修龍王廟碑文》拓片局部

福

邑庠生何公諱岳字視公

湯王殿三楹並舞樓一座行

243-1. 邑庠生何岳創修湯王殿舞樓碑（碑陽）

立石年代：清乾隆十五年（1750 年）
原石尺寸：高 124 厘米，寬 56 厘米
石存地點：洛陽市欒川縣潭頭鎮九龍山淨安寺

〔碑額〕：□清

邑庠生何公諱岳，字視公……湯王殿三楹并舞樓一座，行……

子：生員中棟、中柱、監生中桐。孫：燦、監生炳、廩生煒、生員煇、煥、監生煌□□□……

龍飛乾隆十五年歲次庚子夏四月望六日。

清（二）

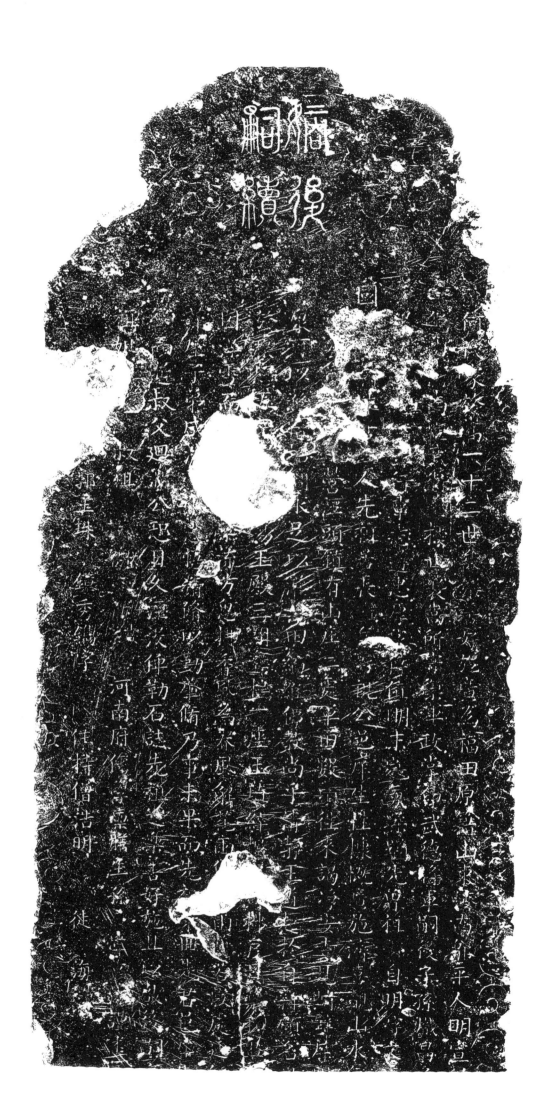

243-2. 邑庠生何岳創修湯王殿舞樓碑（碑陰）

立石年代：清乾隆十五年（1750 年）
原石尺寸：高 124 厘米，寬 56 厘米
石存地點：洛陽市欒川縣潭頭鎮九龍山淨安寺

〔碑額〕：嫡後嗣續

何氏家於嵩一十二世矣，樂善好施，廣爲福田。原籍山東濟南鄒平人，明宣化……南宣武□，授世襲嵩所守禦軍政掌印、武德將軍。嗣後子孫熾昌……行事，悉遵忠厚家□□。明末，寇氛深蹈。先曾祖諱自明，字文……國□□□□子□人，先祖居長諱岳，字視公，邑庠生，性慷慨，廣施濟，喜睹山水……營潭頭鎮有山莊二處，旱田數頃，往來謁淨安寺，見□壁屏……泉，可以修□□□水，足以灌□田。緬維佛教尚乎清淨，王道表於自新，顧名……湯王殿三間，舞樓一座，玉琦綷楹，□□料戶……因□雪而□□□□□流，方思拂香風爲春風，解花雨□□雨，蘭□激處延……座子弟咸□□□□精修以勤，肇修乃事未果而先祖不回。先君邑庠生延……而近叔父迴□公，恐日久湮没，俾勒石誌先祖之樂善好施，且以啓後嗣之……祖妣□□，叔祖……

河南府儒學廩膳生孫武謹述。

郭玉珠、鍾秀鐫字。住持僧：浩明，徒：海□、海□。

清漪来游衡水源小加撑篆衞舟园波中名祿山川秀
秋抄风光松举存庄俯瀁池六鹤侣佽舍碧薜育
桐孙陵害也潮南程方恰春明宓暖也腹半阴好
游绿丹园衡谷风景当休　大珠小珠玉磬声庭智集
仁乐逸舆飞笔线不钓鱼更钓樊龙于悄鹤虽归
巡詹更读前人句却以韩陵于语稀

乾隆庚午九秋既望七日駸駸躍百泉也

御筆

244. 乾隆百泉詩碑

立石年代：清乾隆十五年（1750 年）
原石尺寸：高 100 厘米，寬 35 厘米
石存地點：新鄉市輝縣市百泉風景區

清蹕來游衛水源，小加構築儼林園。洛中名勝山川秀，秋杪風光松菊存。
座俯滄池下鷗侶，階含碧蘚育桐孫。讀書追溯周程旨，恰喜明窗暖日暾。
半頃明湖綠竹圍，衛詩風景尚依依。大珠小珠玉盤落，智樂仁樂逸興飛。
竿綫不期魚受釣，樊籠可惜鶴思歸。巡檐更讀前人句，却似韩陵可語稀。
乾隆庚午九秋既望七日駐蹕百泉作。
御筆。

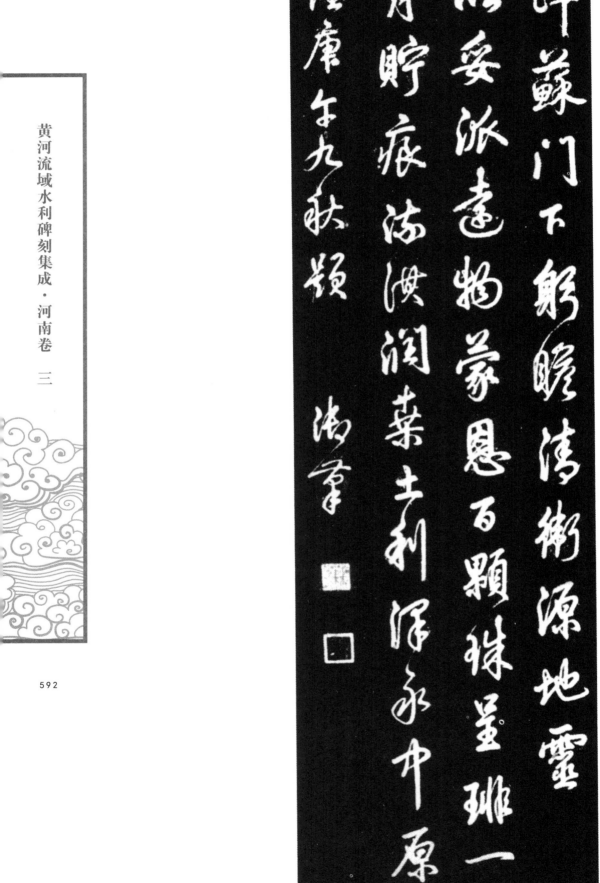

驷骍苏门下舣暇清衡源地灵
神以妥派遠物蒙恩百颗珠呈琳一
瀹月貯痕滴澳润栗土利泽永中原
乾隆庚午九秋颖 满筆

245. 乾隆衛源廟詩碑

立石年代：清乾隆十五年（1750年）
原石尺寸：高92厘米，寬30厘米
石存地點：新鄉市輝縣市百泉風景區

駐蹕蘇門下，躬瞻清衛源。
地靈神以妥，派遠物蒙恩。
百顆珠呈琲，一泓月貯痕。
流淇潤桑土，利澤永中原。
乾隆庚午九秋題。
御筆。

清（二）

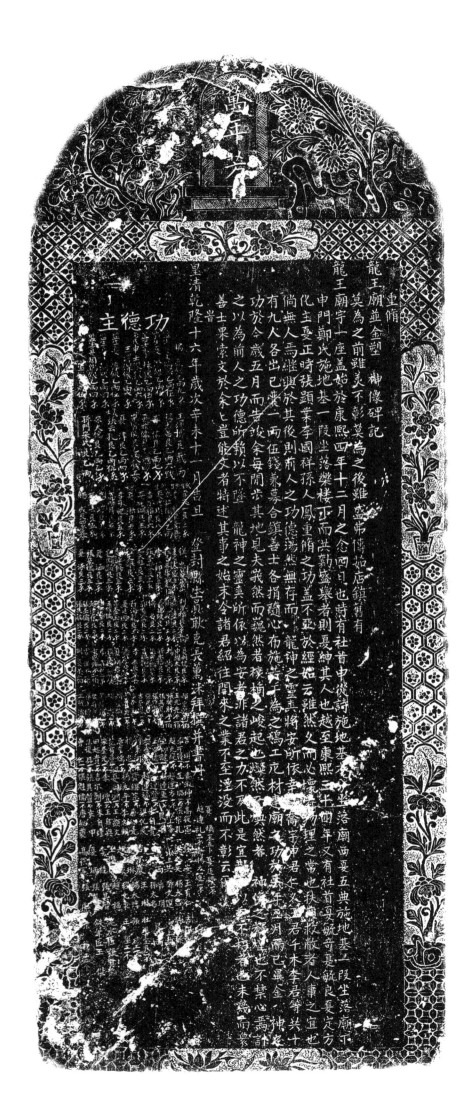

246. 重修龍王廟并金塑神像碑記

立石年代：清乾隆十六年（1751年）

原石尺寸：高169厘米，寬65厘米

石存地點：洛陽市汝陽縣大安工業園區茹店村龍王廟

〔碑額〕：萬年芳

重修龍王廟并金塑神像碑記

莫爲之前，雖美不彰；莫爲之後，雖盛弗傳。茹店鎮舊有龍王廟宇一座，盖始於康熙四年十二月之念四日也。時有社首申從詩施地基六分，坐落廟西。夏五典施地基一段，坐落廟下。申門鄭氏施地基一段，坐落樂樓下。而共襄盛舉者，則夏紳其人也。越至康熙三十四年，又有社首夏毓奇、夏毓良、夏定方，化主夏正時、張顯業、李國祥、孫人鳳重修之功，盖不亞於經始云。雖然，久而必壞者，物理之常也。扶衰救敝者，人事之宜也。倘無人焉繼興於其後，則前人之功德蕩然無存，而龍神之靈爽將安所依？幸□喬宇申君、仁久王君、千木李君等，共十有九人，各出己囊一兩伍錢，兼募合鎮善士各捐隨心布施若干，爲之鳩工庀材，建廟之功於壬午三月而已畢，金神之功於今歲五月而告竣。余每閒步其地，見夫峨然而巍然者，檐桷之峻起也，燦然而焕然者，神像之輝煌也，不禁心焉計之，以爲前人之功德所賴以不墜，龍神之靈爽所依以爲安者，非諸君之力不及此。是宜勒石以垂不朽者也。未幾，而衆善士果索文於余，余豈能文者？特述其事之始末，令諸君紹往開來之業不至湮没而不彰云爾。

登封縣生員耿克長薰沐拜撰并書丹。

功德主：楊亮銀乙兩九錢，監生夏文儒銀乙兩伍錢，貢生夏澄銀乙兩伍錢，善士李林銀乙兩伍錢，耆民申士傑銀乙兩六錢，王澤深銀乙兩六錢，監生夏淳銀乙兩伍錢，監生夏澍銀乙兩四錢，監生夏周儒銀乙兩四錢，夏璽銀乙兩伍錢，王澤博銀貳兩，楊太昌銀乙兩六錢，昌信銀乙兩七錢，夏兹儒銀乙兩四錢，宋賢儒銀乙兩八錢五分，夏津銀乙兩四分，義士張云孔銀乙兩伍錢，宋大儒銀乙兩乙錢，孫門宋氏銀乙兩，武生李天一銀三錢，武生李楊銀三錢五分，夏英儒銀乙兩，武生夏廷瓚銀八錢，吉尔福銀六錢，夏廷瑚銀五錢，武生夏淞銀五錢，李承祀銀五錢，高明月銀五錢，高琮銀五錢，張□六銀五錢，楊成銀四錢五分，程忠銀二錢五分，夏應太銀三錢，程文秉銀三錢五分，李節銀三錢，張圣業銀三錢，丘天桂銀三錢，程大舉銀三錢，趙連修銀三錢，夏佰齡銀三錢，夏涵銀三錢，張景儒銀三錢，夏泳銀三錢，刘尔福銀二錢五分，夏凌銀二錢，胡義銀二錢，夏建瑛銀二錢，倫名銀二錢，郭有金銀二錢，薛海龍銀二錢，夏建璐銀二錢，董金玉銀二錢，王俊儒銀二錢，□□玉銀二錢，趙連信銀二錢，張圣倫銀二錢，張其敏銀二錢，夏利儒銀二錢，申維太銀二錢，楊誠銀二錢，孫永福銀二錢，張賈儒銀二錢，吉瑞龍銀二錢，李杰銀二錢五分，王澤厚銀二錢七分，夏玥銀一錢五分，張□銀一錢六分，李森銀二錢，申思彦錢一百，雷祥錢一百，刘錢一百，趙東乾錢一百，王光先錢一百，張發財錢一百，張其見錢一百，張作賓銀一錢，張元吉一錢，吉奎鳳一錢，吉奎玉一錢，王□貞一錢，趙星鄰一錢，趙書一錢，夏廷鎖一錢，侯守書一錢，張文儒一錢，王統治一錢，吉玥一錢，李可得一錢，趙克繩一錢，王如龍一錢，王四德一錢，趙金齊一錢，刘秉河一錢，楊忠一錢，夏亨儒一錢，范有量一錢，宋奎光一錢，田起貴一錢，焦復興一錢，曹仁一錢，袁淑坤一錢，王璐一錢，趙連方一錢，趙連重一錢，趙連登一錢，趙連福一錢，齊繼宗一錢，楊太平一錢，夏淵一錢，李繪一錢，吉尔朝一錢，張其哲一錢，張魁儒一錢，夏焕一錢五分，趙連禮一錢。高從憲、張宗孔，以上各銀一錢。朱自貴、梁化民、唐紹堯、李名關、王顯文、王自興、朱自瑾、袁甲、唐紹夔、徐安、梁九央，以上共銀一兩。吉尔廉、夏琳、趙□、王偉、李桂、夏炳、高從憲、王有仁、楊太□、鄧文選、吉玥、孫太名、王琳、楊太淳、程文秉、趙福、張其智、張其□、張睿、吉尔朝、孫禄，以上共銀一兩。杜進寶二錢。張信工二個。王璽工二个。夏廷璞銀一錢。楊太運一錢。

泥水匠張賢儉。鐵筆匠王傑。

皇清乾隆十六年歲次辛未十一月吉旦。

重脩

龍王廟並金塑
神像碑記

龍王廟宇一座盖始於康熙四年十二月之念四日也時有社首申繼
申門鄭氏施地基一段坐落樂楼平而共勤盛舉者則憂紳其人
化主憂正時張顯業李國祥孫人鳳重脩之功盖不亞於經始
主莫為之前雖美不彰莫為之後雖盛弗傳如店鎮舊有

功於今歲五月而告竣余每聞歩其地見夫衆然而巍
有九人各出已囊一兩伍錢兼募合鎮善士各捐隨心布施若
倘無人焉為繼興於其後則前人之功德蕩然無存而巍然者
之以為前人之功德所賴以不墜龍神之靈爽所依以為安者
善士果索文於余豈能文者特述其事之始末令諸君紹往間

皇清乾隆十六年歲次辛未十一月吉旦
一登封縣生員耿克長薰沐

德 功

《重修龍王廟并金塑神像碑記》拓片局部

勞

当乾隆花共年歳次壬申二月初一日

公立

247. 修渠碑

立石年代：清乾隆十七年（1752 年）

原石尺寸：高 112 厘米，寬 42 厘米

石存地點：焦作市沁陽市山王莊鎮萬善村湯帝廟

〔碑額〕：芳

下清河北渠萬善村東偏，古有碓臼口，派西□南均沾水利，不計年所。自雍正元年，山水衝決，漫衍南流，延袤數丈，西流僅十之一二，下流之地幾不得沾水利焉。相延數載，竟無有人焉起而修葺之。萬善村有宋子諱安民字太卒者，素好善舉，目擊心感，於雍正十四年接膺堰長，將所應得之工□□買石碴七十餘顆、石條數塊，但功程浩大，獨力難成，又具□筵席，敦請萬善、西萬、作道口、和尚莊諸村利戶公出資財，買石碴一百餘顆，因而砌石成欄，壘碴成埭，水無旁泄，西流延疾，而村南一帶水地坐享成利焉。由此觀之，宋子之功誠大矣哉。然利其功，終無有表其功者。夫賞前功所以勵後效，有功不□，何以勸後？余等深爲感激，略叙其實迹，勒之貞珉，庶宋子之功不至湮沒，而後之接膺堰長者亦必大加鼓勵焉。是爲序。

衛臨祉、張□□、董□震、張星耀、劉之金、衛克□、宋天寵、衛光耀、衛份、衛天桂、周世寶、衛業儒、翟鳳□、□□□、衛之煉、□必政。

公立。

時乾隆拾柒年歲次壬申二月初一日。

敕封靈佑襄濟王黃老爺之神墓

乾隆拾柒年歲次壬申孟秋榖旦

248. 敕封靈佑襄濟王黃老爺之神墓

立石年代：清乾隆十七年（1752 年）
原石尺寸：高 153 厘米，寬 69 厘米
石存地點：洛陽市偃師區府店鎮牛窰村

敕封靈佑襄濟王黃老爺之神墓
乾隆拾柒年歲次壬申孟秋穀旦。
□□□□同立。

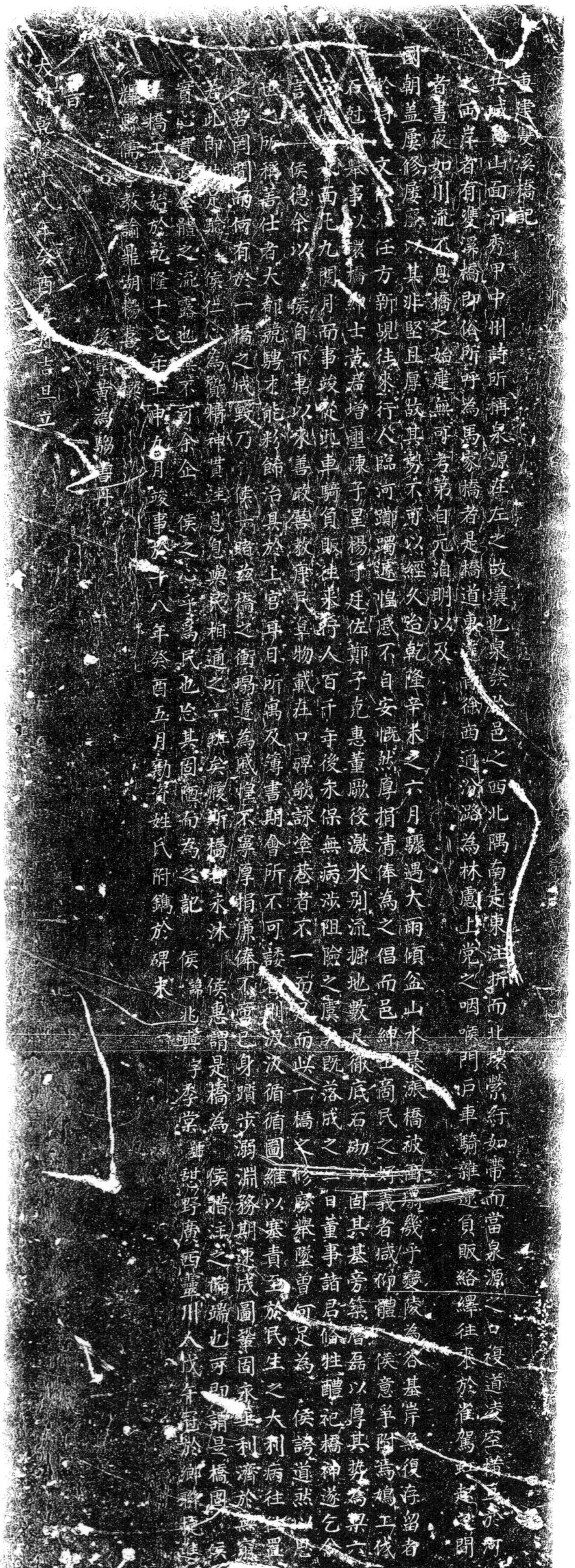

重建雙溪橋記
共城[illegible]山面河秀甲中州詩所稱泉源在左之故壤也泉發於邑之西北隅南走東注折而北環縈紆如帶而當泉源之口復道[illegible]空橫亙於河
之兩岸者有雙溪橋即俗所呼為馬家橋者是橋道東[illegible]而徐西通汾潞為林慮上党之咽喉門戶車騎雜遝負販絡繹往來於雀駕[illegible]起之間
者晝夜如川流不息橋之始建無可考第自元迨明以及
國朝蓋屢修屢廢以其非堅且厚故其勢不可以經久迨乾隆辛未之六月驟遇大雨傾盆山水暴漲橋被衝[illegible]幾乎變陵為谷基岸無復存留者
於時文[illegible]任方新覩往來行人臨河躑躅遽惻感不自安慨然厚捐清俸為之倡而邑紳士商民之好義者咸仰體侯意爭附焉鳩工伐
石[illegible]董事以[illegible]橋紳士黃君增運陳子星楊王廷佐鄭子克惠董厥役激水別流掘地數尺徹底石砌以固其基旁築層磊以厚其勢為梁六
[illegible]而[illegible]凡九閱月而事竣從此車騎負販往來行人百千年後永保無病涉阻險之虞既落成之日董事諸君備牲醴祀橋神遂乞余
言[illegible]侯德余以侯自下車以來善政[illegible]教康民阜物載在口碑歌詠塗巷者不一而足而此一橋之修舉蓋曾何足為侯誇道哉且
世之所稱善仕者大都競騁才能粉飾治具於上官耳目所寓及簿書期會所不可諉者則汲汲循循圖維以塞責至於民生之大利病往往置
之若罔聞而何有於一橋之成毀乃侯一睹茲橋之衝塌遽為感惶不寧厚捐廉俸不啻己身蹟步溺淵務期速成圖鞏固永生利濟於無窮
若此即此足驗侯仕心為[illegible]精神貫注息息與民相通之一斑矣履斯橋者永沐侯惠謂是橋為侯措注之端也可即謂是橋因侯
實心實政全體之流露也無不可余企侯之心乎為民也忘其固陋而為之記侯錦北[illegible]字季棠號甜野廣西靈川人戊午冠於鄉由進
[illegible]橋工[illegible]始於乾隆十七年壬申九月竣事於十八年癸酉五月勒資姓氏附鐫於碑末
輝縣儒學教諭鼎湖楊[illegible]撰 後學黃為[illegible]書丹
大[illegible]乾隆十八年癸酉[illegible]月吉旦立

249. 重建雙溪橋記

立石年代：清乾隆十八年（1753 年）
原石尺寸：高 226 厘米，寬 87 厘米
石存地點：新鄉市輝縣市百泉風景區

重建雙溪橋記

共城負山面河，秀甲中州，《詩》所稱泉源在左之故壤也。泉發於邑之西北隅，南走東注，折而北環，縈紆如帶。而當泉源之口，復道凌空橫亘於河之兩岸者，有雙溪橋，即俗所呼爲馬家橋者。是橋道東達青徐，西通汾潞，爲林慮、上党之咽喉門户。車騎雜遝，負販絡繹，往來於雀駕虹起之間者，晝夜如川流不息。橋之始建無可考，第自元洎明以及國朝，蓋屢修屢廢，以其非堅且厚，故其勢不可以經久。迨乾隆辛未之六月，驟遇大雨傾盆，山水暴漲，橋被衝塌，幾乎變陵爲谷，基岸無復存留者。於時，文侯蒞任方新，覘往來行人臨河躑躅邊惶，憾不自安。慨然厚捐清俸爲之倡，而邑紳士、商民之好義者，咸仰體侯意，爭附焉，鳩工伐石，克口舉事。以環橋紳士黄君增璧、陳子星、楊子廷佐、鄭子克惠董厥役，激水別流，掘地數尺，徹底石砌，以固其基，旁築層磊，以厚其勢，爲梁六空，飛跨水面。凡九閱月而事竣，從此車騎負販，往來行人，百千年後，永保無病涉阻險之虞矣。既落成之三日，董事諸君備牲醴祀橋神，遂乞余言誌侯德。余以侯自下車以來，善政善教，康民阜物，載在口碑，歌咏塗巷者，不一而足。而此一橋之修廢舉墜，曾何足爲侯誇道？然以思世之所稱善仕者，大都競騁才能，粉飾治具於上官耳目所寓及簿書期會。所不可諉者，則汲汲循循，圖維以塞責。至於民生之大利病，往往置之若罔聞，而何有於一橋之成毁。乃侯一睹兹橋之衝塌，邊爲感惶不寧，厚捐廉俸，不啻己身躓步溺淵，務期速成，圖鞏固，永垂利濟於無窮。若此即口足驗侯仁心爲質，精神貫注，息息與民相通之一班矣。履斯橋者，永沐侯惠，謂是橋爲侯措注之偏端也。可即謂是橋固侯實心實政全體之流露也無不可。余企侯之心乎爲民也，忘其固陋，而爲之記。

侯諱兆奭，字季棠，號憩野，廣西靈川人，戊午冠於鄉，聯捷進士。橋工經始於乾隆十七年壬申九月，竣事於十八年癸酉五月。襄資姓氏附鐫於碑末。

輝縣儒學教諭鼎湖楊喜葉撰，後學黄爲驤書丹。

時大清乾隆十八年癸酉五月吉旦立。

大清乾隆拾玖年歲次甲戌季春月下澣之吉合村善士公立

250. 重修土橋碑記

立石年代：清乾隆十九年（1754 年）
原石尺寸：高 137 厘米，寬 60 厘米
石存地點：洛陽市孟津區平樂鎮上屯村

〔碑額〕：流傳千古　日　月

重修土橋碑記

王口子屯西，舊有土橋壹座，不知創自何時，村之父老亦未有聞者。先是曾經重修。自康熙丁卯，建年既久，加以霪雨浸灌，至乾隆癸酉秋，幾致頹壞，往來靡不有逼仄傾險之患。適村中管事朱君邦瑜、劉君世福目睹心傷，急謀所以補葺之，更思改作寬厚，以圖久遠。奈工費浩口，勢難猝舉，因會口村口樂善好義者，亦咸欣然依助之。各捐資財，傭工庀事，僅月餘而功告成，根基堅固，規模廣大。口者乃無行句遇，仄傾險之憂矣。此因管事募化之功，而亦闔村共濟之德也。余時處館，於斯工竣，口積善餘慶，著于周易，修橋陰騭，訓於帝君。諸君子業有善舉，行將獲天之慶，而廣陰騭於無窮也。

河南郡庠廩膳生員寧承宗撰文并書篆。

橋西官地兩段，西至路，東至溝，南至葛，北至口。

衆善士姓名列左：朱允明施銀貳錢，朱邦武施銀一兩五錢，苗智、子本立施銀三錢，劉世福施銀五錢，辛瑜施銀三錢，葛生華、子天德施銀伍兩，朱邦信、子相佑施銀肆兩，朱邦節施銀乙兩，朱邦文施銀乙兩，劉俊施銀乙兩，鞏世禄施銀乙兩，朱邦興施銀五錢，蘇景貴施銀伍錢，辛玟施銀伍錢，朱聘施銀四錢，蘇秉仁施銀四錢，劉世奇施銀三錢，馬進財施銀三錢，苗禮施銀三錢，馮得喜施銀三錢，辛朝彥施銀三錢，朱選施銀二錢，蘇景昌、子秉義禮施錢二錢，辛璋施銀二錢，劉國璋施銀二錢，蘇秉信施銀二錢，黃文施銀二錢，趙之瑞施銀二錢，劉世禄施銀二錢，朱延施銀乙錢，辛瑚施銀乙錢，辛璞施銀乙錢，辛璽施銀乙錢，李魁施銀乙錢，朱階施銀乙錢，劉輔施銀乙錢，苗仁施銀乙錢，李輔施銀乙錢，王河施銀乙錢，高順施銀乙錢，吳松方施銀乙錢，邢萬孝施銀乙錢，辛朝貴施銀乙錢，丁發財施銀乙錢，李有財施銀乙錢，劉維漢施銀乙錢，呂世財施銀乙錢，周林鳳施銀乙錢，劉順施銀乙錢，趙廷貴施銀乙錢，陸加級施銀乙錢。

大清乾隆拾玖年歲次甲戌季春月下浣之吉合村善士公立。

251. 重修河瀆廟大殿拜廈碑記

立石年代：清乾隆十九年（1754 年）
原石尺寸：高 223 厘米，寬 70 厘米
石存地點：新鄉市原陽縣黑洋山村河瀆廟

重修河瀆廟大殿拜廈碑記

邑西北二十里有聚落曰黑洋山，實則土阜培塿也。其乾地有廟曰河瀆，歷年既久，匪今斯今。歲甲子，予從邑大夫有事其中，蕭瞻之下，見前有享殿，豐□□□立難更僕數，拭視之則皆歷代帝王遣官致祭之所爲。因知向者河走北道，自盟津而下，泙湃衝激，此地地理□□，故建廟於此，以奉祀事典綦重哉。厥後河折而南，邱夷淵實，此地悉爲桑田。而廟貌巋然，如魯靈光，官以□□□秋肦蠁，在所必及。考之《禮》，五嶽視三公，四瀆視諸侯，河則四瀆之一也，又安可以不鄭重乎哉？獨是物□□□移幾度秋，上雨旁風，棟折榱崩，不無板蕩之憂。是時，侯陽武者爲臨安徐公，睹茲荒涼，惻然動念，慨出□□□數兩，謀於住持僧真傑及左右斯地之好行其德者王君佐、李君宗教相與醵金聯社，以圖更新。蓋此地□□□之孔道，而四方估客多聚於此，歲涉黃流，無慮數數，故朱提所施，取之如寄焉。於是，棟宇之將傾者易之，□□垣之就圮者甃之，金碧髹彩之，黯淡無色者丹青之，廟貌聿新，祭告以時。經始於乙丑歲之八月，落成於愈□□之二月。是役也，督匠石者有人，程畚插者有人，助資捐錯刀者有人，均得書名於贔□，使後之人有所考據。

……

大清乾隆拾玖年歲次甲戌暑月吉日。

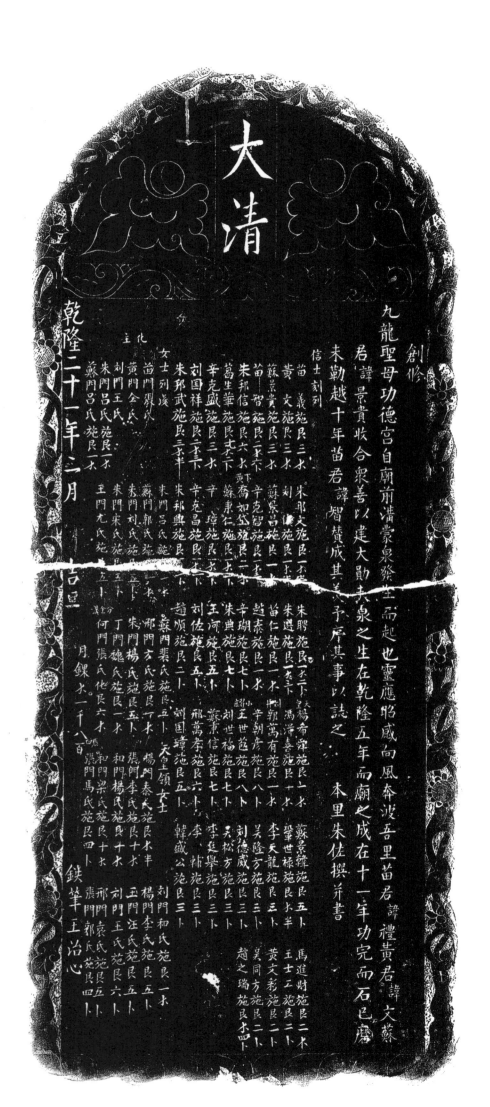

大清

創修

九龍聖母功德宮自廟前滿渠蒙泉發生而起也靈應昭威向風奔波吾里苗君諱禮黃君諱文蘇
君諱景貴收合眾善以建大勳夫泉之生在乾隆五年而廟之成在十一年功完而石已磨
未勒越十年苗君諱智贊成其美子嚴其事以誌之　本里朱佐撰并書

信士刻列

女士列俊

乾隆二十一年三月　吉旦

月錁水一千八百

鐵筆王治心

252. 創修九龍聖母宮功德碑

立石年代：清乾隆二十一年（1756 年）
原石尺寸：高 110 厘米，寬 46 厘米
石存地點：洛陽市孟津區平樂鎮上屯村

〔碑額〕：大清

創修九龍聖母功德宮，自廟前溝蒙泉發生而起也。靈應昭感，向風奔波。吾里苗君諱禮、黃君諱文、蘇君諱景貴收合眾善，以建大勳。夫泉之生在乾隆五年，而廟之成在十一年，功完而石已磨，未勒。越十年，苗君諱智贊成其美，予序其事以誌之。

本里朱佐撰并書。

化主信士刻列：苗義施銀三錢。黃文施銀三錢。蘇景貴施銀三錢。苗智施銀二錢六分。朱邦信施銀六錢。葛生華施銀七錢二分。辛克盛施銀三錢。刘国祥施銀二錢三分。朱邦武施銀三錢半。朱邦文施銀一錢半。刘□施銀一錢半。蘇景昌施銀一錢。辛克智施銀一錢三分。下黃喬如代施銀二錢。蘇秉仁施銀一錢二分。辛璋施銀一錢一分。辛克昌施銀一錢一分。朱邦興施銀一錢一分。朱聘施銀一錢二分。朱選施銀一錢三分。苗仁施銀一錢。趙泰施銀一錢。辛瑚施銀七分。朱典施銀七分。王河施銀五分。刘佐施銀五分。趙順施銀二分。天皇楊希舜施銀一錢。馮沛喜施銀一錢。刘井郭萬有施銀一錢。辛朝彥施銀八分。小翟莊王世苞施銀八分。刘世福施銀七分。蘇秉信施銀七分。邢萬孝施銀六分。刘國璋施銀五分。蘇景韓施銀五分。鞏世禄施銀錢半。李天龍施銀三分。吳隆方施銀三分。刘德威施銀三分。吳松方施銀三分。李廷舉施銀三分。李輔施銀三分。韓盛公施銀三分。馬進財施銀二分。王士工施銀二分。黃文彩施銀二分。吳同方施銀二分。趙之瑞施銀錢四分。

女士列後：苗門張氏、黃門全氏、刘門王氏、朱門呂氏施銀一錢。蘇門呂氏施銀一錢。朱門呂氏施銀一錢。蘇門郭氏施銀一錢。朱門刘氏施銀五分。朱門宋氏施銀五分。王門尤氏施銀五分。蘇門裴氏施銀五分。邢門方氏施銀一錢。朱門楊氏施銀五分。丁門魏氏施銀一錢。分金溝何門張氏化銀六錢。

天皇領女士：楊門秦氏施銀錢半。張門李氏施銀十錢。和門楊氏施銀十錢。和門梁氏施銀十錢。張凹張門馬氏施銀四分。刘門和氏施銀一錢。楊門李氏施銀五分。王門汪氏施銀五分。刘門王氏施銀六分。邢門袁氏施銀五分。張門郭氏施銀四分。

月鍊錢一千八百。

鐵筆：王治心。

乾隆二十一年二月吉旦。

特諭河內縣正堂紀錄四次紀功二次許爲懇恩賜禁以固隄防事據武陟縣總鄉約

鏵老人王言約正程本耆老程學海保長程大德稟稱情因武德鎮地下址近

防被侵逼壞屢遭水患乾隆十六年河決南岸衝壞本鎮居屋千餘間盡無居苦

皇恩浩蕩間房銀兩賑米月給一止周衛帝金之費下時切水溺之驚由隄防春理

努力重修衞鎮隄限防底寬一丈沉頂高八尺今己告成似但恐恩破之草仍前侵壞

復何以蒇包恩俯准賜禁出示曉諭則合鎮頂感無旣上稟情到縣據此合行

敢故蓬讀鄉保立卽措名其稟以憑爭冤勿得疎縱倂干嚴越各宜凜遵特示

諴簧鄉保甲長並臨隄地戶合鎮人民知悉嗣後毋許鏵割隄草藏故牲畜以及臨

一禁圖使取徑

乾隆二十一年七月　日示

一禁行人宅土

253. 堤防禁示碑

立石年代：清乾隆二十一年（1756 年）
原石尺寸：高 130 厘米，寬 60 厘米
石存地點：焦作市溫縣武德鎮武德村

〔碑額〕：禁示

特調河內縣正堂紀錄四次記功二次許，爲懇恩賜禁，以固堤防事。據武德□總鄉約……鐸、老人王言、約正程本、耆老程學海、保長程大德禀稱，情因武德鎮池□凹下，北近……防被侵損壞，屢遭水患。乾隆十六年，河決南岸，衝壞本鎮房屋千餘間，無居無食，苦……皇恩浩蕩，問房銀兩，賑米月給。上固有帑金之費，下時切水溺之驚，皆由堤防未理……努力重修衛鎮堤防，底寬一丈六尺，頂高八尺，今已告成。但恐愚頑之輩，仍前侵壞……復何以支。乞恩俯准賜禁，出示曉諭，則合鎮頂感無既，上禀等情到縣，據此合行……該管鄉保甲長并臨堤地户，合鎮人民知悉，嗣後毋許鑱割堤草，撒放牲畜以及臨……敢，故違，該鄉保立即指名具禀，以憑拿究，勿得疏縱，併于嚴譴，各宜凜遵。特示。

一禁圖便取徑，一禁行人挖土。

築堤首事：張湘，字子溫，號瑞還。王言，綸如。程學洙，潤生。程學浩。程本，逢源。張朝選、程述貢。李正，直之。李世昌、李興和、李興周。程雲霄，巡查堤工。張汾，巡查堤工。程邑，文都。郜文元、程必正。程必用，君聘。李世軒。劉蟲，壬印。李所信。慕見善，敬公。侯錫興，瑞庵。慕榮。

東西堤用三官廟樹銀七十兩，又用墻會收麥孳息銀二十兩。姓名列左：張國琳、侯守臣、張河、張景祥、張恂、侯錫興、黃大有、薛宗舜、程一信、李所興、高廷榮、蘇顯明、史萬言、張汶、張大錫、張大用、張大謨、慕菊、慕見樂、慕榮、慕蘭、宋大義、□成章、□成保、張大名、張明、張敬、閆子□、李□孝、□所信、宋大成、馬可全、劉蟲、時玉文、蘇洪、崔世禄、慕見道、慕見義、慕見禮、牛玉正、黃甫、程雲龍、孟興、馬可貴、馬可才、田有年、桑呈祥。

勒石捐資姓名列左：張汶捐銀二錢，慕興榮捐銀二錢，劉蟲捐銀四錢，張天倫捐銀三錢，高廷桂捐銀二錢，史萬言捐銀二錢，高梅捐銀一錢，薛宗舜捐銀五錢，慕天法捐銀一錢，李景揚捐銀五錢，宋大成捐銀一錢，劉喜捐洋五錢，程信捐銀一錢，程雲龍捐銀三錢，李所信捐銀三分，崔振逵捐銀二錢，李成孝捐銀五分，程楷捐銀三分，李世軒捐銀二錢，張景祥捐銀二錢，馬可良捐銀三分，馬可才捐銀三分，程學洙捐銀三錢，王言捐銀一錢，程大德捐銀一錢，□文元捐銀一錢，張思明、程慕氏、程述貢、程福、李魏氏、程雲霄、李興和、李世龍、李世昌、張朝選、李世興、李世立。……

乾隆二十一年七月。日示。

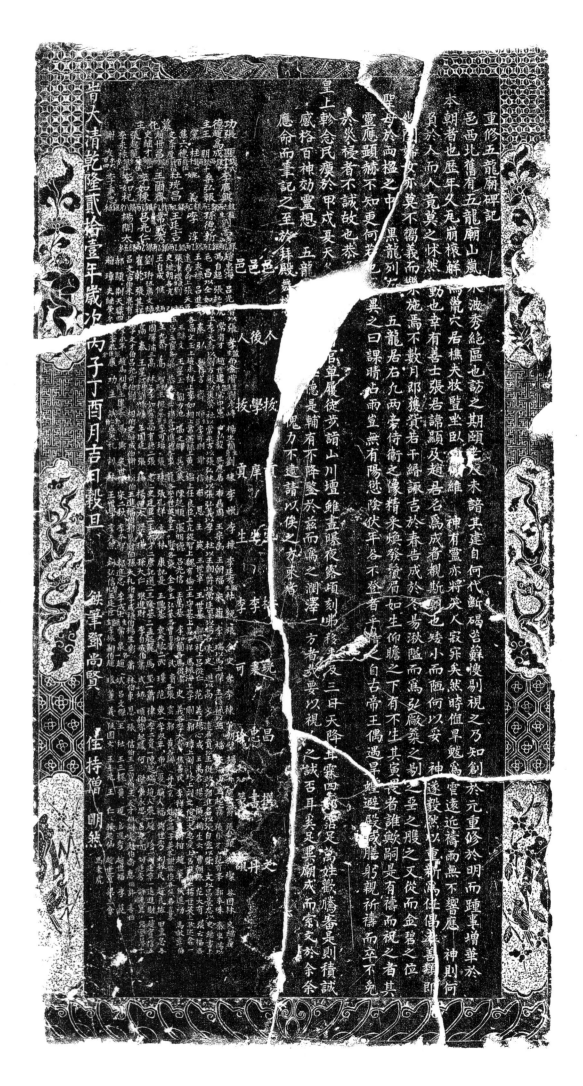

254. 重修五龍廟碑記

立石年代：清乾隆二十一年（1756 年）
原石尺寸：高 178 厘米，寬 75 厘米
石存地點：洛陽市汝陽縣柏樹鄉五龍村五龍廟

重修五龍廟碑記

邑西北舊有五龍廟，山嵐水波，秀絶區也。訪之期頤老人，未諳其建自何代，斷碣苔蘚，搜剔視之，乃知創於元，重修於明，而踵事增華於本朝者也。歷年久，瓦崩榱解，鳥鼠穴居，樵夫牧豎坐卧，□□維神有靈，亦將笑人寂寂矣。然時值旱魃爲虐，遠近禱雨，無不響應。神則何負於人，而人竟莫之怵然動也。幸有善士張君諱顯及趙君名爲成者，睹斯廟也，矮小而陋，何以妥神？遂毅然以重新爲任，倡率善類，即幽閨婦女亦莫不響義而樂施焉。不數月，即獲資若干緡。諏吉於春，告成於冬，易湫隘而爲弘廠，築之剔之，塈之膴之，又從而金碧之，位聖母於兩楹之中，黑龍列左，五龍居右，凡兩旁侍衛之像，精采焕發，鬚眉如生，仰瞻之下，有不生其寅畏者誰歟！嗣是有禱而祝之者，其靈應顯赫，不知更何若也。或异之曰：課晴占雨，豈無有陽愆陰伏，年谷不登者乎？稽之自古帝王，偶遇旱蝗，避殿減膳，躬親祈禱，而卒不免於灾祲者，不誠故也。恭逢皇上軫念民瘼，於甲戌夏天久□□□□官草履徒步，詣山川壇，雖晝曝夜露，頃刻弗移。未及三日，天降甘霖，四郊沾足，萬姓歡騰。審是則積誠感格，百神效靈。想五龍……德是輔，有不降鑒於兹，而爲之潤澤一方者哉！要以視人之誠否耳，奚足异？廟成，而索文於余，余應命而筆記之。至於拜殿、舞樓……愧，力不逮請，以俟之方來者。

邑人拔貢生杜玳昌撰文，邑後學庠生李秉忠書丹，邑人拔貢生李可珍篆額。

功德主：張顯錢十千。趙爲成銀十兩。王明銀十兩。黨柱錢一千。焦六德錢五佰。募化主：史學厚錢五佰。趙世昌銀一兩。史繼才銀一兩。張起龍銀五錢。李永禄銀三錢。謝友錢六佰四。李廣興銀六兩。桑弘報銀三兩。姚義銀二兩。杜玳昌銀乙兩。王爾齊錢乙千。李如棟銀乙兩。李如杞銀八錢。李秉忠銀五錢。監生劉嵩峙銀乙兩。孫德新銀乙兩。李淳銀乙兩。王廷吉銀乙兩。常成秀銀乙兩。吕光仁銀乙兩。楊開太銀五錢。趙忠海、馮自起、毛昌、王永禄、遠君命、張漢禮、史繼明、王自成、劉珩、崔乾、吕文吉、郝顯、趙璋，以上各五佰。吕光智、張起虎、仝如銀、吕進名、張天臣、劉炳、亢弘、侯炳、席文焕、張其祥、朱亮有、荆天職、史繼榮，以上各五佰。張孝、常有才、李天壽、秦弘、高文玉、王繼文、吕三寶、王九恭、周澤沛、高奉、李文才、李永平，以上各三佰。□學恭銀五錢。監生布金階、趙世建、劉方敬、張存言、趙永祥、王星玉、梁恭、高智、高林、王星江、吕光奇、趙爲創、康功，以上各三佰。生員劉彦峙、監生常中憲、張繁祉、齊順、李如相、劉方池、□士禄、王振棋、李如秀、劉峨峙、劉相、王建基、王斌，以上各三佰。楊生蘭、曲弘毅、常永吉、李可則、常遇禄、高文輝、吕進德、李可培、尚有德、王国廷、史繼成、馮興、吴大礼，以上各二佰。劉棟、吴應居、張弘林、謝信、黄鑑、吴文英、李龍、張林、張忠、張梅、謝松、宋世保、劉林，以上各二佰。李悦、布居周、張弘義、布恩、任良臣、陳起順、李世英、張孔祥、史廷臣、楊運太、王進福、宋二秋、王世學，以上各二佰。李棟、王宗禹、李柱、王英、亢從智、張明德、王賢、亢林、王天才、梁瑾、郭聚財、李本智、李大然，以上各二佰。李廷秀、王朝福、王朝爵、王世宰、魏有倫、吕光信、柴全、康記夏、康記

選、孫大仁、孫大礼、郝進忠、刘弘信，以上各二佰。監生杜銳、宋蒲、常廷璽、王世基、王守基、王萬基、王弘基、王興基、王隆基、張進財、李成禄、李成士、贊禮、王廷臣，以上各二佰。張全、李瑞、楊名珠、郝進禮、晁子祥、李如蘭、曹自青、袁天禄、孟起龍、李自成、楊生彩，以上各二佰。生員常泉、監生李振翻各一佰。史孝、馬士傑、史進、吕從仁、馬振海、馬從雲、武貴、武瑾、馬璽、蕭式、蕭林、趙斌、趙瑗，以上各一佰。李棟、王德禄、高文、范義、李剛、史義、張雲、范榮、蕭律、姚順、車恩、吕文傑、董義，以上各一佰。董朝壁、岳福、遠君貴、楊心成、郭璋、李大貴、郭黃、李永年、李二貴、李起鳳、張信、王祉、侯国文，以上各一佰。楊昇、朱海山、王從政、王萬倉、刘珍、焦善民、謝舟、布夏、陳起瑞、何傑、王三寶、王三槐、王三元，以上各一佰。趙世爵、王起霧、郭進名、楊福、刘文俊、李祥雲、亢魁、趙人福、趙人榮、常永思、王天才、黃現、王仁，以上各一佰。張自顯、張自才、張自雲、楊生云、文忠愛、王朝相、温子義、武世秀、趙珍、吕元亮、刘光勉、吕進秀、張起仙，以上各一佰。范燦、范有學、柴文、曹朝棟、吕進財、趙華、謝世俊、刘振民、刘廷章、刘廷秀、喬惠、趙世福、趙世貴、馬未虎，以上各一佰。谷國林、郭來珠、昌景忠、范大有、楊世英、侯進功、侯君喜、趙良佐、遠進財、許進寶、許喜、李範、梁三會，以上各一佰。史繼義、秦東陽、史繼書、張云福、耿述弇、馬献章，以上各一佰。田盡忠、趙賓信、路雲慧各五十。

鐵筆鄧尚賢。住持僧明然。

時大清乾隆貳拾壹年歲次丙子丁酉月吉日穀旦。

重修五龍廟碑記

邑西北舊有五龍廟山嵐木波秀絕區也訪之期頤耆艾未諳其建自何代斷碣

本朝者也歷年久尾崩壞解爲龍穴居樵夫牧豎坐臥維神有靈亦將笑人

負於人而人竟莫之怀然動也幸有善士張君諱顯及趙君名爲成者覩斯朝也

必間婦女亦莫不篤義而樂於施焉不數月邸獲貲若干緍諏吉於春告成於冬易

黑龍列於

聖母於兩楹之中

靈應顯赫不知更何爲五龍居右九兩旁侍衛之像精采煥發嶺眉如生

於災祲者不誠故也恭維五龍之曰課晴占雨豈無有陽恣陰伏平谷不登者平

上軫念民瘼於甲戌夏天

感格百神効靈想

應命而筆記之至於拜殿舞榭宮草履徒步諧山川壇雞畫曝夜露頂刻弗

德是輔有不降鑒於茲而爲之潤澤一

鬼力不遽請以俟之亦來者

人後人後人

孝監布金階聖刻戈峰

常有才

趙世建生常中懇

曲外殺

《重修五龍廟碑記》拓片局部

255. 廟前創建池塘碑記

立石年代：清乾隆二十一年（1756 年）
原石尺寸：高 132 厘米，寬 54 厘米
石存地點：洛陽市偃師區邙嶺鎮東蔡莊村

〔碑額〕：皇清

廟前創建池塘碑記

嘗思五行水居其一，六府水列其先。吾儕托處陵阿。山上有水乎，山下出泉乎，抑井養不窮，而取不盡、用不竭乎。夫以天一所生，地六所成，爲民生至足之物，而獨爲吾輩缺少之端。水哉，水哉，厥惟艱哉。□有善士張玿等并合村爰始爰謀，乘天之澤，因地之污下，截流停水，而賣地鑿池之事以舉。財力出之衆人，善不獨善；停流益於群類，利必兼利。情斯濯纓，□□濯□，孺子之歌可興；薄污我私，薄澣我衣，女乎之歸可言。即尔牛來思，尔羊來思。降阿之飲於池者，不在□乎□□□斯池也，可以注□□之□，可以□□之用。則無本之水，正可作行□之泉□也。故誌之也。

津邑韓振拔沐手敬書。

（功德主漫漶不清，略而不録）

同立。

乾……二十一□。

衛鎮隄記

武德鎮舊有土將圉統或口故城遺址也或口居
森而河温鎮人下能安枕高用也然有之矣而
正甲寅河決徐保長久計以吾鄉舊鎮土木鎮
永穎書下慄可是言也非徒康熙术年太旱十
諸郡君之諸兄弟爲瑞還君道洪意増厚至乾
瑞還爲維戊增其業至於專領築埋一事爲諸
得掌師之費自南北街以東出身號笑望家廉於是歲
功成也而盡兵于諸兄以先是瑞居一呼而鎮人洞單起甚咸知皆出

諸郡限記有土將圉統或口故城遺址也或口居
森而河温鎮人下能安枕高用也然有之矣
正甲寅河決徐保長久計以吾鄉舊鎮土木鎮
永穎書下慄可是言也非徒康熙术年太旱十
諸郡君之諸兄弟爲瑞還君道洪意増厚至乾
瑞還爲維戊增其業至於專領築埋意一事爲

令久官徐水息領家旅挾係家居式是相知皆出夫老提
人令干餘聞一時扶老提務奔夫號望家廉於是
不直送未始知皆出夫老提務奔夫廉於是歲
其名藝始典之德是相知皆出身號笑望家廉
諸德是相知皆出身號笑望家廉於是歲瑞還
家居式逾半載不歸而還之所自而歸歲瑞還於是
望家廉於是歲瑞還家於是成歲力作爲衆者
諸德是相知皆出身號笑望家廉於是歲瑞還

記於余以泛其父子無限而至於無限而貴之父子
或反灵余乾隆二十二年歲次彊圉涒灘若
可合詞爭曰令合日令日合重建其衆非欲爲
本有限而今有限而至於無限而貴之父子
僉合詞以淺其也故謹次彊圉涒灘若天眈敢
可使後來復傳之久猶欲私致謝吾閟是重
是欽世諸行於衆重建其意道僅譜防禁毀隄牌示而止然猶遠傳
如前日于高而此由誠謝吾閟是重加爰懼
乾隆二十二年歲次彊圉涒灘若天眈敢
記於余常劉慶遠頓首拜撰
成乾以爲行

256. 衛鎮堤記

立石年代：清乾隆二十二年（1757 年）
原石尺寸：高 132 厘米，寬 60 厘米
石存地點：焦作市温縣武德鎮武德村

〔碑額〕：衛鎮堤記
衛鎮堤記

　　武德鎮舊有土垺圍繞，或曰故城遺址也，或曰居人築爲堤防以備水者，是不可知。要之鎮地卑平，而與沁水逼。苟□□□□遇霖雨河溢，鎮人不能安枕而臥也。然有之矣。而淋□之久，蹂躪之多，馴致耕犁鼉侵，僅存若綫，則雖有而不能禦□□□□。

　　雍正甲寅，河決徐保鎮，流害兹土。本鎮待誥封貴之張公與一二同輩，倡首起築，鎮賴以安。時鎮人謀紀公□□□□未也，此堤固非長久計，以吾鄉舊遭康熙末年大旱，十餘年來，盈歉不常，人氣未復，故未敢侈用財力，姑爲撑支。見□□□□功成永賴，當徐議耳。是言也，非徒以謝鎮人，蓋實吐其未了之願也。自後，每與諸郎君言及是事，輒以時勢未可，□□□□諸郎君亦莫不慷慨擔荷，期爲繼成其業。至乾隆辛未河決吳卜村，爲害視前殆數倍，前年所築果汩没而不可恃，□□□□先是遐登矣。于是瑞還君遂決意增築。

　　瑞還者，公之第三子也，與兄乾還、隆還，弟其天，平日分掌内外之□□□□以所掌歸之諸兄弟，而專領築堤一事焉。堤厚一丈六尺，高八尺，周袤一千四百九十弓有奇。始事於甲戌九月，□□□□至丙子六月而止。築堤之費，自南北街以東，用會中錢粮，以西俟□公出，而經度指揮，廢寢忘食，則皆卜瑞還之爲□□□□時，瑞還一呼，鎮人傾洞争趨，其中不無貧苦失業力作爲艱者，必代爲謀其養給。而陰計人自爲防，家自爲衛，顧□□□□之名，已居與之德，是相市也，人何以堪？且意必有忍苦自好，而不肯爲者，乃陽指市肆，使各自行賒貸糧穀，儼等秦□□□□久不取直，送亦不受，始知皆出瑞還家廪。於是咸嘆稱古誼，有泣下者。初，河之決於吳卜村也，水勢甚大，而暴衝□□□□舍千餘間，一時扶老提幼，奔走號哭，望瑞還之所而投止者約三百口，□瑞還兄弟衽席飲食之，傾資竭藏，略□□□□人俟水息領賑，營修家居，或逾半載不歸，而遇之不少懈。且念其久無寧居，益加矜憫。爲堤事竣，鎮人欲列繪前後□□□□官，請行旌獎。瑞還正色曰："公事公爲之，奈何爲吾功？倘表吾閭是重，吾愧也。至若被水傾家，暫就囏糲，□□□□恩欺世乎？"衆重違其意，遂僅請防禁堤牌示而止，然猶欲私致謝忱。瑞還□□力最，後乃謀勒石爲記。瑞還□□□□衆合詞争曰：今日之舉，非欲爲吾子增重也，亦將傳之久遠，俾後人知堤之所由□與其所以爲用者，庶幾保守□□□□□替耳。本有堤而至於無堤，已徵前事矣，又可使後來之復如前日乎？而奈何專於辭□。不得已，始從其請。衆遂伐□□□□□記於余。余以貴之父子故姻戚，其季子其天，余侄婿也。分宜揚厲盛軌，以爲行義者勸。然自審不文，且懼□□□□□或反足以没其實也。故謹次鎮人所以告余者，而不敢意增一語云。

　　乾隆二十二年歲次强圉赤奮若天貺穀旦，眷弟劉慶遠頓首拜撰。

龍碑

洪山者乃訓　公渠道之所經也渠源出自甕磯開於有明萬歷丙申

間興廢不常至　大清雍正八年庚戌歲渠又壅塞無跡合渠士民公

張公重修渠道其水後注辛安池後衆邨欲爲久遠討各出齒積買邨

山塢一廛收其所出以爲每歲濟渠之助恐年遠無稽爰勒買契於左

乾隆二十年八月十九日正賣藝生王國賓因照理不使令憤買到碑

易巷磯山山塢一廛東至洪王堤西至金燈南至三道山北至北山凹

明白土木石相連原地原粮同宣產行李榜說合情願賣於邑南謝

永遠爲業時佑僧銀壹百兩整當日交足其粮照拾敢下地過擋兩傍

顧各無異說恐後無憑立賣契存証

明見生員李鴻積正與此碑與辛安碑同

大清乾隆二十三年歲次戊寅仲春

邑庠生員鄭國良書丹

合渠士民

257. 林州合澗鎮謝公渠賣地契碑記

立石年代：清乾隆二十三年（1758年）
原石尺寸：高150厘米，寬62厘米
石存地點：安陽市林州市合澗鎮洪穀山謝公祠

〔碑額〕：碑記

　　錤山者，乃謝公渠道之所經也。渠源出自甕錤，開於有明萬曆丙申歲，□間興廢不常。至大清雍正八年庚戌歲，渠又壅塞無迹。合渠士民公稟張公重修渠道，其水復注辛安池。後衆村欲爲久遠計，各出齒積，買到□□山場一處，收其所出，以爲每歲修渠之助。恐年遠無稽，爰勒買契於左。乾隆二十年八月十九日，立賣契生王國寶，因照理不便，今將買到磁□□易堤錤山山場一處，東至洪王堤，西至金燈，南至二道山，北至北山凹，四□明白，土木石相連，原地原粮，同官產行李榜説合，情願賣於邑南謝公□永遠爲業。時估價銀一百兩整，當日交足，其粮照捌拾畝下地過摘，兩情□願，各無异説，恐後無憑，立賣契存證。明見生員李鴻績正。此碑與辛安碑同。

　　邑庠生員鄭國良書丹。

　　合渠士民□□。

　　大清乾隆二十三年歲次戊寅仲春。

〔注〕：謝公，即謝思聰，字崇謀，號聯塘，滋陽（今河北省行唐縣）舉人，明萬曆二十年（1592年）任林縣知縣。他主持修建了一條深約3尺、寬約2尺的石砌水渠——共山渠。共山渠西引洪穀山水，東到辛安村，全長9公里。這條渠，匯集林慮山和太行山兩山溪水，可供當時沿渠40餘村的人畜飲用，故稱共山渠。清乾隆五十年（1785年），當地百姓自願集資建起"謝公祠"，并將共山渠改稱謝公渠。

258. 重修水渠碑記

立石年代：清乾隆二十三年（1758 年）
原石尺寸：高 100 厘米，寬 42 厘米
石存地點：洛陽市伊川縣白沙鎮常嶺村聖母廟

〔碑額〕：萬善同歸

范一里地誌常家嶺，北有無源之水遶村而西，但水勢甚大，使不爲渠以束，勢則漸成巨壑，且觀音堂亦恐傾頹，其爲害豈淺鮮哉。幸有善士常篤生預料後患，急於修整，募化眾善，各捐資財，使土渠爲石道，流水無泛濫，神聖廟宇無毀傷，村中士女將安居矣。故勒貞珉，以垂不朽云。

……

大清乾隆二十三年四月吉日建立。

清（二）

623

皇上御極之二十有二年大化翔洽薄海內外莫不被閭潯而慶咸寧惟豫之開歸陳汝穀郡因積潦以成偏

災仰荷
聖明獨照憫茲一方之向隅也撥帑運粟以穀百鉅萬拯救之民困矣復以致患有由必思治諸河永俾康

又更大發帑金先

命侍郎臣袁曰修來豫周行相度臣寶璵以是年六月恭奉

聖主南顧疇咨頻頒

恩命移撫撫是邦共承廑事臣俯念跧庸未諳懼無以稱乃蒙

聖訓告戒惜費省工而勿勞民先飭繪圖以上臣等次第臚陳若幹若支尋源訖委週以數千里計凡高下淺深

睿覽親之指示機宜俾在工大小諸臣咸瞭然知所遵循因何計工鳩夫用告成事於是河流順軌耕種以時

歲則大稔豫之民感激懽忭請泐石以紀

聖恩

上猶穆然深念令勿事繁文惟是水土之政必期於永永勿墮廢

親製宸章垂示久遠臣敬本

聖製一心經營廑大織悲旱周成規事昭萬世永賴特應後此官有更易民縣各邑遇修治之時或因無據遷

延咸恃而殷推諉小民且借以啓爭此何來固循所由雖載在志乘皆臆說而不足憑也今以疏築寬靖

合成全圖深廣及慶勤而昭布之綱錯綺交不爽毫秦俾臨時詳放於善後為便荷蒙

命光將圖弐鐫石凡肖守土之責者按此而歲治之庶幾仰副

聖天子愛民如子永除水患之至惠云爾乾隆二十三年八月穀旦河南巡撫臣胡寶璵恭記

皇上御極之二十有二年大化翔洽薄海內外莫不被閭澤而慶咸寧惟豫之開歸陳汝穀郡因積潦以成偏

災仰荷
聖明獨照憫茲一方之向隅也撥帑運粟以穀百鉅萬拯救之民困甦矣復以致患有由必思治諸河永俾康

又更大發帑金㞦
恩命移撫是邦共承厥事臣俯念跅庸未諳懼無以稱乃蒙
聖主南顧疇咨頻頌

命侍郎臣袁曰修未豫周行相度臣寶瑛以是年六月恭奉
訓旨戒惜費省工而勿勞民先飭繪圖以上臣筞次弟臚陳若幹若支尋源訖委週以穀千里計凡高下淺深

唇覽親定指示機宜俾在工大小諸臣咸瞭然知所遵循因悉計工鳩夫用告成事於是河流順軌耕種以時

聖恩
歲則大稔豫之民感激惟怵請泐石以紀

聖恩
聖主一心經營廣大纖悉畢周成規畫昭萬世永賴特應後此官有更易民祿各邑遇修治之時或因無據遷

上猶稄然深念令勿事繁文惟是水土之政必期於永永勿蹙㞦

親製宸章垂示久遠臣敬奉
聖謨職司守土伏念大工其舉仰賴

延或特所陵推諉小民且借以督爭此向來因循所由雖載在志乘皆臆說而不足憑也今以疏築寔蹟

合成全圖深廣及廣勤而昭布之繡錯綺交不爽毫恭俾臨時詳孜於善後為便荷蒙

俞允將圖弍鑴石凡省守土之責者按此而歲治之庶幾仰副

聖天子愛民如子永除水患之至意云爾乾隆二十三年八月穀旦河南巡撫臣胡寶瑛恭紀

《乾隆二十三年開歸陳汝四郡河圖碑》拓片局部

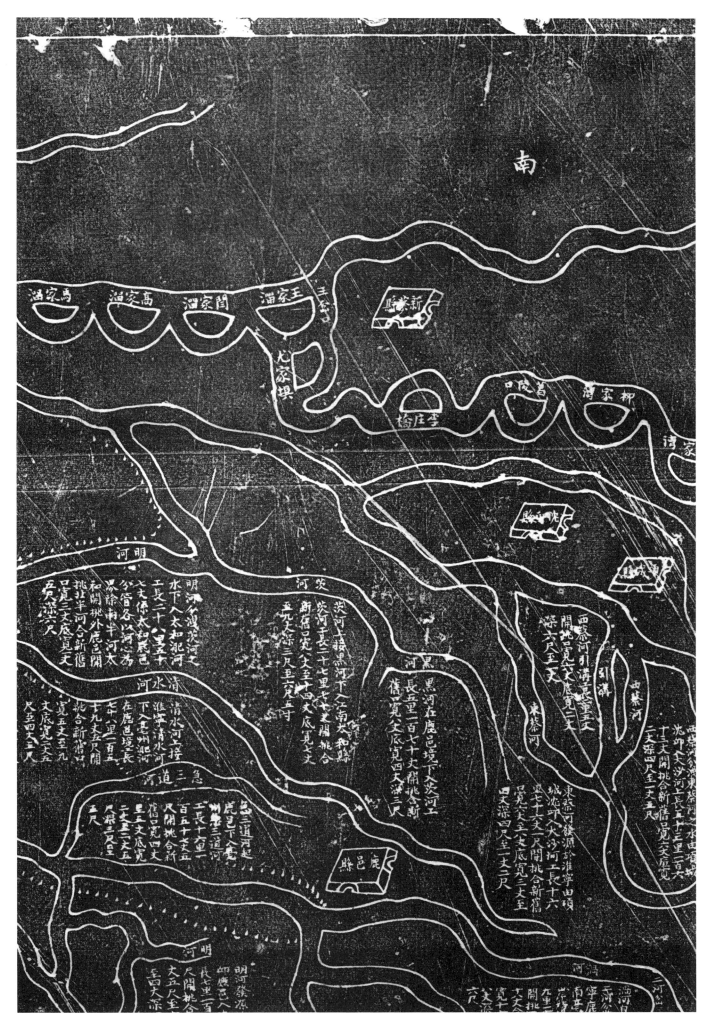

《乾隆二十三年開歸陳汝四郡河圖碑》拓片局部

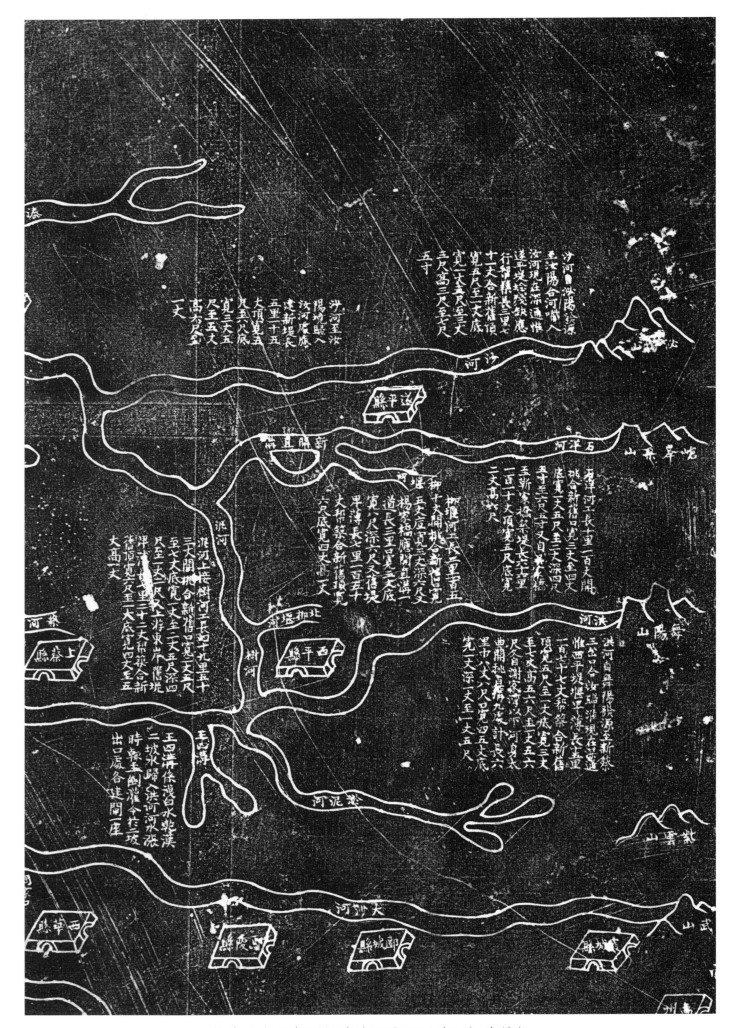

《乾隆二十三年開歸陳汝四郡河圖碑》拓片局部

628

259. 乾隆二十三年開歸陳汝四郡河圖碑

立石年代：清乾隆二十三年（1758 年）
原石尺寸：高 88 厘米，寬 162 厘米
石存地點：商丘市博物館

　　皇上御極之二十有二年，大化翔洽，薄海内外，莫不被闓澤而慶咸寧。惟豫之開、歸、陳、汝數郡，因積潦以成偏災。仰荷聖明獨照，憫兹一方之向隅也。撥帑運粟，以數百鉅萬拯救之，民困蘇矣。復以致患有由，必悉治諸河，永俾康乂。更大發帑金，先命侍郎臣裘曰修來豫，周行相度；臣寶瑛以是年六月恭奉恩命，移撫是邦，共承厥事。臣俯念疏庸未諳，懼無以稱。乃蒙聖主南顧疇咨，頻頒訓旨，戒惜費省工而勿勞民。先飭繪圖以上，臣等次第臚陳，若幹若支，尋源訖委，周以數千里計，凡高下淺深之度，彼此承接之準，悉由睿覽親定，指示機宜，俾在工大小諸臣咸瞭然知所遵循。因得計工鳩夫，用告成事。於是，河流順軌，耕種以時，歲則大稔。豫之民感激歡忭，請泐石以紀聖恩。上猶穆然深念，令勿事繁文。惟是水土之政，必期於永永勿墜。爰親製宸章，垂示久遠。臣敬奉聖謨，職司守土，伏念大工具舉，仰賴聖主一心經營廣大，纖悉畢周，成規聿昭，萬世永賴。特慮後此官有更易，民隸各邑，遇修治之時，或因無據遷延，或恃兩岐推諉，小民且借以啓爭。此向來因循所由，雖載在志乘，皆臆説而不足憑也。今以疏築實迹，合成全圖，深廣尺度，勒石而昭布之。繡錯綺交，不爽毫黍，俾臨時詳考，於善後爲便。荷蒙俞允，將圖式鎸石，凡有守土之責者，按此而歲治之，庶幾仰副聖天子愛民如子永除水患之至意云爾。

　　乾隆二十三年八月穀旦，河南巡撫臣胡寶瑛恭紀。

　　〔注〕：此碑分爲左右兩部分。右半部分繪製的是清乾隆年間開、歸、陳、汝四府（約今河南省東南部的開封、商丘、周口、駐馬店等地區）所屬 28 州縣在此次水利工程中所開溝渠和河道的綜合圖。河渠圖繪出了這次興修水利的範圍是西起密縣、東至永城、北自黄河、南達新蔡，同時還標明了每條河道、溝渠的發源及流向和這次施工的具體長、寬及深度。左半部分爲時任河南巡撫胡寶瑛撰寫的碑文，記述了乾隆二十二年（1757 年）"開、歸、陳、汝數郡因積潦以成偏災"，清政府"大發帑金"，"悉治諸河"的情況及立碑的原因和經過。碑文内容反映清朝前期黄河下游及黄淮平原的河流、管道、城鎮等狀況，對研究黄河下游農田水利建設、治水技術和措施、黄淮平原環境的變遷規律等，具有較高的學術價值。

260. 青天汪太老爺斷明本山香火地畝栽界存案碑記

立石年代：清乾隆二十四年（1759 年）
原石尺寸：高 162 厘米，寬 60 厘米
石存地點：洛陽市宜陽縣靈山寺

〔碑額〕：萬代流芳

青天汪太老爺斷明本山香火地畝栽界存案碑記

靈山者，乃周靈王故塚。其地四至載諸碑記，但歷年久，四至內西北隅被居民□取山石，以致毀界，因而地亦侵□。後於乾隆戊寅夏，旱魃爲虐，邑侯汪大宗師率紳士等禱雨，取水鳳泉。公務畢，閱碑記，因問香火地畝，方丈僧澄鑑回稟侵地由來。公率衆往觀，遂令僧澄鑑具控公案，蒙斷明栽，立界石。又捐俸買地入寺，永爲供佛齋田。嗚呼！是亦善舉也！僧人感戴，揖余爲文以記。余不揣固陋，爰爲之記云。

公諱圻，字芝厓，江南吳縣籍，庚午科舉人，丁丑冬任宜陽縣事。己卯春護理河南府正堂印務。

邑後學生員張成武沐手拜撰書丹。

本山界至開列于左：

東至白草嶺脊，南至棗樹溝心，西至賈家溝心，北至前石崖。東南至連神峪山，西南至柳群儒，西北至三官洞西崖根，東北至詭溝。

施地善人柳彥儒，鄉耆霍大才，保正關世龍，甲長關大芳，原老楊奎。

石匠鄧林鐫。

乾隆貳拾肆年歲次己卯蒲月吉日立。

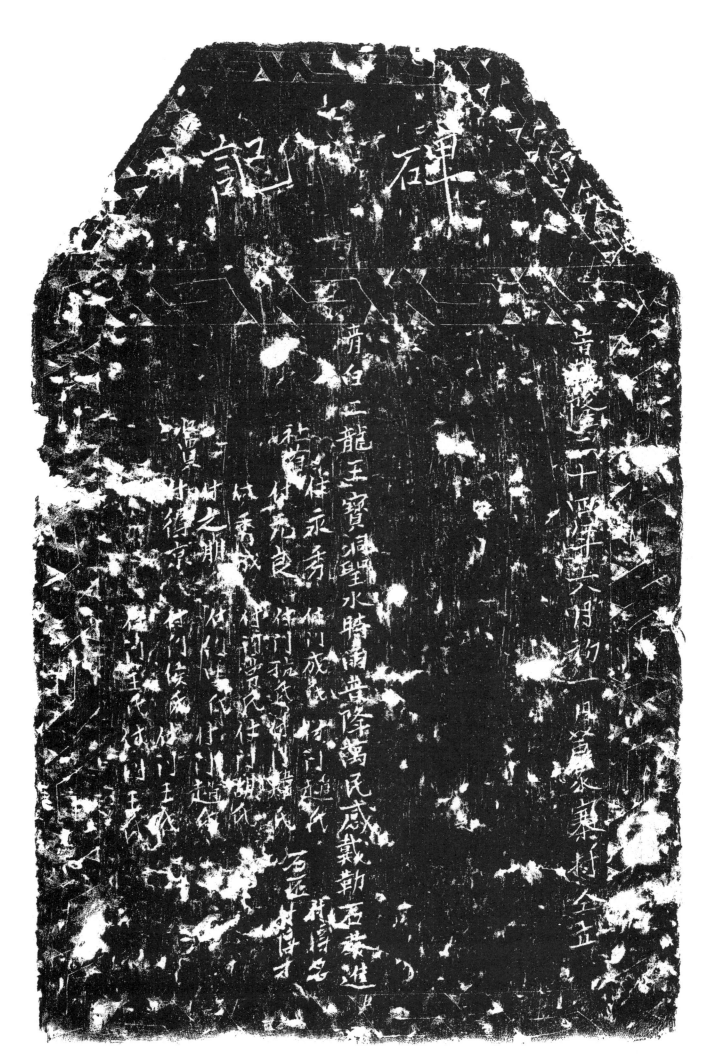

261. 降雨感德碑

立石年代：清乾隆二十四年（1759 年）

原石尺寸：高 63 厘米，寬 38 厘米

石存地點：安陽市林州市任村鎮豹臺村白龍洞

〔碑額〕：碑記

青白二龍王寶洞聖水，時雨普降，萬民感戴，勒石恭進。

社首：付永秀、付元良。

收買：付秀成、付之朋、付得京。

付门成氏、付门抗氏、付门常氏、付门白氏、付门侯氏、付门王氏、付门趙氏、付门韓氏、付门胡氏、付门趙氏、付门王氏、付门王氏。

石匠：付得名、付得才。

時乾隆二十四年六月初一日蘆家寨村同立。

清（二）

清真古行

吾輩清真寺刻貞□□珩朝順治年間大厦落成泉先人養請名師設立經學恪遵古行以正教門凡吾回回

之至於斯者無不景仰焉矣傳至乾隆十六年秋七月忽而黄河開口洪水橫流以致墻壁倒壞幸有

首事李炳等慶心出約當戶接地公泒貧者隨意捐貲俱各歡然樂輸毫無吝惜重修刻石永垂不朽

掌教師付白士武生員李永廈

首事鄉老
杜克友
李鑌
李廷芳　李德重　李作盈
李文輝
李廷玉　杜子甫
楊光林　齊興廈　李爲源
楊茂林　李坤
李贛祥　楊玉林
李作宦　李德恒　李公裕
　　　　郭懷臣
　　　　李亀　　杜作叙
　　　　李弘祠
　　　　蘇雲　　李偉善　李昆
楊甫生　杜文章
楊起龍　李長忠　李束玉
李艾德　李真善　李東玉
李成倫　李豪生　李萼生
李本　　　　　李廷德
李添　　李允惪　李作信
杨桂　　　　　楊玉
李香　　　　　楊弘治　蘇□
李官　　李參桢　楊起龍
　　　　楊弘俱　李作行　楊玉
　　　　白之如　蘇□　　楊玉
　　　　李廷獻　楊起龍　李起河
　　　　白有才　楊立　　杜鎮江
　　　　李見　　杜子洪　楊思明
　　　　李忠玉　李如松
　　　　白有忠　李奇祥　白有忠
　　　　白銀　　王邦考　李三招
　　　　李貴　　楊奇惪　李二良
　　　　　　　　楊存　　李孝誠
　　　　　　　　李忠　　李作正
　　　　　　　　白有忠　楊玉
　　　　　　　　　　　　楊作来
　　　　　　　　楊管　　李文英
　　　　　　　　李本正
　　　　　　　　楊奇　　李振世
　　　　　　　　李好惪
　　　　　　　　　　　　李明采
　　　　　　　　李明智
　　　　　　　　　　　　楊恩明

匠郢寅
石匠杜慈
憲工寄楊明

大清乾隆二十五年孟冬　　吉旦

不許閒人居住

全立

262. 重修清真寺墙垣碑記

立石年代：清乾隆二十五年（1760 年）

原石尺寸：高 154 厘米，寬 52.5 厘米

石存地點：新鄉市封丘縣荊鄉回族鄉后荊鄉村清真寺

〔碑額〕：清真古行

吾輩清真寺創自本朝順治年間，大廈落成，衆先人恭請名師設立經學，恪遵古行，以正教門。凡吾回回之至於斯者，無不景仰，其來久矣。傳至乾隆十六年秋七月，忽而黄河開口，洪水横流，以致墙壁倒壞。幸有首事李炳等虔心出約，富户按地公派，貧者随意捐資，俱各歡然樂輸，毫無吝惜。重修刻石，永垂不朽。

掌教師付：白士武、李倫。首事鄉老：李炳、楊茂林、楊光林、李祥、李談、李作賓、李文祥、李廷玉、李鋭、李春、楊興國、李鎮、杜克友。生員：任永慶、李爲源。齊集：盖君重、李君選、李德恒、楊玉林、李爲漢、楊成林、李超、李盈、杜子富、李喬、李官、李龍、李坤、李作孟、李德金、李大來、李彪、郭怀臣、李鏡、李弘綱、李廷召、楊甫生、李長忠、李成倫、李文德、李本、李継文、楊成万、李公敬、李廷銑、李條叙、杜義、李作誥、李豹、李偉、蘇雲、李模、李大孝、李真、李治、李士傑、李廷敬、李珩、李德楨、李廷順、李□才、□□□、李長有、李卓、杜文秀、李作睿、李束玉、李文生、李菁、李先、楊桂、李公喜、李明智、楊順、李廷富、李枳、李爲海、李爲普、李虎、李廷魁、李作美、李作德、李秀、李成、李大才、李好德、李明采、李振世、李登榜、李登會、杜學順、李有德、李明吉、蘇成、楊玉、楊弘德、楊弘治、楊起龍、楊美、楊好信、白祥、白有忠、楊思明，楊弘佩、白之如、白璧、白有才、楊成、白科、李起河、楊寶、李作祥、李二聲、李文教、李三良、王邦彦、楊好義、李鳴玉、李忠玉、李廷献、李公林、李見、楊思召、杜鎮江、李文英、李富、李如松、楊元、楊立、杜子貴、李作法、楊采、李本正、楊忠、李管、李存、白銀、李貴、李継堯、李甫。

木匠邵賓，石匠杜慧，畫工李思明。

不許閑人居住。

大清乾隆二十五年孟冬吉旦同立。

263. 感應碑記

立石年代：清乾隆二十六年（1761 年）
原石尺寸：高 43 厘米，寬 35 厘米
石存地點：安陽市林州市任村鎮豹臺村白龍廟

感應碑記，林邑北一鄉豹台村。

昔人有言曰：有德於民者則祀之，有功於民者則祀之。矧我尊神職司雨澤，靈應不爽者乎！故不禁爲之頌曰：惟神大公，正直靈聰，上承天意，下澤黎氓。興雲布□，□穀告成，萬民感德，歌咏神□。六月十四掃洞，十六日落透雨。□攢。

社首：常門李氏、李門申氏、李門彭氏、李門胡氏、□門李氏、賈門尤氏、李門程氏、李門郭氏、李門岳氏、李門谷氏。

乾隆二十六年歲次辛巳孟秋吉旦公立。

勅建楊橋河神祠碑記

乾隆辛巳七月豫中秋霖大至河溢祥符黑堰口急命侍郎裘曰修馳傳勘視俄而會城驟漲侵溢

隄奪溜貫魯河河臣張師載撫臣常鈞連牘以狀聞且惶恐謝守土不謹朕曰爾勿棘爾分茲有界四

是圖寧為全河計乃河計乃者燕齊迤北並積潦滙中州而下勢必張所過事乘障不已將釀南河患以上

迨今爾疆敗堰縱不戒未越宿而徐城暴長之水乃陡落庸渠非不幸之幸也爾時賈魯方演漾頹壽

湖日夜挟沙奔流淮病黄愈病是不亞治上游而下游又烏可以不治石於時大學士劉統勳協辦大興

書公兆惠就行在撲指往箕歐事而撫臣常鈞等方議盡於興築楊橋隄啣我宵旰

大溜益湍此何異醫者不察標本欲志壅閉諸孔竅妄覬調停瓊我容爾亦竇瓊兩旱習豫河要害其再

撫茲土汔賛有成容爾萬晉爾簡率江南練工升卒繕備揭䒋健先後依助之爰廣代賑集厥方增薪值曬志

材其急衝之不能狞迴者親為按圖審度黜筆為誌令鑒引渠釀河溜重臣覆視前北南河之朱家海張家馬路蓋

齊而儲偁侍周工作以次就理斯役也漫口初止六十丈汕熒至二百餘丈嵗三吳沮如之壤貫流順軌鑿鼓弗開以彼縈此差

三倍而羸自齫隆眹給暨別估嘗輜外計太工專支帑金三十萬有奇經始於元月一日合龍於十一月一日

為時甫西迤月統勳等以程緒固稽導引時無有迄風之應宜建徙不常雖神禹無由善其後豈非勢驰於

河神祠幵請領勅碑用申眹念洪河故四瀆之一而歷代遷從不常雖神禹無由善其後豈非勢驰於

日下補捄者必以爭上將為得篆嶼自豫河決而復合其嵗三吳沮如之壤貫流順軌鑿鼓弗開以彼縈此差

神眎黙臻曷以至是若眹宵旰勤求之苦爽具見諸寶詩中並命鐫諸石示我守臣體之有永毋隳後效毋遑

鼛皷然可睹匪

前勞是為記

乾隆二十有一六年嵗在辛巳仲冬　御筆

264-1. 敕建楊橋河神祠碑記（碑陽）

立石年代：清乾隆二十六年（1761 年）
原石尺寸：高 250 厘米，寬 98.5 厘米
石存地點：鄭州市黃河博物館

敕建楊橋河神祠碑記

　　乾隆辛巳七月，豫中秋霖大至，河溢祥符黑堽口，急命侍郎裘曰修馳傳勘視。俄而，會城驟漲，侵淫□□□□堤，奪溜賈魯河。河臣張師載、撫臣常鈞連牘以狀聞，且惶恐謝守土不謹。朕曰："爾勿棘。爾分茬有界□，□□□是圖，寧爲全河計。"乃者，燕、齊迤北并積潦，匯中州而下勢必張，所過事乘障不已，將釀南河患，艱以上□□□治，今爾疆陂堰縱不戒，未越宿，而徐城暴長之水乃陡落庸渠，非不幸之幸然。爾時賈魯方演漾，潁、壽□□□湖，日夜挾沙奔流，淮病，黃愈病。是不亟治上游而下游又烏可以不治治。於時大學士劉統勛、協辦大學□□書公兆惠，就行在授指，往董厥事。而撫臣常鈞等方議盡塞南岸旁決之口，徐興築楊橋堤。咈哉！旁口益□□大溜益湍，此何異醫者不察標本，欲悉壅閼諸孔竅，妄覬調停腹潰哉。咨爾胡寶瑔，爾早習豫河要害，其再□撫兹土，汔贊有成。咨爾高晋，爾簡率江南練工弁卒，繕畚拘茭楗，先後佽助之。爰廣代賑，集厥力增薪，值賒□材，其急衝之不能猝迴者，親爲按圖審度，點筆爲誌。令鑿引渠，釃河溜。重臣覆奏至，亦不謀吻合。夫然後衆志齊，而儲偫周，工作以次就理。斯役也，漫口初止六十丈，汕蟄至二百餘丈，視前此南河之朱家海、張家馬路盖三倍而贏，自竭除賑給暨別件營輯外，計大工專支帑金三十萬有奇。經始于九月一日，合龍於十一月一日，爲時甫兩匝月。統勛等以程績罔稽導引，時兼有返風之應，宜建河神祠，并請頒額勒碑，用申昭報。朕念洪河故四瀆之一，而歷代遷徙不常，雖神禹無由善其後，豈非勢弛於日下，補救者必以争上游爲得策歟？自豫河決而復合，其歲三吳沮洳之壤，黃流順軌，鼛鼓弗聞，以彼挈此，差數瞭然可睹。匪神貺默臻，曷以至是若。朕宵旰勤求之苦衷，具見誌實詩中，并命鐫諸石，示我守臣，體之有永，毋斁後效，毋棄前勞。是爲記。

　　乾隆二十有六年岁在辛巳仲冬御筆。

264-2. 敕建楊橋河神祠碑記（碑陰）

立石年代：清乾隆二十六年（1761 年）
原石尺寸：高 250 厘米，寬 98.5 厘米
石存地點：鄭州市黃河博物館

河南巡撫常鈞奏報秋潦河漲漫溢大堤諸情形，詩以誌事。辛巳七月。

俗稱"三白澇"，適當孟秋際。撰辰早定期，雨中因啓躍。將謂偶行潦，跋涉何妨試。南望雲勢重，齊豫早廑意。由來纔逾旬，方佰飛章至。七月十□八，霆霖日夜繼。黃水處處漲，茭楗難爲備。遙堤不能容，子堰徒成棄。初漫黑堽口，復漾時和驛。（叶）侵尋及省城，五門填□閉。垂障如戒嚴，爲保廬舍計。吁嗟此大災，切切吾憂繫。言念此方民，饑洊臻往歲。疏淪命朝臣（豫省水利向以瀦泄失宜，民田頻□□□，歲丁丑，命侍郎裘曰修會同□撫臣胡寶瑔相度各工，大加浚築，比年并獲有秋），救民不惜費。近年頗獲豐，甫得復元氣。而胡更遇澇，災較前尤劇。（叶）所幸河歸槽，漲灘斷流墅。城郭庶無恙，佳音日夜跂。其餘被水郡，諄諭勤周濟。前功不可廢，朝中遣大吏。輕車自成行（時常鈞□經莅任，□曰修於黃沁源流，素所諳悉，即令馳驛前往會勘），爲我蘇殿屎。（叶）啓行值塗潦，僕從已多懟。豈知北輕南，額手感天賜。萬方吾保赤，一飢己所致。盈虛敢諉數，調燮惟增愧。

河南巡撫常鈞奏報開封水消及河奪溜□□諸情形，詩以誌事。辛巳八月。

方佰飛章速置郵，開緘一慰一以愁。慰因開封漲水退，愁在河奪楊橋流。下趨賈魯雖古道，不經久豈堤防修。□□能容必奔放，豫齊處處將貽憂。已聞南河詫奇事，河水反落霆霖秋。（尹繼善□徐州一帶於七月二十等日河□，陡落丈□，上流□有衝漫。遣人□赴探視□，計其時，正豫省奪溜次日也。然中州地處高原，楊……國得免水患，不可謂非天幸矣。）實因散漫殃逸上，正流弱乃淤泥留。一患浸淫生百患，南望怒若予飢調。急則治標事遮障，俾歸故道邁他謀。重臣一再遣往勘（先是祥符漫水報至，已命裘曰修赴豫相導河渠，至是復命劉統勳、兆惠馳驛前往，專司董築賈魯河奪溜急工），督築兼命視賑賙。宣房後已失長策，補偏實更無良猷。平成乏術方抱愧，救民漫惜司農籌。

大學士劉統勳、協辦大學士兆惠等奏報楊橋決口合龍，詩以誌慰。辛巳十一月。

秋□河決致災侵，億萬蒼黎繫念深。特遣重臣資碩□，善能集眾益詳斟。功無時已歌寧信，事在人爲語允諶。倍價那愁薪不屬（豫省草直每束例九分，以鄰近多被水，□其倍給，料集工述），抒誠早勝□□□。□□歸舊神哉沛，刻日傳佳慰以欣。不築宣房□靈宇。佑民鞏堰冀來歆（工竣時日晴風順，回□迅捷，靈貺昭應。因命即工所建河神祠，□題匾額，申爲民報祈之意）。

豫河誌事詩計三篇，鐫刻碑陰，并紀歲月。御筆。

〔注〕：乾隆二十六年（1761 年）七月，三門峽至花園口普降暴雨，黃河發生特大洪水，并與沁河洪水相遇，武陟、榮澤、陽武、祥符、蘭陽同時決口達 15 處之多。中牟楊橋決口寬數百丈，大溜直趨賈魯河，災情十分嚴重。乾隆帝聞訊，甚爲震驚，派大學士劉統勳、協辦大學士兆惠趕赴楊橋查勘災情，預籌堵塞決口。是年九月一日開始堵口，十一月合龍，大溜回歸故道。大工專支帑金三十萬兩有奇。乾隆帝對此甚感欣慰，命在楊橋建河神祠，親題匾額，豎立碑石。碑陽鐫刻河工及建河神祠事，碑陰鐫刻乾隆帝親賦《豫河誌事詩》三首，後人稱此碑爲"乾隆御碑"。

265. 水灾碑

立石年代：清乾隆二十六年（1761 年）
原石尺寸：高 57 厘米，寬 36 厘米
石存地點：焦作市沁陽市博物館

乾隆二十六年，會首：王密、王道平、王貴宇、張思□、宋得人、宋光显。

收秋麥一石十斗八升，共賣錢一十三千六百文。

……基使錢二千三百四十文。

……共使錢一千四百三十一文。

興工買檐石鋪地磚共使錢六千四百五文。

匠人工錢使錢四百八十文。

完粮□銀雜項共使錢一千五百文。

□□□供□會首使錢一千一十六文。

□□請人使錢四百八十八文。

二十四年會首：李耀寰、王禄宇、王□國、王錫貴、王成宗、柴永禄。

□□□錢二千零六十，本寺興工使用。

本年辛巳秋天□大雨，沁水暴漲，水與堤平者四日，□懷城水湮，人死三分。覆背一村，賴佛保□，庶幾□失，豫省州縣九十七處，被灾者五十七處，因刻石上以傳後人，宜永防沁水之患。

石匠宋之卿。

清（二）

皇恩碑終水坝

乾隆二十三年蒙

皇恩建造宣洩沙趙二河西來坡水並運汶異派由盐

河歸海以利運道以益民田

乾隆二十七年三月

吉日立

266. 乾隆滾水壩碑

立石年代：清乾隆二十七年（1762 年）
原石尺寸：高 200 厘米，寬 85 厘米
石存地點：濮陽市臺前縣夾河鄉八里廟村

滾水壩

乾隆二十三年，蒙皇恩建造，宣泄沙趙二河西來坡水，并運汶异漲，由鹽河歸海，以利運道，以益民田。

乾隆二十七年三月吉日立。

267. 重修石橋碑記

立石年代：清乾隆二十七年（1762 年）
原石尺寸：高 117 厘米，寬 55 厘米
石存地點：洛陽市欒川縣潭頭鎮張莊村

重修石橋碑記

西嶽廟前有古記橋一孔，不知創於何代，修於何時。而世遠年深，岌岌乎似雒陽天津橋之遺迹焉。有住持柴延清者，經之營之，幾歷寒暑，欲爲重修之舉。不意有志未逮，忽然羽化而登仙矣。越數載，待其人而後行。幸有徒孫詹清亮，年少英异，纘承師志，慨然以斯橋之修爲己任，因自出己囊，復請捐助，與衆首領等胼手胝足，不憚辛苦，興工動作，晦明不輟。功到自成，不數月而告峻，此固詹清亮之有志竟成，後來而居上，亦衆人□勇躍爭先，協辦之力居多也。余躊躇滿志，欲作文以記之，奈自愧學淺，不善爲辭，衆□懇瀆再四，因修俚言寥寥數語，以塞責云爾。

後學王登科撰文并書丹。

共費銀三十七兩，損資二十二兩。住持費銀一十五兩。

泰成鋪一兩，化主馬珍儒五錢，段廷柱五錢，三信鋪五錢，楊進爵五錢，甫順鋪五錢，王君仕五錢，恩顯五錢，任甲魁三錢，吉發祥二錢，化主党心學五錢，党心廣五錢，党士庠四錢，党士秀四錢，党士和三錢。党鑑三錢，化主刘士光三錢，和興鋪一錢，張佰魁一錢。化主尚生禄五錢，逯培積五錢，李貴五錢，尚守成五錢，穆之□五錢，刘士旆五錢，充太士五錢，韓應舉五錢，刘士旗五錢，楊文學四錢。化主張松五錢，張仁五錢，張智五錢，張乾五錢，張万斗五錢，張万升五錢，張万益三錢，郝礼一錢，謝天禄三錢，張坤三錢，李襄三錢，尚聚仁三錢，刘士平二錢，李克亮二錢，崔有旺二錢，張舒二錢，孫礼一錢，王永保一錢，張復□一錢，馬忠五分，郭文學一錢，李克成三錢，楊得三一錢，三和館一錢，三益館一錢，張元禎一錢，屈成体一錢，天心館一錢，郭西義一錢，三盛鋪一錢，刘大廷一錢，魁盛鋪一錢，朱明錢半，全盛鋪一錢，聚盛鋪一錢，衣升鋪一錢，錫興鋪五分，郝樞五分，張含一錢，任美才錢半，郭世學二錢，馬体乾一錢，謝朋一錢，王進才二錢，張福二錢，李含秀一錢，李克玉二錢，李德一錢，郭文舉一錢，李成二錢，崔吉正二錢，楊文斗二錢，閆少一錢，刘生耀錢半，虎好興二錢，郝永祥一錢。

刊字匠張世昌施銀五錢。住持詹清亮，徒陳净德、張净心。

大清乾隆貳拾柒年歲次壬午前五月仲夏穀旦。

清（二）

647

尚古流傳

特授陽武縣正堂陞開封府上北河分府事加三級紀錄五次記大工

邑明府洪公諱忞字星元華圍闈之南安人也賜進士出

有孽、四封之內沐湛恩而被林澤者豈

張倉故里想其功者當時澤流後世應古迄今數

皆張公之餘也無奈於乾隆十六年黃水肆虐堤工急

億維艱難容歲在縣主洪公案下俗述顛末業蒙

正草雜犧燒烟盡行豁免新恩澤浪共瞻慈雲於今日舊

德感祝無疆爰勒貞瑉用誌不忘庶幾

本村

大清乾隆貳拾捌年歲次癸未季春

次洪大老爺德政碑記

簡命宰百里撫字小民曰

庚鄉原係漢丞相沿北平蔟

夫雜差里民之安居樂業者

凡一切雜派冰夫料馬

於無窮吾儕小民歌咏盛

不朽云是為記

邑庠生員萬文表懷人

吳其事

右匠張易昌立

268. 洪大老爺德政碑記

立石年代：清乾隆二十八年（1763 年）
原石尺寸：高 164 厘米，寬 58 厘米
石存地點：新鄉市原陽縣福寧集鎮張大夫寨村

〔碑額〕：萬古流傳

特授陽武縣正堂署開封府上北河分府事加三級紀錄五次記大功□次洪大老爺德政碑記

　　邑明府洪公諱應心，字星元，號華圃，閩之南安人也，賜進士出□。承簡命宰百里，撫字小民，日有孳孳，四封之內，沐湛恩而被休澤者，甚渥也。本村張大夫寨舊名□侯鄉，原係漢丞相北平侯張倉故里，想其功著當時，澤流後世，歷古迄今數百年來，四村之內□支雜差，里民安居樂業者，皆張公之餘也。無奈於乾隆十六年，黃水肆虐，堤工急緊，夫料差徭，□邑均派，相沿數年，群苦供億維艱。客歲在縣主洪公案下備述顛末，哀詞懇免。業蒙鴻恩，允□凡一切雜派、夫料、車輛、馬匹、草雜燒烟，盡行豁免。新恩丕振，共瞻慈雲。於今日舊仰重整，永被流□於無窮。吾儕小民歌咏盛德，感祝無疆，爰勒貞珉，用誌不忘，庶幾洪公之深仁與張公之餘韻□傳不朽云。是為記。

　　本村邑庠生員馬文震撰文，吳恭書丹。

　　石匠張易昌。

　　大清乾隆貳拾捌年歲次癸未季春吉日立。

流芳百代

古者以神道設教有微意存焉非徒以新耳目衡觀瞻而已也今圖墻城乃古巷城遺址前有東嶽廟三間其
配殿則左閻市而右唐生由來以矢自黃河衝決而二殿俱顏李鐸之父入歎修葺而有志未遂至乾隆二十九
八年鐸乃率泉藏金重修一新尚未及金裝聖像越明年復與住持淨州募化四方各福布施而三殿乃神乃
其威乃具其儀貌像也工既竣卿人問記于余夫記者記其事也有其理余固天地之大德曰生而
萬物希生者曾始于東其在記曰天子遶春於東卻里月東巡于代宗是東嶽之功有以迎生氣手夫天地道則曰廣之
皆代天以生物而東嶽先察其机乃回嶽之宗也故名曰岱宗即東嶽之以配于天矢若之夫天地道則曰廣之
生者雖多然人同此生而不同若生生有不同若閻圣帝昌正直之氣至戈至剛戈正削庸戈不能淫威武不能屈至今凛凛令人
有生氣東而已謂不貪于折生矢于是知天道大生述而東嶽故其端庸戈不能淫戈而發生盡其机則具
其平皇帝然人同此生而不同若閻圣帝昌正直之氣至戈至剛正削庸戈不能淫威武不能屈至今凛凛令人
縣祠春之矢其靜此翁其勤遊至剛尚矢本朝又秋崇祀礼其隆菁蘇乃配享偏殿之
蓋以此廟之義卒以創建仍在穆宗加封郡記百伝有其矢念敬辰也故重修者仍舊貫云今益言其由以示諸
君且以告後來之重修者圖勒諸珉

　　　　邑庠生員張弓群青邦　　　金粧匠王廷士　　　匠鄖金礼全立
　　　　　　　　　　　　　　　　　木匠李大直　　　春廟生王天全立
　　　　　　住持僧淨州徒真傳孫印就
大清乾隆二十九年歲次甲申莫春之月吉旦
　　　　　兩午科經元應住四川就安府彰明縣知胡整撰文

269. 重修東嶽廟碑記

立石年代：清乾隆二十九年（1764 年）
原石尺寸：高 149 厘米，寬 59 厘米
石存地點：新鄉市原陽縣城關鎮祖師廟村祖師廟

〔碑額〕：流芳百代

古者以神道設教，有微意存乎，非徒以新耳目、飾觀瞻而已也。今圈墻城，乃古卷城遺址，前有東嶽廟三間，其配殿則左關帝而右廣生，由來久矣。自黃河衝決，而三殿俱頹。李鐸之父久欲修葺，而有志未逮。至乾隆二十八年，鐸乃率眾釀金，重修一新，尚未及金裝聖像。越明年，復与住持净州募化四方，各捐布施，而三殿之神乃見威可畏，而儀可像也。工既竣，鄉人問記于余。夫記者記其事也，有其事必有其理。余聞天地之大德曰生，而万物發生，皆始于東，其在記曰：天子迎春於東郊，二月東巡于岱宗。非所以迎生氣乎？夫岱宗即東嶽也，且嶽皆代天以生物，而東嶽先發其机，乃四嶽之宗也，故名曰"岱宗"，是東嶽之功有以配乎天矣。若夫地道則曰廣生，繫詞言之矣。其靜也翕，其動也闢，是以廣生焉。夫天資始，地資生，天下之大，萬民之眾，孰非秉天地生生之氣乎？雖然，人同此生，而生有不同。若關聖帝君正直之氣，至大至剛，富貴不能淫，威武不能屈，至今凜凜，猶有生氣，真可謂不負于所生矣。于是知天道大生也，而東嶽啓其端；廣生地道也，而發生尽其机。關帝則具生氣秉生理，仰不愧于天，俯不怍于地者也，此神道設教之意也。然則三殿之神，均宜崇祀而不替。而今日之重修，非亦義舉也哉。独是關帝自明穆宗加封帝號，尊莫尚矣；本朝又春秋崇祀，礼莫隆焉。兹乃配享偏殿，豈以此庙之創建仍在穆宗以前耶。記有云：有其舉之，莫敢廢也。故重修者，亦仍舊貫云。余并言其由，以示諸君，且以告後來之重修者，因勒諸貞珉。

丙午科經元歷任四川龍安府彰明縣知胡整撰文，邑庠生員張占魁書丹。

住持僧净州，徒真儒，孫如興、如龍。

金妝匠王廷士，木匠李大有，石匠郭全礼，庙主王天玉同立。

大清乾隆二十九年歲次甲申莫春之月吉旦。

同盟山禱雨靈應碑記

天下有邁然之遇必然

亦難乎求□□可也以□□□

克昌崇廟二禱兩必□申之□

有池相待伐付時蔵甲申之□□

興隷幸而祀□時王□□

廟蜀蒸等諸君慶黄鉞以□□□

剔八百發因其地番出□□□□

王有求必應而山然浩□□

所籍日此是梧□□□□□□

王之可必而民理周有□□□□□□

于籍日此靈以貪天功□□□□□

夫清乾隆三十年蔵師是則可信于在上□

王□奉化文林郎知穰嘉□□□

事平江沈之竟按□□□

長刑郭鴻漣書丹□

蘇味山人襲王鴻鈞

270. 同盟山禱雨靈應碑記

立石年代：清乾隆三十年（1765 年）

原石尺寸：高 129 厘米，寬 61 厘米

石存地點：新鄉市獲嘉縣照鏡鎮桑莊村同盟山武王廟

同盟山禱雨靈應碑記

天下有適然之遇，必然之□，□可憑，而遇不可憑。君子獨憑之於理，然以適然者，根於理之必然，則不亦確乎？其可憑如我獲嘉縣□□山周武王廟之禱雨必應也。山□□東郊五里，志載爲王當日倡義誓師處，碑碣巋然，山麓作廟，以妥王□。有池，相傳伐紂時王飲馬於是，因以名。遇歲旱，掘之得泉，禱雨必靈□。乾隆壬戌歲，前宰繆秦爲□，近可考也。昨歲甲申之□月朔，余莅斯土，六月大旱，潔齋步禱於王前，循故事掘池得泉，雨即降如□。與繆宰所紀三禱三應者，後先一轍，邑人欣相告曰：王之靈，宰之誠，投契不爽，有如是耶。夫王起□庸蜀羌矛，諸君麾黃鉞以舉義，當必相度陰陽而擇於此，則此獲以□之土，必有深契王心者。用是□開八百載，因其地眷其民，理固有一定者乎。然而旱乾水溢，天實主之，遞以俗吏之諄諄衷□，而以爲王有求必應，是藉王靈以貪天功也。寧足以信，□傳後哉。要亦我王默佑斯民之隱，□契穹蒼，適祈禱相遇而油然沛□者耶，是則可信于在上之王，而非可信於一時之雨也。夫雨不可必之，於王之可必而并可必之。掘池得泉之非妄，則我王之於獲靈爽式憑，歷千萬年而呵護無窮者哉。是□□。

敕授文林郎知獲嘉縣事平江沈之變撰，長洲鄒潘融書丹，蘇門山人段士鴻鐫。

大清乾隆三十年歲次乙酉二月立石。

伊洛大涨碑記

271. 伊洛大漲碑記

立石年代：清乾隆三十年（1765 年）
原石尺寸：高 66 厘米，寬 75 厘米
石存地點：洛陽市偃師區顧縣鎮曲家寨村

伊洛大漲碑記

余前序已畢，置筆欲去，而回思登臨久曠，復偕知己同羽客以憑臨乎高閣，遠接緱邙，近帶伊洛，徘徊其上，以寄勝概，而又見左右峰壑间，墙垣相接，廬舍隱隱，岩居而穴處者，不下數十户。噫！十餘年來，何寂寞之境而数数相聚也耶！道士任君曰："此蓋避水難而遷居於斯。"余因之有感矣。洪水橫流，載在《尚書》，迨其後而水溢之患，筆之簡編者，何代蔑有，然指不勝屈矣！姑置弗論。第以近今者言之，以近今水之不測者言之。康熙四十八年六月間，伊洛泛濫，田禾盡爲淤泥，而室廬僅得倖存，平野之水深有一丈。至雍正十二年秋七月念三日，水復爲灾，而村巷流波，深有七尺，其時房屋傾倒者十有五六。吁！水患至此爲已極矣！然而犹其小焉者也。乾隆二十六年秋七月望六日，伊洛橫溢，來無際涯，流入村中即有七尺餘。七日，則下流壅塞，而水添少許。迨八日夜半，河水洋洋，兼以霪雨霏霏，頃刻間，水深一丈有四。斯時也，婦女呼諸天，聞之酸鼻；嬰兒擲於水，見者慘目。或乘木爲筏，或架樹爲巢。余家幸登高樓，亦僅以身免。而瞻望廬舍，湮没殆盡；牛馬鷄犬，咸逐濁浪而東矣。嗚呼噫嘻！此誠人間不經見之水也。而任君曰："水出非常，人所罕覯，何不刻諸石，俾後之游子騷客，登臨於斯者，咸知之曰某年某月，伊洛之所大漲也，幾丈幾尺，伊洛所漲之究竟也。"余奉教於任君，遂搦管而書之。

邑庠生員曲奏凱旋歌氏撰文并書。

道人任來瑞立石。

懷慶孟縣馬有成鐫字。

時大清乾隆三十年歲次乙酉秋七月下浣吉旦。

〔注〕：本碑現鑲嵌在偃師區顧縣鎮曲家寨村老君洞内一所房子的南墙，無法測其厚度，不知碑陰是否有文字。本碑與河南省文物保護單位之一的偃師區大口鄉馬村的《防旱碑》（立于光緒二十八年）堪稱姊妹碑，但又比其早 137 年，記述的灾害次數也多，因此具有更珍貴的價值。

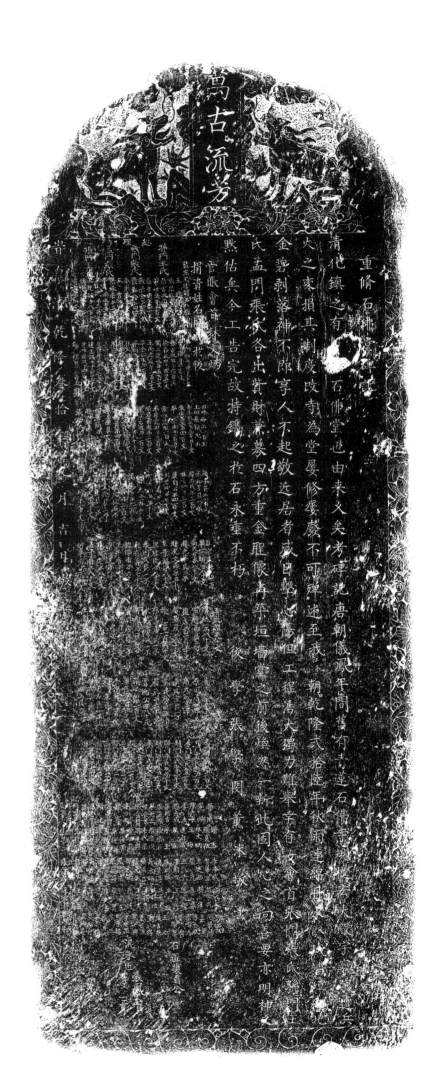

272. 重修石佛堂碑記

立石年代：清乾隆三十年（1765年）

原石尺寸：高162厘米，寬62厘米

石存地點：焦作市博愛縣城關鎮石佛寺

〔碑額〕：萬古流芳

重修石佛堂碑記

清化鎮之有石佛堂也，由來久矣。考碑記，唐朝儀鳳年間舊有青蓮石佛寺，規模宏大，殿宇巍峨。遭兵火之變，損其制度，改寺爲堂，屢修屢廢，不可殫述。至我朝乾隆貳拾陆年，秋雨連綿，丹水入城，墙垣傾圮，金碧剥落，神不即享，人不起敬。近居者咸目擊心傷，但工程浩大，獨力難舉，幸有女會首張門張氏、孫門王氏、孟門張氏，各出資財，兼募四方，重金聖像，再築垣墙。堂之前後，焕然一新。此固人心之向善，要以明神之默佑矣。今工告完，故特鎸之於石，永垂不朽。

後學張學閔薰沐敬書。

總經理：孫門王氏、張門張氏、孟門張氏、張門董氏。

管賬會首林文炳，捐資姓名開列於後：

監生王廷顯錢八百文，王璠錢六百文，張宗礼錢四百文，張吉兆錢四百文，董世法錢五百文，張宗周錢四百文，張宗全錢四百文，張弘珍錢四百文，畢則恭錢四百文，王言錢四百文，張承宗錢五百文，畢順焕收錢二千三百文，王廷試錢二百文，任勉公收錢二百三十文，司文學收錢二百文，王□駒收錢四百五十文，田來福錢三百文，張吉兆收錢六百文，徐存礼收錢四百五十文，閏上達收錢五百文，王丙孝收錢二百五十文，畢全仁收錢二百五十文，畢則□收錢二百文，林文炳錢一百五十文，趙方成收錢二百五十文，畢宗武收錢一百五十文，王存仁收錢一百五十文，牛得寿收錢二百五十文，逯志誠收錢三百五十文，牛永泉收錢四百八十文，謝標收錢三百五十文，田家谷錢一百文，王伯侯銀二錢，張享礼收錢三百五十文，張必昌收錢四百文，畢章收錢二百五十文，張永清收一百文，畢宗堯收錢三百文，胡君甫收錢二百文，張宗石收錢一百文，□天甲錢八十文，張太興收錢四百文，王得貴錢四百文，梁玉華銀一錢，何景商錢八十文，趙大安錢八十文，張名九錢八十文，趙子英錢一百文，永和號銀一錢，韓玉成錢三百文，林文炳錢三百文，裴自公錢四百文，刘君沖錢七十文，高中有錢八十文，郭大栢錢五十文，逯□太錢一百五十文，楊蘭亭錢二百文，□□興錢二百文，高田元銀五錢，牛文光銀二錢，張□生銀一錢，王□文錢八十文，逯坤錢八十文，畢宗武施檁一根，畢可观錢八十文，高大才錢八十文，趙光華銀二錢，趙虎文銀一錢五厘，王景福錢八十文，梁君臣錢八十文，張固友銀一錢，秦有義錢七十文，魏杰甫錢六十文，王千香錢七十文，原建錢八十文，孫九宅錢八十文，逯之固錢八十文，何□方錢一百文，王永福錢八十文，胡統一錢八十文，常魁甫銀二錢，鹽店錢二百五十文，趙顯侯錢八十文，張吉一百五十文，有義店銀一錢，永茂店銀一錢，有恒店銀一錢，義興店銀一錢，王夢飛錢八十文，張帝□錢八十文，李義合錢八十文，王全菴銀一錢，王禹□錢八十文，楊吉兆錢九十文，原國義錢四十文，高大成錢五十文，逯其宜銀一錢，王成菌銀五分，趙礼錢六十文，賈賜公錢八十元，張必公錢一百文，梁儀錢一百六十文，李振乾錢一百文，趙榮銀五錢，刘廷吉銀一錢，永盛菴銀一錢，路明山銀一錢，馮門賈氏收錢六百文，劉門賈氏收錢六百文，李門逯氏收錢一千文，趙門王氏收錢一千文，路門李氏收錢一千文，劉門胡氏收錢七百文，張門田氏收錢三百文，高門岳氏收錢六百文，趙門趙氏錢一百文，王門王氏銀一錢，路門王氏銀二錢，高門孫氏銀一錢，趙門林氏錢二百，焦生□錢六十文，張宗武錢五十文，趙一鴻，畢煥，陳户長，李秀，趙方成，畢則吉，畢孟順，畢老五，姬會首。

管飯會首：高小存、路學、高□爵、謝□、梁□、何□、楊□、張□六、謝杰、張良位、林文炳、王梅、逯自成、畢紅、母玉、張宗石、張宗周、李代宗、畢復興、魏杰南、畢復榮、畢復吉、孟過麟、徐光宗、□□進、趙□□、張有福、何□□、焦弟二、李學武、李弟三、王廷西、張元、王六、畢則文、畢則敬、魏景得、肖永福、張弟二、張元合、郜東年、張宗成、張光昱、□有福、高□成、肖永興、任□、任勉□、張三立、高□□、趙宇光、趙淳、原宗、王元儒、王行、牛丙柱、牛長東、牛得位、牛得壽、王子文、張仟、張□友、張□貴、崔□生、高□崗、肖永□、王□□、王□□、孫□□、王君祥、孫□□、趙□□、王合、馮全礼、張鳴九、董六舜、高踰墨、王仁、張吉兆、董六得、董世方、董世興、董世法、田來福、李三、梁弟七、梁□□、梁師付、□□菴、王□□、趙□□、畢則恭。

石匠：裴自公。泥水匠：張鳳玉、李三。

時皇清乾隆叁拾年九月吉日敬立。

佛堂也由来久矣考碑記唐朝儀

寺為堂屢修屢廢不可殫述至我

人不起敬近居者咸目擊心惕但

財兼募四方重金塑像再築垣墻

特鐫之於石永垂不朽後

《重修石佛堂碑記》拓片局部

273. 築堤移廟序

立石年代：清乾隆三十年（1765 年）
原石尺寸：高 65 厘米，寬 84 厘米
石存地點：焦作市博愛縣許良鎮陳范村竇氏宗祠

築堤移廟序

萬北古堤聖母廟，面山臨水，丹溪施來於右，御壩斜橫於左。近因御壩屢築，而廟號遂上達天聰。聿觀堤廟，乃陳范等十餘村之保障也，創之者未知誰氏。逮前明萬曆三十年，竇化等重修，而始末周折概不以聞。本朝雍正十三年七月初二日，河水暴發，決堤數十丈，廟亦有損，陳范等村□被害焉。吾堂伯哲生公率衆稟官，差催上下十餘村，協力共舉，惟築堤是急。堤工畢，吾胞伯父及堂伯丹震公遂有事於廟，按本村前後街計地捐資，約得五十餘金，而□□復整，而聖像重新。乾隆十六年正月聖誕節，吾父徘徊廟次，見水旋堤薄，間或蟻孔，不勝決溢之憂。因具□廟中，請族人等爲補築計，竟有視爲緩圖者。曾不轉瞬，值五月朔，水發堤咀，灾譴頓加，雖衆村人等心惕力齊，補築如故，而成功亦已晚矣，凡此皆事之前焉者也。近乾隆二十六年七月十六日，大雨連天者三，水發暴甚，廟且崩，舊堤無復存者。水南下，平地深六七尺，自晨至晚方止。田禾漂没殆盡，房屋淹塌者什之五六，而寇家橋、後李村、范家莊、机坊村、大礼元殆尤慘焉。水稍平，吾胞伯語從堂侄宣輝等曰：□常之灾實由堤壞，不築將益甚。其時後李村李行修，寇家橋劉自公，范家莊范金聲，机坊村張遇寅，前李村李允昇，小莊村王錫陽，尚家口尚明，大礼元肖茂秦，獅路口張自福，丁家莊丁吉安，璩家莊王□、王永壽、王之傑，崔家莊崔拔、崔琪玉等，亦復衆口一詞，遂率衆公稟，除分賑減征，均沾皇仁外，復蒙郡伯沈太尊、分府范太尊、邑侯李公兩次親勸指示，堤址約去故迹兩丈許，飭保地給差遣酌量，村落大小夫役衆寡均分尺□，至若本村工程計□計人厥責攸分。復賴堂伯從直公并須勤、學易、千倉等左右兼理之。公……餘日，始觀厥成焉。噫！際大灾，興大役，十室九虛，築堤之舉實有迫於不得已者，竟不暇爲……破，中懷有感，爰具酒餚於槐蔭廟，令住持僧邀本村人等商議重修，吾父曰：□義舉也，亦吾素……慨然以總理倡首，復得懷礼、詠臺、志良、琳書、行軒、體書、學易、須勤、維藩并祁明智等，願效協助□因大會……人等公同議處，□謂：廟破而危，宜移……增新基復尺高四五，神光遠照者仍注行山金傘峰，計□□，遂按本村征粮分派，布施，□量其臍力，募化人工至飯乃……者十一人，庀材鳩工，五閱月而告竣。是二役也，總理者，吾胞伯諱士昌、吾父諱士淳也。輔成者，堂伯從直公并懷礼等也。至移建聖廟者，法書、意而司書、司會者，又余之責□□□□似收支，凡几吾欲表衆芳，且以釋衆疑也。故序始末以勒之。

社會竇燕詒撰，社人竇清書書。

堤工：陳范村、小莊村。前二分：尚後村。前四分：大礼元、寇家橋、獅路□、後李村、丁家莊、范家莊、璩家莊、机坊村、王□村、前李村、崔家莊。

執事竇士昌二兩三錢五分，書禮六兩五錢，捐助竇健五錢，龍五錢七分，大受二錢半，福全三錢半，名標五錢九分，英鳴五錢半，士龍五錢九分，式金二錢三分，式銀二錢三分，君福二錢三分，需恭四錢，璉一兩二錢，恒書二錢八分，泳書錢一分，自新二錢半，作金三錢，清書錢六分，行健三錢，學書一錢，錦書二錢一分，衛七錢，丹書一兩三錢二分，作成二錢，詠淇六兩三錢三分。

志善一錢，宣書錢一分，林友一錢，□平二錢二分，作福三錢，行修二錢，實書八錢，心書三錢六分，作主一錢五分，友書錢一分，作朋八錢，作文錢半，洛書錢八分，行國錢半，紹書三錢四分，作吉二錢六分，珍書三錢三分，定書二錢八分，龍臣三錢九分，亮臣二錢六分，體申七兩六錢七分，學礼一錢半，賢臣二錢八分，宣政二錢，兆芝二錢，兆勳二錢半，兆祥錢八分，萬邦二錢三分，永振一兩，萬才三錢三分，宣鐸二錢一分，萬皇一錢八分，永太一錢，思劬錢半，宣桂二錢六分，宣炬二錢，宣因錢一分，有春二錢，宣□四錢二分，耀定三錢，永興一錢，宣□一兩二錢四分，萬宝六分，薄三兩三錢，榮元六分，皇成一錢一分，澍二錢五分，湜六錢，承嚴二錢一分，王弻錢一分，萬順二錢一分，□九錢四分，綸錢一分，夢□二錢，夢魁五錢三分，宗□一錢九分，全忠錢一分，作霧一兩，光宗一兩，需□一兩，需□錢一分，兆蘭錢六分，立□五錢，立福七錢，立德四錢，立才五錢五分，趙世財五錢五分，王漢文三錢一分，梁之秋二錢，張復興錢半，韓世才一錢，原福生二錢八分，李柱錢半，董自成三錢，王復興六錢，陳英一錢，原大銀二錢三分，□國興錢半，□□孝五分，李芳三錢，高有慶三錢一分，李有義錢半，李守法五分，王光瑞二錢四分，高全忠二錢，楊玉松錢半，韓廷礼錢半，王玉良三錢，楊玉栢錢半，李長府三錢，楊玉柱一錢，高太一錢，刘玉香一兩五，楊自福一錢，王二貴錢半，朱福户五分，李福五分，王松一錢，原沛生一兩錢一分，李子香錢半，楊玉立一錢，王瑞龍錢半，李玉順錢半，王全□□錢，郭正錢半，刘自通一兩五錢，王玉順錢半，李必成三錢，楊玉明二錢，李祥三錢半，皇甫才九分，衛克成一錢，郭東才一兩五分，李繼慶一錢，郭天興錢半，李有礼一錢，楊三亮一錢，季振五分，寧懷亮一兩五分，原汝生八分，閆子瑞錢半，夏文玉一錢，寧起貴一錢，孟孝宗一錢半，徐成一錢，孟孝純四錢，任興武錢一分，王自隆四錢二分，曹震雷四錢二分，王鳳鳴二錢一分，張起林一兩五分，王啓榮錢一分，李明良三錢二分，王鳳林二錢一分，郭自得二兩九分，高文采二錢一分，汪自奉二錢七分，唐得志九分，崔莊王之際二錢，升恒號一兩，東振興號一兩，三面號六錢四分，如泰號作錢四分，寶金城九分，高文明錢一，寶魁元錢六分，唐得虎錢一分，唐得□錢一分，寶大有四錢二分，寶天儒四錢八分，唐子香二錢一分。

住持僧傳禧。

大清乾隆三十年歲次乙酉小陽吉旦。

《築堤移廟序》拓片局部

274. 重修玄帝廟碑記

立石年代：清乾隆三十一年（1766年）
原石尺寸：高115厘米，寬51厘米
石存地點：新鄉市牧野區下焦莊玄帝廟

〔碑額〕：流芳

重修玄帝廟碑記

嘗謂神無往而不在，惟心敬慎者，常覺入廟而如有見焉。夫入廟而有見，若廟破，神將安在乎？則欲□□神于人心，莫若修妥□重矣。今汲邑南三十里二圖三甲焦家庄東頭，舊有玄帝廟一座，以妥神位，由來久矣。但于乾隆二十二年六月初十日，陰風怒號，濁浪排空，大雨三日，黄河決崩，洪水横流，廟宇倒傾。又至二十八年七月十八，黄水如前，所以數年未經修造。今有焦尔耕惻然動念，董率□善務爲捐施。起工于乾隆三十年三月内，庙宇巍峨；金妝于三十一年十一月内，聖像輝煌，庶入庙而克□神□焉。但恐日久年遠，善念稍懈，視爲玩愒之處，非所以事神也，是所望于永存敬慎者，故爲序。

新鄉縣儒士段清撰文并書丹碑。

會首焦尔耕錢二百，會首焦復振錢五百，會首焦丕盛錢五百，會首焦尔端錢五百，監生會首焦尔万錢四百，焦丕恭錢三百，焦丕著錢二百，焦拱辰錢五百，焦瑛錢三百，焦瑋錢五百，焦玉名錢五百，焦作恩錢三百廿，周太錢三百，陳堯錢二百，焦丕照錢二百，郭礼錢一百，王明錢一百，王有錢五十，閆文敬錢卅，賈忠錢五十，焦元成錢二百，焦元福錢一百。焦怀成、郜如文錢五十，焦自明錢一百，胡進孝錢卅，龐光玉錢卅，焦尔銀錢二百，趙大成錢一百五十，焦丕利錢一百，焦得金錢十文，牛進孝錢二百，胡門焦氏錢一百。

木匠焦尔銀，泥水匠牛進孝，画匠王財，石匠閆嵒，同建。

大清乾隆三十一年十一月吉旦。

清（二）

275. 重修湯王聖殿及僧舍墙院碑記

立石年代：清乾隆三十二年（1767 年）
原石尺寸：高 119 厘米，寬 51 厘米
石存地點：洛陽市孟津區常袋鎮拐坪村

〔碑額〕：大清
重修湯王聖殿及僧舍墙院碑記
嘗思：莫爲之前，雖美弗彰；莫爲之後，雖盛弗傳。天下事無在不然，何獨至於廟貌而异之！洛城西北二十五里許拐棗坪村古有湯王廟一座，由來舊矣，創造之始，焕然維新，固一方之保障，亦萬民之默佑也。奈歷年久遠，風雨損壞，不惟僧舍墙院傾危不堪，即聖殿之棟宇亦崩頹矣。時有刘君諱彦琪者，目擊心傷，欲成盛事，但身弱力微，弗能勝任。因與村人公議，各出囊金、完備物料。而晝夜經營、不遑自逸者，□有刘君諱彦璇其人焉，彼此協力，共襄乃事，命工庀材，未及月餘而功已告竣矣。刘君之舉是念心，非曰修齋舉墜以博休名於無窮也，第念曾祖宗顔開其先，祖景昌承於後，伯父大遷、叔父大霖以及其父大勇，曾有遺言，因爲之，丕承厥志焉。《易》曰："積善之家，必有餘慶。"此正所謂以善繼善，不忘其初者也。是爲序。
洛邑庠生郭昌洛拜撰并書丹。
州同□懷敬施地一區。
功德主：刘彦琪錢一千六百，刘彦璇錢四千五百，馬鳳錢四千五百，刘斌萬錢二千四百，刘學書錢二千四百。刘彦楫、刘獻福，以上各錢八百。陳舜、王進喜、員學禹，以上各錢六百。刘獻璽、刘彦瑻，以上各錢五百。馬中驥、刘學詩，以上各錢四百。刘彦佩、刘彦秀、刘彦學、刘彦錫、馬貴、王佐、王進有，以上各錢三百。張星景錢二百六十，馬中玉錢二百五十，刘彦召錢二百四十六，刘彦存錢二百。刘福德、刘學曾、陳守印、陳守安、□懷孔，以上各錢一百，□門喬氏錢一百。楊志學錢四百。韓邦俊、韓進才，以上各錢八十，徐文貴、毛學孟、張良、陳守全，以上各錢五十。張王傑錢三十。員祥錢五十。
陰陽許爾廉，木泥匠人王士友，石匠王萬舟，畫匠郭仙文，同立。
乾隆叁拾貳年貳月拾伍日吉旦。

天南张重建观音堂神祠碑记

尝闻祸福无门惟人自招善恶之报如影

形由此观之为善降之百祥为恶降之

至本村善男信女施念乾隆二十六年

七月十五日丹沁河水滔滔大溌将庙宇

淤坏因此重修闰家

修盖庙宇使水柒拾千伍百式拾伍文

金粧神禄使於拾壹千肆百肆拾式文

李廷海次壹斗九廾作於四百三十七文

观音堂坐地二分　观音庙名下地二亩

李廷臣兴李廷海赠於四百三十七文

李栋金粧神一位　　李楷施门一付

李廷臣施於二百文　李模妻王氏施磬一个

李成美施於一百文　原顺施於一百文

李廷用施於一百文　李廷甫施於五十文

李廷亮施於一百文　冯大士施於五十文

李成春施於一百文　李廷甫施於五十五文

邹孝仁施於一百文　本残门李氏施於五十文

李模施於一百文　　李玉俊施於二百文

冯进玉施於一百文　　李义

郭廷聘施於二百文　会首李耿有　李廷义　李楷　李廷万全立

大清乾隆叁拾式年十月十五日　吉旦

石匠沈万信　敬刊

276. 大南張重建觀音堂神祠碑記

立石年代：清乾隆三十二年（1767 年）
原石尺寸：高 46 厘米，寬 52 厘米
石存地點：焦作市温縣武德鎮大南張村觀音堂

大南張重建觀音堂神祠碑記

嘗聞禍福無門，惟人自招；善惡之報，如影隨形。由此觀之，爲善降之百祥，爲惡降之□□。□固勢之所必至，理之所當然者也。至于本村善男信女施念乾隆二十六年七月十五日，丹沁河水滔滔大潑，將廟宇澨壞。因此重修，開列于後。

修盖廟宇使錢柒拾千伍百貳拾伍文，金妝神像使錢拾壹千伍百肆拾貳文。

李廷海欠麦一斗九升，作錢四百三十七文，李廷臣與李廷海賠錢四百三十七文。觀音堂坐地二分，觀音廟名下地二畝。李棟金妝神一位，李廷臣施錢二百文，李成美施錢一百文，李廷用施錢一百文，李廷虎施錢一百文，李成奉施錢一百文，鄒學仁施錢一百文，李模施錢一百文，馮進玉施錢一百文，郭廷聘施錢一百文，李楷施門一付，李模妻王氏施磬一個，原順施錢一百文，李廷甫施錢五十文，馮大士施錢五十文，李門李氏施錢五十文，李玉俊施錢一百文。

會首：李廷臣、李耿有、李廷義、李成美、李廷萬、李楷同立。

石匠沈萬信敬刊。

時大清乾隆叁拾貳年十月十五日吉旦。

277. 重修太尉龍王殿碑

立石年代：清乾隆三十二年（1767 年）
原石尺寸：高 153 厘米，寬 64 厘米
石存地點：焦作市沁陽市西萬鎮邘邰村静應廟

（碑額）：重修太尉龍王殿碑

興泰號施銀伍兩，兆興號施銀貳兩伍錢，信義號施銀貳兩，大有號施銀貳兩，天成號施銀貳兩，楊元章施銀貳兩，永茂店施銀壹兩伍錢，全盛號施銀壹兩，周國士施銀壹兩伍錢，蘇伯玉施銀壹兩二錢，范景仁施銀壹兩，郭景元施銀壹兩，蔣懷天施銀壹兩，郭天成施銀壹兩，三盛讓施銀壹兩，榮盛店施銀壹兩，同盛店施銀壹兩，魁盛店施銀壹兩，全興店施銀壹兩，□盛店施銀壹兩，誠順店施銀壹兩，復盛號施銀伍錢，義合號施銀伍錢，陳二妻施銀伍錢，陳簡旺施銀伍錢，董文來施銀伍錢，董振□施銀伍錢，楊三牛施銀伍錢，范計才施銀伍錢，蔡文秀施銀伍錢，隆盛號施銀伍錢，冷振公施銀伍錢，王元吉施銀伍錢，趙加吉施銀伍錢，呂正音施銀伍錢，司大有施銀伍錢，楊克恭施銀伍錢，何世貴施銀叁錢，□義號施銀叁錢，孟乙禄施銀叁錢，趙賢章施銀叁錢，竇□施銀叁錢，吳臣施銀貳錢伍分，劉居法施銀貳錢伍分，王崑石施銀叁錢，裴泰□施銀伍錢，新庄社施銀拾兩，仁和南店施銀□□，□盛號施銀□□，義順號施銀□□，成義號施□□□文，西秀盛……錢，萬成……壹錢，……兩壹錢，東秀盛施銀壹錢，永恒號施銀壹錢，玉興號施銀壹錢，順興號施銀一錢，□振□施銀一錢，劉振舟施銀一錢，劉振宗施銀一錢，寬仁號施銀一錢，四家□橡施錢一百六□□，陳瑞山施銀一錢，王□庫施銀□□，沈勉爐施□□□錢，孔元順施□□□錢……五錢，王□□□銀□兩，陳□□□銀四兩□錢，五□□施銀四兩四錢，□□敬施銀三兩八錢，王存誠施銀七兩一錢，陳大元施銀四兩六錢，陳大松……王守法……二錢，陳大海□□□兩七錢，王守□□□二兩三錢，陳……三兩四錢，□□□銀二兩二錢七分，……銀三兩二錢，王有道銀三兩五錢，陳大全銀三兩□錢，王……兩一錢三分，……四兩五錢，王有德銀一兩三錢八分，陳國□銀二兩二錢四分，□□□銀一兩五錢二分，陳大禄銀一兩七錢八分，王炳文銀一兩一錢，陳士太銀一兩七錢七分，劉永太銀三兩三錢七分，陳大士銀一兩三錢八分，劉君□銀三兩二錢，趙執中銀一兩七錢，劉振聲銀二兩五錢，劉芳銀三兩四錢五分，張伏焕銀□□二錢七分，張承典銀三兩二錢，□克復、克法銀二兩六錢五分，楊世祥銀一兩三錢七分，陳兆文銀一兩三錢七分，陳廷棟銀一兩九錢，□佐民銀二兩五錢五分，楊世禎銀一兩一錢一分，□建平銀一兩九錢，郭子□銀一兩九錢□分，陳居易銀一兩二分，陳廷用一兩五分，張明銀一兩四錢，陳廷猷銀一兩四錢，陳嵩、陳巖銀一兩九錢二分，王宗□銀二兩二錢八分，王□□銀二兩四錢四分，王存直銀一兩五分，趙成文銀二兩二錢一分，王存□銀一兩一錢三分，趙福全銀二兩三錢一分，王加成銀五錢一分，王炳銀五錢五分，劉惠銀五錢一分，王存信、王存庚銀六錢一分，劉杰銀五錢七分，王成□銀八錢八分，王存心銀五錢四分，王盤龍銀七全，王子平銀七錢八分，王化龍銀五錢八分，白興榮銀五錢四分，王守竣銀八錢四分，劉君成銀五錢五分，王崑石銀一兩七錢，王□□銀七□□□，劉□相銀五錢八分，郭平世銀六錢五分，王□達銀五錢四分，姚生才、姚生玉銀五錢六分，陳□□銀一兩一分，陳萬盈銀四錢五分，李生廣銀五錢六分，陳□升銀八錢，王克成銀六錢五分，陳萬中銀五錢四分，陳大文、陳大周銀九錢六分，□治文銀五錢，楊潤銀一兩五錢四分，□□道銀六錢，陳旺銀五錢七

分，陳□孔銀一兩四錢，陳居仁銀七錢，王聖臣銀九錢五分，張學孔銀一錢三分，王建章銀五錢，楊振富銀五錢七分，段國安銀八錢，王元有銀五錢七分，段奉林銀五錢六分，王建功銀五錢七分，□□富銀五錢一分，楊振海銀□錢一分，司大有銀六錢一分，楊世成銀五錢五分，董九經銀七錢四分，楊世□銀五錢三分，陳萬名銀七錢七分，陳萬壽銀六錢七分，姚宗文銀六錢三分，王克謙銀五錢八分，陳廷甫銀七錢八分，陳國福銀六錢四分，刘蘭銀五錢，竇兆己銀四錢，王克禄銀四錢四分，王加富銀四錢□分，吕正音銀九錢二分，王守全銀四錢二分，陳廣仁銀六錢，馬大旺銀八錢二分，王宗振銀四錢七分，原桂生銀四錢五分，□□□銀四錢五分，張書敬銀四錢四分，崔□太銀四錢一分。

興功掌神：王宗仁、陳大賓、丁承謨、陳拱禄、王保民、陳大松、王玉。

取水捐執事掌神：王守貴、陳廷輔、陳純學、王存道、陳廷實、王守印、董九州、王炳文、陳廷松、王存誠、刘振聲、陳大元、王臣、陳大禄、刘芳。

水官：陳秉成、張興義、張學孔、陳兆开、刘士昌、郭印森、王前、趙執中、楊振甫、刘君鳳。

社頭：□維□、刘□□、郭名世、董九正。

陳廷楨書丹。住持僧圓燈，徒興禄。

刻字匠：王廷相。

乾隆叁拾貳年□□五日。

《重修太尉龍王殿碑》拓片局部

278. 重修九龍聖母廟碑序

立石年代：清乾隆三十三年（1768 年）
原石尺寸：高 100 厘米，寬 43 厘米
石存地點：洛陽市新安縣正村鎮南岳村

〔碑額〕：大清

重修九龍聖母廟碑序

蓋聞黷祭弗欽，淫祀無福。惟鑒觀之有赫，乃馨香之可通。彼夫九龍聖母者，固一方之福神，實萬姓之保障也。甘霖久沛，蘇億萬赤子之生；雨暢不愆，延百年社稷之福。固宜隆其盼蠁，與盛朝山河俱長；煥其光華，共大造日月并耀。乃古來建廟茲土，亦歷有年；雖前此雅意重修，未卜何日。趙君尔玉目睹心傷，爰雕□而繡甍，亦翬飛而鳥革。事已告竣，將勒石以志初終，文何敢言，用呵筆而述梗概，序畢文，益之以贊曰：函關之北，巢嶺之南，爰有幽崖，古廟潀已。重修者誰，尔玉獨擔，積善餘慶，夫復何□。

邑歲進士候選訓導李銘沐手撰文并書。

功德主：趙璽、趙璉施磚一百。

泥木作閆國輔，鐵匠李希堯，刻字匠趙邦泰，石匠潘九成。共用官錢玖千肆百肆拾文。

乾隆三十三年歲次戊子中和節。

梁克勉、雜□□。

279. 善橋會碑文

立石年代：清乾隆三十三年（1768 年）
原石尺寸：高 118 厘米，寬 63 厘米
石存地點：焦作市沁陽市博物館

〔碑額〕：流芳百世

善橋會碑文

嘗考王政多端，而本有橋梁亦其一事，所以相天之時，通地之窮，利人之……久矣，行見賓旅接踵，往來□如，不致有病涉傷，職是故耳，敢曰聖境名都……爰是酌爲□規，每立□有六人，歲舉行之，三年一更，相繼不絕。某等自膺……之同好云爾。茲□□滿，例應勒石以誌不朽。後有作者雄才大略，或可由徒扛……池穷利人，用者尤大彰明較著矣。不文某等之厚幸也哉！是爲序。

三年內收來麦秋以及衆會人錢麦，并南橋會施財，通共合錢二百八十五……三年內搭橋拆橋，并備席請賠、會□、會□□種地，以及一切雜項，通共使出錢二百……買永□地一段，計地四畝六分七厘零□□□□五微，使價銀四十五兩整。其地係……梁□□活契地一段，計地二畝，使價□□四十兩整。除使過止長錢一百四十八文之……觀化縣老河口王之鏡施銀三兩一錢。

三十年至三十二年賠會會首開後。

南橋會：□□佑、邱萬全、邱萬□、邱萬福、□□桐、□□□、買尚德、□良直、宋英、任□瑞。柿園：刘天禄、□□□、李廷、□□□。紫陵：任鴻儒、任實堂、宋元珍、郭有明、□□洪、胡有瑞、崔良福。西尚：董玉章、□□□。商村：吕伯候、吕漢富、□天爵、路子□、□子謀、□景玉、李□貴。□村：□□□、張全勛、□□□。東王□：王君瑞。中王□：王有富、安□全、吳興□、張曰□、張九□、張大□。□□□：張士□、張□智、張正干、□□□。彰德□村：黃國□。□西王：李□蘭、□大□、□鳳祥、□見明。□□□：李□□。□□□：李成□、賈貴山。□村：崔興仁。□村：陳起敬、□□□。□庄：李荣□、李宗荣、李廷起。□村：魏□□。河□：張□之、吕起公。本村：梁元□、梁懷瑾、梁□、白青山、□□□、梁生堯、梁百有、黃宗香、梁□□、郭静山、梁百遲、梁正倫、梁玉謀、黃□云、李生玉、刘□□、梁文生、梁□山、黃九明、梁□□、節廷玉、梁貞、黃彩章、梁有禮、梁統、李生龍、梁□□、梁春惠、王廷弼、梁國振、黃□章、黃慶先、刘保才、郭治世、黃宗乾、李生臣、李文軒、梁□□、梁懷連、郎召、梁成民、黃□寧、梁念公、黃海宇、黃宗□、黃大用、梁善士、梁天柱、梁□□。

會首：□□□。

乾隆叁拾叁年叁月貳拾伍日。

280. 穿井碑記

立石年代：清乾隆三十五年（1770 年）
原石尺寸：高 44.5 厘米，寬 58 厘米
石存地點：安陽市林州市東崗鎮下燕科村興照寺

穿井碑記

茲□地有施主，工有司執，不可污没，以致失於後世，所以勒石紀名，以啓後人云。

施地主：王尓礼、王尓仁、王尓林、王守成。施路人：王興邦。買辦：趙子旺、施路付嘉秀、王尓得、趙興富、王成倉、李興富。崔工：付美中、雷增見、雷增云、雷名才、雷法有、雷增秀。

崔飯：雷名山、王今斗、李士中、王增必、付美录、趙加玉、王興义、李上聪、王得山、王国朝。

管工：李上朝、雷增軒、雷名得、雷名高、趙興貴、雷增成、王成玉、王国安、李有富、王尓山。

攅首：趙子璋（撰書）、段立成、雷名銳、趙加安、雷名昇。石匠：雷增云、李興国。

乾隆歲次庚寅年仲春吉旦。

百流
代芳

重修其呈庙碑记

281. 重修玉皇廟碑記

立石年代：清乾隆三十六年（1771 年）

原石尺寸：高 135 厘米，寬 65 厘米

石存地點：新鄉市平原示範區師寨鎮東中磁村玉皇廟

〔碑額〕：流芳百代

重修玉皇庙碑記

聞之：莫爲之前，雖美弗彰；莫爲之後，雖盛弗傳。磁固堤□家路口，舊有玉皇庙一座，由來久矣。創之者雖不知其何人，而修之者一再仍夫旧。追康熙二年，馬營開口……之□，然在望者不復存矣。至雍正八年，有信士榮君□目睹此廟之衝没，大發重修之善念，率……而廟焕然又一新焉。不意迁延歲月，氣数復敗。至乾隆二十六年秋漲汛潰，馬營□□□不開……尔時在中之人物，或從上流而死者，不知凡幾，或□下流而死者，不知凡幾。而在……者乱極思治，善人繼作，又有信士閆有体、任关貴、胡瑛等兹数人者，或居廟左，或居廟右，欲……椽，無非借檀那而共濟，爲素爲繪。非賴布施，以多方同心共奮，功成一旦，則庙……昨，至此則玉帝之尊顯，諸神之功德，煌煌乎□臨兹土，而莫可撩也。工程……因書其事，勒諸貞珉，以垂不朽耳。是爲記。

儒學增廣生員徐定□。

（以下施財者漫漶不清，略而不録）

大清乾隆三十六年歲次辛卯十月十五日。

萬善同歸

重修山門前石橋碑

282. 重修山門前石橋碑

立石年代：清乾隆三十七年（1772 年）
原石尺寸：高 107 厘米，寬 51 厘米
石存地點：洛陽市宜陽縣柳泉鎮柳泉村

〔碑額〕：萬善同歸

重修山門前石橋碑

施主：李其恕五佰文，王泉興叁佰文，薛金成叁佰文，何土達貳佰文，益順號三佰文，恒義號乙佰文，李泰順乙佰文，三和號乙佰文，李登岱錢貳佰文，撈石一車。花恭號乙佰文，永興號乙佰文，德盛號乙佰文，公義號乙佰文，趙超乙佰文，景萬盛乙佰文，郭正典乙佰文，□天□乙佰四十文，雷强乙佰文，芮鋭乙佰文，吳萬義伍十文，高之秋伍十文，李登□伍十文，周世則伍十文，高松善伍十文，曹士仁伍佰文，生員朱西金叁佰文，李登嵩叁佰文，高梅伍佰文，周貴乙佰文，周世德乙佰文，周永言乙佰文，高錡乙佰文，趙相乙佰文。傅天錫錢乙佰文，撈石一車。

趙送、趙仁、高貞拔、段緒法、趙延詳、朱興隆、趙車作錢捌拾，石壹車。

經理：朱興道錢貳佰文，李登恒錢六佰文，高昭錢貳佰文，撈石十車。

大清乾隆叁拾柒年歲次壬辰仲冬吉旦立。

清（二）

流芳百代

重修關帝廟碑序

帝之在漢也心同皎日義凜秋霜其殁而為神也上覆

庄雖僅十室之邑市皆有尊親之誠但念歷其所

口廟宇傾頹洶自修葺廟中所有栱樹回株伐

至雍正十一年建蓋大殿以安神靈金裝聖像以貴

十六年七月勾馬營復次而神像徒顏汾災日夜焦

道房四卽山門一間向之所每一旦而建立尚之

感巖峩嶄巖端亮李克終乃事胡期班缺一簣父壽告

非敢云繼志述事也寞之所不容諼者矣今引功

文謹敘數行聊以誌其造修之由也云尔

監生

會首問一㧓銀五兩

會首問有倫銀三兩

會首問張自強銀三錢　胡佃道銀三兩　閭補銀一兩　閭名臣

會首問有單銀五錢　胡廷陳銀一兩　閭成銀二錢　閭永喜銀五錢

會首問今秋銀一兩　閭爾易銀三錢　閭永智顏二錢　閭永亭銀

大清乾隆三十八年歲次己卯菊月吉

283. 重修關帝廟碑序

立石年代：清乾隆三十八年（1773 年）
原石尺寸：殘高 85 厘米，寬 58 厘米
石存地點：新鄉市平原示範區祝樓鄉閆莊村關帝廟

〔碑額〕：流芳百代

重修關帝廟碑序

帝之在漢也，心同皎日，義凜秋霜。其没而爲神也，上獲……莊雖僅十室之邑，亦皆有尊親之誠。但多歷年所……口廟宇傾頹，汾父諱自修，將廟中所有槐樹四株伐……至雍正十一年建立大殿，以妥神灵，金裝聖像，以肅……十六年七月内，馬营復决，而神像俱頹，汾父日夜焦……道房四間、山門一間，向之所無者，一旦而建立，向之……威，實欲肇端竟委，克終乃事。胡期功缺一簣，父寿告……非敢云繼志述事也，實責之所不容诿者矣。今則功……文，謹叙数行，聊以誌其造修之由也云尔。

監生……

會首監生閆汾銀五兩，會首閆有綸銀一兩，會首張自强銀三錢，會首閆有量銀五錢，會首閆學礼銀一兩，會首閆棟銀一兩。張自新銀五錢，胡傳道銀三錢，胡廷陳銀一兩，閆學易銀一兩，胡傳教銀三錢，閆忠銀一兩，閆之道銀五錢，閆楷銀一兩，閆威銀二錢，閆永寿銀五錢，閆永智銀二錢，閆名臣□□□、閆永寧銀□□、閆永貴銀□□、閆陳銀二□。金裝匠蔡元福銀□□……

大清乾隆三十八年歲次癸巳菊月吉□。

284. 重修泰山行宮碑記

立石年代：清乾隆四十年（1775 年）
原石尺寸：高 137 厘米，寬 175 厘米
石存地點：新鄉市封丘縣黄德鎮黄德村老奶行宮殿

〔碑額〕：泰山行宮

重修泰山行宮碑記

嘗聞莫爲之前，雖美弗彰；莫爲之後，雖盛弗傳。旨哉斯語，信不誤也。如□□□者，大伾居左，太行列右，南臨九曲，北距五陵，土膏沃壤，居民良善，固滑邑□□之第一鎮也。其東首舊有泰山行宮一座，後有大閣，前有山門，中有大殿，左右兩廊，廟貌巍峨，神像粲□，□時之遠近往來者，莫不嘆其盛也。不意自乾隆十六年間，黄河決口，洪水橫流，平地水深丈餘，極目長天一色，廟宇因之而毀矣，神像遇之而頹矣，泰山行宮一旦盡成土丘。噫！曾日月之幾何，而泰山行宮之盛，已不可復識矣。有會首岳斌、王瑶、王瑶、王述孔、劉仁、王清白、王廷臣諸人者，悲古廟之無存，憂神像之莫栖，日夜焦勞，寢室俱廢。因而敬約衆善人等，各輪己財，募化四方，重修殿宇，金妝神像，大同合力，不寬旦夕，良工巧匠各展奇能，自乾隆三十九年二月建工，至四十年六月而告竣焉。嗚呼！工程浩大，經營似費，歲月期年告成，默佑若有神功。俄而後閣依然巍煥，山門仍舊整峙，大殿較前而高聳，兩廊依依以相配。而且道居禪室，調理各得其所。故内觀柱斗，華麗爭光，瞻拜神像，金光奪目，殿宇輝煌，焕然一新，較之從前，實更覺其莊盛焉。倘非岳君諸人首倡，衆善重修於後，而泰山行宮之盛，何以永傳不替也哉。餘愧才疏學淺，不善數文，敬述实事刻碑，以誌不朽云。

黄池郡增廣生員靳過午沐手拜撰并書。

（功德主漫漶不清，略而不録）

大清乾隆四十年歲在乙未仲夏月吉□。

285. 九龍聖母行宮重修金妝神像碑記

立石年代：清乾隆四十年（1775 年）

原石尺寸：高 117 厘米，寬 50 厘米

石存地點：洛陽市汝陽縣陶營鎮柿園村九龍聖母廟

〔碑額〕：□善同歸

九龍聖母行宮重修金妝神像碑記

　　廟貌之建尚矣，所以栖神靈，福庇生民也。铁炉鎮東南約七里許，有龍母行宮一座。父老相傳有感即通，無祈不應，禦灾捍患，誠一方之保障也。第風雨飄搖，不無損壞。吳君克讓、刘君成章、賈君端目擊心傷，各捐己財，募化善士，因其規模而更張之。衆心齊而人力奮，不數日而功成告竣。余恐後之湮没不□也，因舉其巔末而爲之叙。

　　邑廩膳生員劉伸伸舒氏撰并書丹。

　　（功化主漫漶不清，略而不録）

　　康熙五十六年施主王玉林施地一段十畝。

　　大清乾隆四十年歲次乙未仲秋上浣之日立。

清（二）

利賴無窮

286. 重修蠶姑瘟神殿碑

立石年代：清乾隆四十年（1775 年）
原石尺寸：高 200 厘米，寬 72 厘米
石存地點：焦作市山陽區蘇家作鄉濟瀆廟

〔碑額〕：利賴無窮

重修蠶姑瘟神殿碑

西距覃懷四十里許曰卜昌村，濟瀆廟內正殿西側，舊有蠶姑廟三間，南向，創建不知始何年。瘟神廟一間，東向。蓋乾隆十九年，晁侯氏以貧孀之婦，辛勤艱苦之所建也。人每憐而贊之。不置蠶姑廟歲久頹敝，瘟神廟規模□□，理宜增修，以昭虔恪茲廟舊制。每歲舉水官九人，內推一人爲首，約議均出貲財以供祀事，餘積以爲修築之資。十年來，計水官九□□未有興作之費，現存積餘之資，於是公舉侯守業、王宜新、王學孝三人總理其事，重建蠶姑、瘟神兩祠各三間。東蠶姑，西□□，俱南向，崇碩堅狀，稱快觀焉。工既訖功，屬余記其迹。夫昔者，先王之制祀典也，能興大利則祀之，能捍大患則祀之。自黃帝元妃西□□始養蠶，而世享繭絲之利，故記曰皇妃祀先蚕，即今所謂蚕姑也。爲其植生人之本，與農并重，而功不亞於社稷，此誠所謂能興大□□，則竭誠以奉宜也。自天地有疫氣而世乃有瘟神，或曰，古有余氏兄弟五人爲五瘟，主散瘟者也。或又曰姓呂氏，是皆不必深論。而□□所謂散瘟者，解散之散，非如俗言布散之散也。人病瘟而陰調默護，轉危苦於安全，此即所謂能捍大患者，則輸虔以享，亦宜也。今□□廟惻惻懇懇，垂訴以昭遠烈，則誠之所感，必獲冥報，茲鄉之人其財源永裕而壽祺無有害也，復奚疑？是爲記。

蘇家作歲進士母元庚撰文，本社人邑庠生王世勳書丹。

總理水官：王宜新、侯守業、王學孝、馮加級、程玉美、王滄、程克聖、王錫、郭俊、王法幸。

住持盤龍寺僧人源惇。

石匠：常山。

皇清乾隆肆拾年歲次乙未小陽月下旬之吉立。

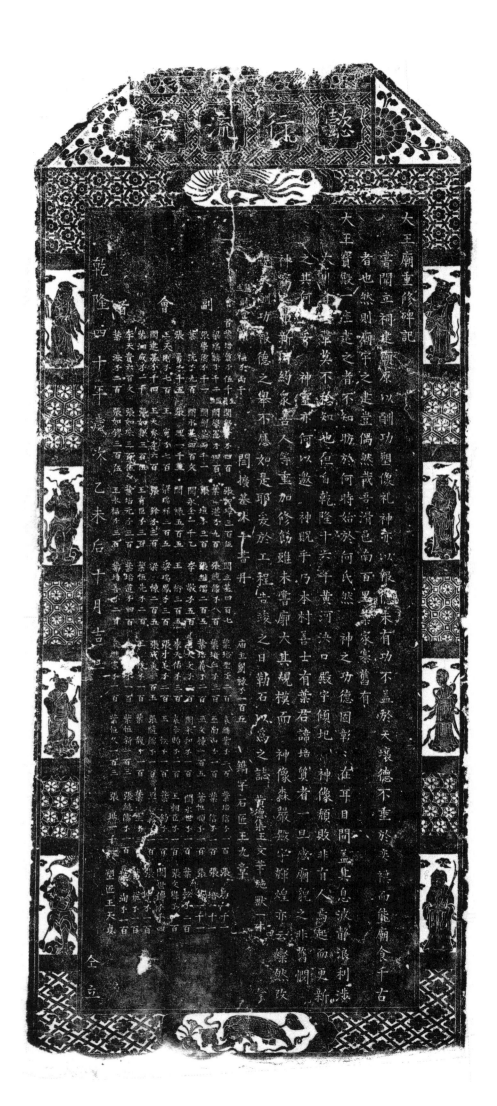

287. 大王廟重修碑記

立石年代：清乾隆四十年（1775 年）
原石尺寸：高 123 厘米，寬 52 厘米
石存地點：新鄉市封丘縣黃德鎮葉寨村祖師廟

〔碑額〕：懿行流芳

大王廟重修碑記

嘗聞立祠建廟，原以酬功；塑像礼神，亦以報德。未有功不盖於天壤，德不垂於奕祀，而能廟食千古者也。然則廟宇之建，豈偶然哉。吾滑邑南百里葉家寨，舊有大王寶殿一座，建之者不知昉於何時，始於何氏，然神之功德固彰彰在耳目間，盖其息波静浪，利涉大川者，吾輩莫不稔知也。但自乾隆十六年，黃河決口，殿宇傾圮，神像頹敗，非有人焉起而更新之，其何以妥神靈，亦何以邀神既乎？乃本村善士有葉君諱培質者，一旦感廟貌之非舊，憫神容之弗新，因約衆善人等重加修飾，雖未嘗廓大其規模，而神像森嚴，殿宇輝煌，亦云燦然改觀矣。酬功報德之舉，不應如是耶！爰於工程告竣之日，勒石以爲之誌。

閆擴基沐手書丹，鐫字石匠王九章。

黃德集王文華施獸一付。監生副會首明福錢兩千，會首葉培質錢伍千。副會首：梁瑞麟錢千二，張學儒錢千一，葉洸錢九百，張勇錢千五，王天剛錢七百，閆建基錢千四，葉泗成錢一千，李天貴六百文，葉洙錢二百。生員閆學會錢四百，監生閆學憲錢四百，閆創基兩千一，閆永基四百文，張理一千三，王寅錢七百，王天秀錢六百，張如銀三百伍，張如珠三百伍，張如鏐三百伍，張如璋三百伍，葉湛錢九百，張垣錢三百，閆永全一千乙，閆禄五百五，梁瑞祥三百五，張鋒錢三百，王有臣錢三百，葉培元錢三百，王永福錢三百，閆立基四百七，張統儒錢八百，張繼儒二百五，李敬錢五百，王桁三百五，梁瑞鳳錢三百，梁棟二百五，葉恒先錢二百，葉培道錢四百，葉培善錢二百，廟主劉禄錢一百五，葉培聖錢二百，葉培仁錢三百，葉培義錢二百，李天文錢二百，李天佑錢三百，張才美錢二百，張成美一百五，王枝錢一百，李□□錢一百，袁繼宗錢一百，袁繼業錢二百，巫南山錢一百，巫文棟一百五，閆永和錢一百，袁學賜錢一百，王松錢一百，張隨儒錢一百，葉馥錢一百，葉恒新一百三，葉恒九一百三，葉培信錢一百，葉信錢一百，葉恒順錢一百，閆永世錢一百，王相臣錢一百，葉鈞錢一百，巫義錢一百，葉生乾三百錢一百，張純儒錢一百，張址一千一，張均一千一，張培一千一，張□一千一，葉松錢二百，張文魁錢一百，閆世傳錢千四，張坤錢一百，葉飛錢一百，葉洵錢一百。塑匠王天貞。

乾隆四十年歲次乙未后十月吉旦同立。

重修

龍王廟暨樂舞曵並金粧……記

為夫……當……亦為人樂為則費之……

重修於雍正八年碑記猶存應……可考無何歲在乾……

樓亦隨之而傾頹焉為民者神之主也被水而後民……

於神之廟宇任其摧殘人心其何能安有李公乾……

而告竣於今歲三月之始約費六十餘金而廟宇之……

為百金不能有此建造也嗟：滛祀無福昔人所……

土本有不佯者則今兹重修之役理所當為而即人所……

丕正……

汝南乾隆四十一年歲次丙申季春上浣之吉

邑庠廩膳生員劉大……

288. 修龍王廟暨樂舞樓并金妝神像記

立石年代：清乾隆四十一年（1776 年）
原石尺寸：高 105 厘米，寬 69 厘米
石存地點：洛陽市伊川縣白元鎮雙頭村

重修龍王廟暨樂舞樓并金妝神像記

　　事爲□□當爲，亦爲人□樂爲，則費□必……焉。夫□龍王行雲施雨，□□蒼生，載在祀典，匪……重修於雍正八年，碑記猶存，歷歷可考。無何，歲在……樓亦随之而傾頹焉。民者，神之主也，被水而後，民無……於神之廟宇，任其摧殘，人心其何能安？有李公乾……於是，首事者董率維勤，贊助者鼓舞不倦，而載石運磚，……而告竣於今歲三月之始，約費六十餘金，而廟宇之鞏……爲□百金，不能有此建造也。嗟嗟！淫祀無福，昔人所譏……土木，有不俟者，則今兹重修之役，理所當爲，而即人所……不宜。

　　邑庠廩膳生員刘大綸□。

　　大清乾隆四十一年歲次丙申季春上浣之吉。

感德

大清乾隆歲次丙申七月□□□□□□□□□□

神靈洞拜水祈禱甘霖雨□普降禱未雨□□□□□□□

民有□天盤□□三牲祭品□□□□□□□□□□□□

□天復沛然三麥全種下民咸感刻之于石以昭後人

社

社首□□□

天□□公□□

張九州 水官

岳志明 棟

張守祥 黨

張子成 程連中

癸亥八□□ 劉德元

王王朝□ 魏立勳

289. 頌聖碑

立石年代：清乾隆四十一年（1776 年）
原石尺寸：高 65 厘米，寬 40 厘米
石存地點：安陽市林州市任村鎮豹臺村白龍洞

〔碑額〕：感德

頌聖碑

大清乾隆歲在丙申七月亢旱，百物难存，小民無奈口生，于神靈洞拜水，祈祷甘霖，雨澤普降，槁禾口然，百物告成。吾民答天，盤筵三牲，祭品告虔，游观三日，献戲四坛。時又大旱，天復沛然，二麦全種，下民咸感。刻之于石，以昭後人。

社首：桑連秀、桑法好、秦五公、張九州、岳心明、張守祥、桑子成。水官：張云朝、陳党、程建中、刘德元、楊名孝、程守連、蘇文德、元廷才。買辦：王得榮、盧文金、刘法旺、魏立勳。

玉工：胡景山。

四十一年八月二十八日立。

清（二）

290. 官塝碑記序

立石年代：清乾隆四十二年（1777 年）
原石尺寸：高 100 厘米，寬 49 厘米
石存地點：洛陽市宜陽縣香鹿山鎮窑村關帝廟

〔碑額〕：皇清　　　日　月
官塝碑記序

宜陽縣閑和里牌家墇西臨铁水，舊有土塝，所以防水患、護地畞也。於乾隆二十六年，河水暴發，塝被水損，沃壤遂爲石田矣。時適有牌君字宏濟、楊君字廷約定，牌、李兩墇合村人等重修大塝，而益增其高堅。衆因舉楊大用收集錢財，雇定人工，不数日而告厥成矣。越丁酉歲春，又有同衆商議，計定塝之橫順尺寸，開列於碑，使後之人有所憑依。用是以誌不朽云。

渠北五尺寬。大路南塝橫一丈二尺寬，小路北四尺寬。

管事人：張□、楊大學、王昇、楊永吉、牌引民。

乾隆四十二年二月十七日立。

〔注〕：塝，不見于字書，疑或爲"坊"之民間造字。《广雅·釋宫》："坊，堤也。"《説文解字》土部："坊，卑垣也。"墇，亦不見于字書，疑或爲"窑"之民間造字。

清（二）

291. 重修龍王廟碑記

立石年代：清乾隆四十二年（1777 年）
原石尺寸：高 173 厘米，寬 65 厘米
石存地點：新鄉市原陽縣宣化寨龍王廟

〔碑額〕：流芳百代

重修龍王廟碑記

間嘗閱時憲書，其首頁著云：幾龍治水。夫治水者龍耶，足以驅旱魃之虐，即以慰魯孫之慶。龍之爲靈昭昭也，而不無司斯靈者。是以邑迤北五里許村名宣化寨，當中有龍王廟一座，北之中，於卦屬坎方，坎爲水，建龍王廟於斯，義有取爾耶。至廟之建創於何時，名徒載諸邑乘，無碑記可考，不得而知。祇有重修之碣二小石，一重修於勝朝萬曆四十七年，一重修於本朝康熙五十八年。營新易舊，既已有年，捍患禦災，自非一日。從前屢蒙神惠，僅得之耳聞，若乾隆二年大旱，邑宰宋公率紳衿暨盐商質客輩，徒步執香，趨斯虔禱，不移時油然沛然，甘霖丕降。後屢次被旱，邑宰談公、徐公趨斯虔禱如宋公。然甘霖之降，亦無不然，此目所親睹者，神之靈爲何如也耶。人賴神爲生活，神賴廟爲托庇。夫何二十六年，黃河北決水，深丈餘。噫嘻，斯廟也，竟歸於無何有之鄉矣。幾欲修緝，而頻遭凶荒，力不從心。近今禾黍頗登，劉杰、李寅等約衆捐資，鳩工庀材，依舊址構造，塗塑金妝，□□□目，煥然一新。前此之頹廢，今乃得補其闕陷矣。而拜感輒應，後有踵而行之者，不亦可無憾也哉。靈氣洋溢，無弗景仰，重修告竣，爰勒石誌之不朽云。

村東有觀音堂，聖像被黃水衝殁，今亦塗飾維新。

邑庠生郝純錫撰文。邑庠增廣生員梅化新書丹。

會首：潘建錢三百文，扈有仁錢三千文，刘華封錢一千五百文，李寅錢二千文，刘杰錢二千文，刘洪濱錢一千文，楊休錢一千文，生員潘選錢一千五百文，刘江濱錢一千五百文。刘智濱錢六百文，李邦彥錢八百文，刘勳錢一千五百文，韓祥錢一千五百文，刘勇錢一千文，潘賢錢七百文，吕定昌錢四百文，張士俊。

執疏會首：胡君惠錢二百文，生員冷炅然錢二百文，李申錢三百文，楊中潤錢五百文，刘從孔錢三百文，曹五品錢三百文，毛友錢四百文，李賓錢三百文，吏員板作正錢七百文，潘永吉錢三百文，李讓錢八百文，李中正錢三百文，丁源錢一百文，刘得禄錢三百文，鄭朝聘錢三百文，張進統錢二百文，張旺錢二百文，王鎮錢三百文，藺順錢三百文，高生金錢五百文，鄭勤錢三百文，高奇錢一千文，毛羽瑞錢三百文，生員毛殿元錢一百文，監生毛貴錫錢一千五百文，馬存良錢二百文，王有道錢四百文，王珩錢二百文，李棟錢四百文。

石匠裴名揚，木匠張文書施錢二百文，泥水匠孫有禄施錢一百文，金妝匠李柱施錢三百文。

大清乾隆肆拾貳年歲次丁酉暮春月上浣吉日同立。

慶　善　緣　福

292. 重修玄帝廟碑記

立石年代：清乾隆四十二年（1777 年）

原石尺寸：高 97 厘米，寬 145.5 厘米

石存地點：新鄉市封丘縣黄德鎮黄德村玄帝殿

〔碑額〕：福緣善慶

重修玄帝廟碑記

蓋謂不有作者，無以光前；不有述者，何以垂後。顧創始非易，而重修尤難。吾人荒居野處，聚族成村，往往建廟立祠，金身□□，以隆瞻拜，以敬神明，此固近今人情如是，亦以時下風會使然也。本村西首舊有玄帝廟，創建於有明崇禎貳年季春之辰，宋、谷二姓爲之首，廟宇三間，門樓一所。廟以内中間正坐者玄帝也，左周公，右桃花，两旁間環列四帥。東南隅靈官一尊，金妝煌煌，神像赫赫，在爾時洵足以肅拜謁、隆觀瞻也。幸有所遺殘碑，閱其文，施□□人募化有數，以及修營助工之衆，記載詳明。無非共襄厥事，樂與有成，誠盛舉也。迄於今百五十餘載矣，年深日久，不無風雨之灾，户破垢蒙，容有鳥鼠之害。迨至國朝念二年秋，復遭河决之患，因致淹没之苦，廟宇先爲崩塌，神像盡成混塗，傷心慘目，有如是耶。余叔諱文臣字康候者，府庠生也，因父諱琳字侖玉在世時，曾襲膺會首，于國朝初年，已經重修，復被水没。故目睹破落之象，不勝摧殘之悲，刻意重修，獨力難行，因而約集合街，各捐手囊，募化四方，共舒臂力，思積兩以成貫，爰聚腋以爲裘。由是鳩工庀材，廟貌爲之丕焕，丹塗黝堊，神像修爾□□。庶神得所依，而瞻拜有地，於以繼前徽而裕後昆也。余聞俗語□傳，玄帝九轉皇宫，累世修行，每見丹青畫士，往往寫其□□之始，修養之處，與夫神明屢屢默化之事，確似有可□□□□淺學疏，未暇考其世代，渺見寡聞，莫能詳其始終。而况□□□明奚以發，爲論説蠡測之識，詎敢形諸筆端哉？然是説也，□□疑之，爰書以勒諸石，以姑闕之云爾。是爲記。

本縣儒學廪膳生員賈恒撰文，□邑庠生銘□沐手書丹。

（以下捐資人信息漫漶不清，略而不録）

大清乾隆四十二年歲次丁酉孟秋上浣吉旦。

293. 重修畢澗橋序

立石年代：清乾隆四十二年（1777 年）
原石尺寸：高 162 厘米，寬 62 厘米
石存地點：洛陽市洛寧縣馬店鎮窯院村

〔碑額〕：皇清

重修畢澗橋序

孟子云：十一月徒杠成，十二月輿梁成。橋之關於□政大矣。近世七星景月浮河，僉謂呂母禦假橋之名，載諸□書者，盖□不勝屈也。邑西北二十里許峪名華澗，其中有峽澗，而□首亦通河，而居者雖非三條九軌，而北通□邑，南走洛川，□車軾馬踩之□必□已。澗東涯□□□□，前橫□清溪，舊有積石爲梁，創始於乾隆五年，重修於乾隆三十三年，僉家蕩蕩平□矣。第溪水雖甚微細，而暴雨不時衝刮，橋梁欲□，往來者咸甚苦之。道人牛會舜慨然興念，會請尚君進孝、任君輔成、王君登賢、徐君重惠、尚君起亮、王君天柱等，分任職事，各輸己□，然且復募化多方，約費百餘□，而工始告竣。自是利濟行人，不虞絕險，其有□於□政，徒杠輿梁之□者，皆君子之力也，豈□諸先輩擅美於前而已哉。昔人咏橋曰：山外度□中游，通萬里得千秋。余於斯橋亦云。

邑庠生員□文星撰文，洛川居士朱天德書丹。

功德主：王登賢一千一百，喬繼古三千二百，□□柱二千三百，尚進孝二千，任輔成二千二百，胡來禄二千，尚起亮五千，尚新營一千，喬繼夏三千二百，尚起鳳一千，徐重惠一千，王登學千一，王進朝千九，楊臨弘五百，徐尚氏子董雷錢五百，徐中臣一千，郭文華五百，丘忍生五百，鄭大勳八百，王可敏五百。

化主：尚文興三百，張廷用三百，崔元召二千，閆有智五百，張文峰二百，閆有才五百，郭文正三百，趙太林三百，趙樂氏子可富一百五十，郭文燦二百，李□財三百，翟學仁三百，郭文進三百，凡仁生三百，蔡文郁三百，鄭成林二百，邱景寧二百，□有亮二百，凡一寬、凡一湛、趙科二百，王進周二百，王湖二百，趙明礼二百。

山西楊峻斗鐫石，錢三百。

乾隆四十二年歲次丁酉壯月穀旦。

皇清

294. 船户公議支差立約碑

立石年代：清乾隆四十二年（1777 年）
原石尺寸：高 183 厘米，寬 66 厘米
石存地點：洛陽市孟津區白鶴鎮鶴北村火神廟

〔碑額〕：皇清

從來船之有差，亦古者力役之一征也。乃數年以來，一遇差役，交相推諉，交相傾害，彼險則此愈健，此伏則彼又起。坐使親戚朋友，顯有睚眦以視者。揆厥由來，要皆事無成規，苦樂不均，有以階之屬也。夫同心經理，眾力協辦，天下事何患不成，況船户支差乎？故塀頭任政，同所管東至牛莊村，西至紅崖根，船户公議，屢年支差，因無成法，遂有不願踴躍以從事者；今次兵差，蒙本縣金大老爺鈞諭，并蒙廉捕高老爺恩典，船户支差，原係奉上急公，其未當差者，理宜捐資幫辦。政與眾船户等即公同妥議，無事則同心綢繆，有事則協力幹濟，如以一家之人辦一家之事者，將下絕爭訟之釁，上得力役之助，始之一時，傳之百世，豈不美哉！如有妄生支節，不遵幫辦之規者，舉約到官，按法治罪。恐後無憑，立約永遠存照，并立碑以誌不朽云。

約批准照。

一議：支差船隻，大小每一日每船幫錢三百三十文，過兵頂河纜幫。

一議：當差船户四十家爲止，仍照前幫價。如過四十家以外，輪流支差，并無幫價。

一議：外有遠近差事，隨當年河例幫價。

一議：支差之日，即得幫價。

一議：支差一月一換。

一議：眾首事有隱船不報者，每船一隻，罰錢伍千公用。

一議：如有不隨者，塀頭報他支差，眾亦不幫。

一議：外有本縣煤船，眾議不幫。

常鵬翬、工房任迎、宮得位等。快頭慶維、李世重等。

塀頭任政，眾首事等：郭科、鄭文興、李自璽、李四海、王雲霞、鄉約周昇、仝士連、楊士全、□柄、賈重、周逸安、王功柱、王松、陳有傳、陳重、趙天祥、周萬言、張平宇、趙樹禮、趙澤、任丙乙、任萬春、任學朱、邢大德、王有成、生員王天章、王照、生員王振川、王學孟、王沔、呂學寬、任和、王高山、喬進礼、趙保棟。

邑庠廩生荆兆鰲書。

石工李金聲鐫字。

乾隆四十二年歲次丁酉十月孟冬之吉。

大清

公諱珠字宛溪陝西

⋯陽照世家

邑侯張太老爺重開中溪村公順⋯

邑侯張太老爺重開公順渠是己謹案公順渠者中溪村之古渠也南引伊水之流字順

疏渠灌田美政也而勤勤矜矜廢墜以蘸民困則恩澤之及人更深群黍之敝

道由原及委長二十餘里潤一丈六八後開泰昌元平相沿至今爲百載難

起興廢弛至乾隆二十六年山水漲發順陽河開口壅決數大深伊流不能濟而北

邑侯張太老爺仁心爲覽督與水利公舉渠長曰公舉渠長善於董理不

化流不向日灌田庶幾而波及公順渠以外無算爲夫公順渠之廢母惟有薄所奏

仁之勤瑣珉是勤壟父遠也後遂其願末必爲記

乾隆四十三年平十一月初一日中溪村⋯士

295. 邑侯張太老爺重開中溪村公順古渠碑記

立石年代：清乾隆四十二年（1777 年）
原石尺寸：高 147 厘米，寬 60 厘米
石存地點：洛陽市伊川縣鳴皋鎮中溪村關帝廟

〔碑額〕：大清

邑侯張太老爺重開中溪村公順古……

疏渠灌田，美政也。而勤勤於修廢墜，以蘇民困，則恩澤之及人更深，群黎之歡……邑侯張太老爺重開公順渠是已。謹案公順渠者，中溪村之古渠也，南引伊水之流，穿順……道由原及委，長二十餘里，闊一丈六尺，浚開於前明泰昌元年，相沿至今數百載。雖……迄無廢弛。至乾隆二十六年，山水漲發，順陽河閘口濠決數丈深，伊流不能渡，而北……邑侯張太老爺仁心爲質，督興水利，吾鄉衆因公舉渠長，公即飭令渠長善於董理，不……北流，不旬日灌田十頃餘，而波及公順渠以外無算焉。夫公順渠之廢，歷有年所矣……惟順陽河之閘口難修，故至此今乃營，不過數朝，渾流遂及無暨。是工雖資乎民……仁憲之勤，貞珉是勒，垂久遠也。爰述其顛末，以爲記。

公諱珠，字宛溪，陝西涇陽縣世家。

乾隆四十二年十一月初一日中溪村士……

清（二）

709

尤龍聖母庙白水龍王行宮僧房一座碑記

盖闓神可靈無往不在不無地拔人之祀神亦無地不然不禍過都巨鎮崇祀兩然即荒陬

不結構墮瓅法像事孔明盖幽明一理神人一道二者固並行而不悖也永邑有信士

古名鎮佛寺有三官聖庙土人隨時籲章之点猶衍古之道云宗有信士同合社之

未始然森淒降雨施之微雍之祀也又况壞諸君所言於四年天乾亮早祈禱雨澤於九龍聖母庙

君山攀正有合於為民樂災捍患則祀之意也何則白水龍王能興雲布雨而高

寺捐俗先記聖母庙亞白水龍王行宮事竣為文記之夫莲祀之繫國有明其故

事勒之頂瑣珅俾入庙祀子者咸知創建之所由未僅畧後之善男信女圖而葺之以永垂於不

即時廿祀民因以蘇則神之為民樂災捍患甚明歡奏崇祀各典又惡容已乎因叙其

不朽也夫是為叙

296-1. 創建九龍聖母廟白水龍王行宮僧房一座碑記（碑陽）

立石年代：清乾隆四十五年（1780 年）
原石尺寸：高 136 厘米，寬 55 厘米
石存地點：洛陽市洛寧縣羅嶺鄉鐵佛寺

〔碑額〕：大清

創建九龍聖母庙白水龍王行宮僧房一座碑記

盖聞：神之靈，無往不在也。故人之祀神，亦無地不然，不獨通都巨鎮崇祀肅然，即荒陬□□□不結構三楹，妝緣法像，祀事孔明。盖幽明一理，神人一道，二者固并行而不悖也。永邑之□□山，古名鐵佛寺，有三官聖廟，土人隨時祭享之，亦猶行古之道云尔。有信士刘全忠、張士珍、李可福、邢學魁者，同合社人等捐修九龍聖母庙，并白水龍王行宮。事峻，丏余爲文以記之。夫淫祀之弊，國有明禁，諸君此舉，正有合於爲民禦灾捍患則祀之意也。何則？白水龍王能興雲布雨，而九龍聖母亦未始無雲從雨施之微權也。又况據諸君所言，於四十年天氣亢旱，祈祷雨澤於龍王案下，即時甘霖沛降，民困以蘇，則神之爲民禦灾捍患有明徵矣。崇祀之典，又惡容已乎？因叙其事，勒之貞珉，俾入廟祀享者，咸知創建之所由來，併望後之善男信士嗣而葺之，以永垂於不朽也夫。是爲叙。

古義川貢生寧嘉撰文，門生王士超書丹，山右寧廷佑刊。

山主：李天月、張魁。功德主：邢學魁施錢十千，張士珍施錢四千，李可福施錢十千，刘全忠施錢三千七百二十。化主：薛光錢四百，邢升錢三百，郭進財錢五百五，趙英錢五百五，任進榮錢二百，刘好礼錢捌百，安文焕錢二百，金万良錢三百一，李可昇錢一千二百，崔朝錢五百，李學仁錢四百五十，刘廷錢三百一。

木匠：王天魁、李可文。瓦匠：加敏、陳礼錢五百。画匠：高名魁。住持：王陽經，徒馮來鳴。

時乾隆四十五年嘉平月穀旦。

清（二）

296-2. 創建九龍聖母廟白水龍王行宮僧房一座碑記（碑陰）

立石年代：清乾隆四十五年（1780年）
原石尺寸：高136厘米，寬55厘米
石存地點：洛陽市洛寧縣羅嶺鄉鐵佛寺

張魁二千□百、檁八根、上坎二根。刘進礼一千三百，上官扣二千，張起全一千，任寿礼一千，邢兆如一千，安士明八百，雷茂德六百，張尔有六百，王者都五百八，刘公五百八，李銳五百，張可士五百又一百，孙成兼五百，徐見五百，張乾吉五百，張怀保五百，李孝德五百，孟思見五百，刘克興五百，□忠孝五□一百又一百，張順五百，李美五百，張怀廷四百五，王者孝四百，刘文成四百，刘成祥四百，趙之兼四百，郭世興三百，趙君美三百，趙全三百，廉有慶三百，王積德三百，霍相云三百，姚尽忠三百，趙柄二百，趙英三百，黄自明三百，金光川五百，安竜二百，賀印二百，刘興斌二百，黄成礼二百。周廷甫、周廷龍、張有吉、金光臣、趙興、王良美、李學有、刘學福、孟思魁、刘廷甫、刘廷亮、王成化、高治全、高朋、姚尽孝、王宗保、孙有功、邢廷貞、李玉、王禄、金光中、王尽、楊俊、金光得、崔有太、黄有、張尔通、刘好平、崔光先、曾學孟、孟士秀，以上各二百。黄世灵、黄振兼、賈相金、范吉盛、王金順、陳登治、趙玉生、任怀德、韋振秀、戴礼、戴臣、王尽皋、任進化、王四孝、陳有仁、黄中兼、孙林、孙奉、孙俊、□還、武振榮、武振云、金玉、金主、李有功、吴容、王起富、范壮、郭福、金光府、王君才、戴天宝、李學潤一百七。洛乙全一百五，繼盛號一百五，安士卓一百五，王起有一百六，張尔成一百五，邢兆云一百五，周秀一百五，楊文太一百一，王有一百五。張容、安士秀、李可斌、李可財、支來兼、張尔兼、安士從、安文學、安文公、安尽禄、孟起才、賀法語、楊有才、黄成金、王天保、芦尽忠、李天枝、王秦、趙君安、王學法、孟有貴、孟有用、王宗福、王興、韋元朋、焦礼、鈕大品、李學才、王尽美五百。李可云、李學士、楊士成、李從祥、刘福禄、鈕大康、衛浩、賈会、朱成宝、陳宗、趙□役、賀天福、韋重法、梁永言、雷茂生、韋奉美、趙吉生，以上各一百。趙魁一百，孙白全錢五百，賀宗孝錢二百，陳吉用錢一百五，吴礼中錢一百五。張得才、張嘉珍、郭忠、賀法孔、王中、石全兼、張克昌、莫子勝、胡來福、廉魁云、曹乃用、張斌、韋天錫、郭法才、杜文周、李成全、任學成、李和起、康文成、周林祥、陳世才，以上各錢八十。陳大主五十，孙世玉五十，張亮五十，孟士玉五十，趙來五十，李可廷五十，吴福五十，李學要五十，馬玉五十，高治法五十，戴兼五十，郭庫五十，賀天寿五十，馮孝五十，郝有□五十，王京道五十，王者筆五十，王君有五十，李可美五十，金光天五十，陳大訓五十，賀英五十，戴法五十，賈還五十，刘尽孝五十，馬天奉五十，孔景五十，馬尽孝五十，吴文五十，吴全五十，孟士孔五十，□魁五十，朱怀榮五十，王成有五十，張全五十，楊得五十，張秦先五十，孙成五十，孙篤五十，孙珍五十，孟用京五十，董景福五十，郭自寧五十，賀□兼五十，曹乃全五十，程京如五十，袁得法五十，王士彦五十，孟士礼五十，孟大才五十，金光學五十，馮都臣四十，王克云五十，李昌五十，韋印可五十，靳學有五十，王尽功五十，段青居七十，王者福五十，王者才六十，王者中六十，王良用五十，袁起龍三十，王者秀三十，李德全五十，崔朝飯一頓，刘尽礼飯二頓，趙士全飯一頓，王者都飯一頓，金万良飯一頓，刘公飯一頓，李銳飯一頓，邢兆如飯一頓，張魁飯一頓，韋中法飯一頓。助工：邢建相、周秀。

　　拗碑人：張有金、趙振会、邢兆云、金光美、趙天啓、李學智、李學兼、李美、韋起龍、王起有、周秀、金振邦、刘好礼、李玉、崔朝、周馬甫。

714

流芳百世

窃維
觀音大士世稱慈悲主實筏渡迷泉生咸賴故
見聞自荆隆河溢順黄流而来至村忽止□
者類有靈應非一方保障耶廟始創扵張公
神像煥然維新焉工竣勤諸石明夫撼貲若□音□
吏部授文林郎候選知縣壬午科衆人呂音□
河南開封府封邱縣儒學生員　　王建□

大清乾隆肆拾陸年歲次辛丑菊月中浣□
□旦

297. 重修觀音大士廟碑記

立石年代：清乾隆四十六年（1781 年）
原石尺寸：殘高 88 厘米，寬 52.5 厘米
石存地點：新鄉市封丘縣留光鎮寺上村觀音殿

〔碑額〕：流芳百世

窃維觀音大士世稱慈悲主，寶筏渡迷，眾生咸賴。故……見聞。自荊隆河溢，順黃流而來，至村忽止……者，類有靈應，非一方保障耶。廟始創于張公……神像煥然維新焉。工竣勒諸石，明夫捐資，若……吏部考，授文林郎，候選知縣，壬午科舉人呂音……

河南開封府封邱縣儒學生員王建元。

總領會首葛三卿施錢四百文，副會首葛芬施錢四百文，葛三益施錢二百文，生員葛振魯施錢二百文，葛三問施錢二百文，葛三敬施錢二百文，王法曾施錢二百文，戚得禄施錢二百文，副會首張福錢一百文，戚超群錢三百文，葛興龍錢三百文，戚天佑錢三百文，戚天保錢四百文，葛二顧錢四百文，葛琰錢四百文，葛松錢六百文，葛元士銀二錢，張登科銀二錢，劉臣銀二錢，戚生蘭銀二錢，戚聲名銀二錢，葛崑錢二百，葛三奇錢二百，葛玉山銀三錢，戚成龍錢一百，馮光宗錢一百，葛三讓錢一百，葛三礼錢一百，葛承業錢一百，侯心筌錢一百，葛三喜錢一百，葛梃錢一百，……戚……王用……王法孟錢□□，葛三光錢一百，于得水錢一百，李敬錢一百。

大清乾隆肆拾陸年歲次辛丑菊月中浣吉旦。

清（二）

715

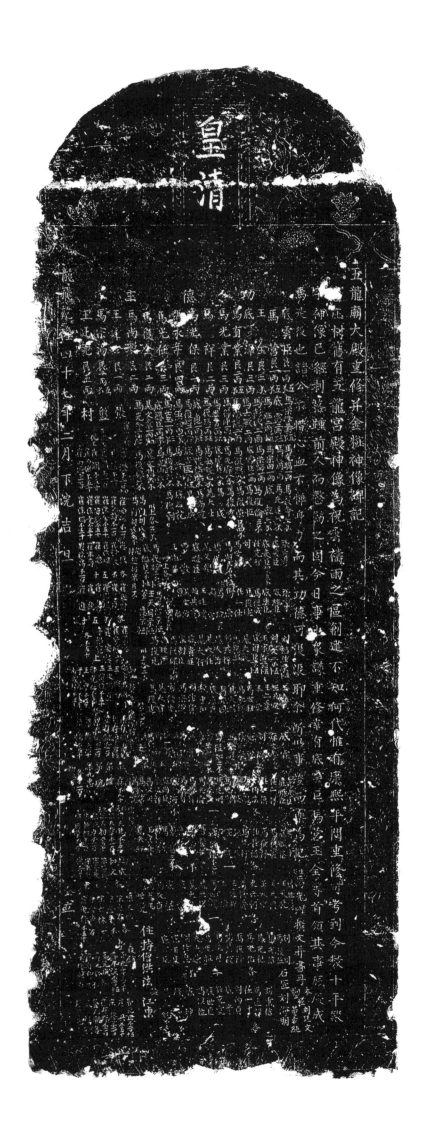

298. 五龍廟大殿重修并金妝神像碑記

立石年代：清乾隆四十七年（1782 年）
原石尺寸：高 168 厘米，寬 62 厘米
石存地點：洛陽市偃師區邙嶺鎮省莊村

〔碑額〕：皇清

五龍廟大殿重修并金妝神像碑記

　　□庄村舊有五龍宮殿，神像爲祝雲禱雨之區，創建不知何代。惟有康熙年間重修可考。到今數十年，殿宇神像已經剝落，踵前人而整飾之固，今日事也。衆議重修，幸有底雲臣、馬营、王全等首領其事，底厥成焉。是役也，諸公不惜心血，不憚身力，而其功德可没没耶？余所以事竣而樂爲記。

　　生員馬光煋撰文并書丹。

　　功德主：底雲臣銀一兩五錢，馬营銀一兩五錢，王全銀二錢，底□銀三兩，馬有業銀二兩五錢，馬光業銀三兩，馬祥銀二兩，馬光保銀一兩，馬永年銀四兩，馬光任銀三兩，馬復全銀二兩，馬尚聪銀二兩，王廷□銀一兩，馬宗湯銀一兩五錢，王廷堯銀五兩，馬宗洙三兩五錢，底露二兩五錢，馬旺二兩五錢，馬彭氏二兩，馬士敏二兩，馬尚禮二兩，馬得伸一兩八錢，馬世勇一兩六錢，馬復瑞一兩五錢，底惠一兩五錢，馬復超一兩五錢，馬五雲一兩二錢，馬士玉一兩三錢，底鳳臣一兩二錢，晁文章一兩二錢，馬光會一兩二錢，馬光瑞一兩，馬復周一兩，馬宗由一兩，馬宗海一兩，底雷臣一兩，馬復聪九錢，馬光霖八錢，底虎臣八錢，馬士超七錢，馬復法六錢，底吉臣六錢五分，馬治六錢，馬尚興六錢，馬光山六錢，晁文淵六錢，馬復舉六錢，馬復會六錢，馬光廷六錢，底乾六錢，馬復倫三錢，馬復恒、馬復榮銀四錢，馬復秀、馬成、晁大士、馬尚道、晁□成、底玉花、馬復朝，以上各五錢。馬門刘氏一百，馬門刘氏五錢，張士秀、底□臣、底麦臣四錢五分，任克智、刘武、馬世□、馬顯合：四錢五分。馬光興、晁文舉、底煜臣、曹敬、王廷召，以上各四錢。馬福禄三錢五分，底福臣三錢五分，張才底、姚臣、底法臣、馬復成、馬復述、任一仕、馬榮、馬琬二錢。趙宣、王廷璞、趙其貴、晁文治、曹福，以上各三錢。馬光濬二錢五分，王天月二錢五分，董惠二錢五分，刘福生二錢五分，刘文二錢五分，王家治二錢五分，底酉臣二錢五分，晁大觀、馬光福、張其祥、晁大治、晁大任、晁大行、底貴臣、底朝臣、馬復保二錢五分，馬廷彦、馬復見，以上各二錢。王元定二錢。王二章、王堂、馬世桂、馬元祥、晁大照、馬光國、底廉臣、魏中和、刘法貴、馬宗漢、刘繼先、晁大賓、馬復建，以上各二錢。底霖、孫文學、刘府、孫乾、任一學、馬光炎，以上各二錢。馬復如二錢，馬世寬三錢。底巽、馬復讓、王庭□、任一成、馬酉、馬仕，以上各五錢。底延臣、底順臣、任一祥、任一德、刘丙法、任一選、□保、馬光智、馬光明、馬光清、馬光禄、馬光有、底河、底尚臣、底法祥、馬文正、馬文法、馬尚忠各一錢。馬香、底兆臣、馬復廈、馬復祥、任長福、馬光行、□春、王運、馬□仲，以上各一錢。曹根化……馬世爵、王天花、王天興、王天述、史云朝、馬復義、王廷祥、王楷、馬世道、晁天周、晁天□、底榮、底梁、馬光貞、馬天玉、馬世選，以上各一錢。刘周、馬復任、馬光信、馬光紀、馬光佑、馬復隆、張其俊、馬廷月、馬光祖、晁大榮、刘法忠一百文。底玉臣、底香臣、刘秉信、馬廷祥、任一才、刘丙貞、底廉、任克寬、底世臣、馬復位、底坤、底振，以上各一錢。晁大記錢三十。

張盤村、崔家村：崔澄錢二百四十，崔傑錢一百，化主崔講錢一百，化主崔潤錢五十，崔西佰錢五十，崔西育錢一百，崔西望錢一百，崔詩錢一百，崔法全錢五十，崔守約錢五十，崔法堯錢五十，崔法瑞錢五十，崔俊、崔門趙氏、崔法周、崔諫各錢五十，崔法禹錢一百，崔永財、崔慶、崔鳳、崔□、崔純、崔進各錢五十，崔祭成、崔守成、崔安、于根靈各錢五十，北寨上郝□祥錢三十，靳事召、王瑄、王文瑞各錢一百，王蘭坡錢五十，郝克仁錢五十，王申錢三十，于昇錢三十，郝成祥錢三十，梁家村梁有佩錢一百五十，梁有崇錢一百五十，梁有輔錢一百，梁天選錢一百，梁□錢六十，梁儒錢五十。梁森錢九十，梁維、梁胞、梁九忠各錢一百。宋村：宋天臣錢五十，宋天章錢一百，化主宋天相錢五十，宋執中錢一百，宋執桓錢一百，宋世榮錢一百，趙成、和文、宋治茂、宋學文、宋天篤、宋希孟、宋天福、宋自有、宋金平、宋世林、宋金廉各錢一百、宋世修錢五十。後鋪：化主郭元亭錢五十，郭九宗錢二百五十，郭元成、郭元艮、崔有印、宋作詩各錢一百，郭元正錢二百五十，崔興錢五十，宋鰲錢一百，崔有禄錢一百，郭元龍、宋桓、張孝先各錢五十。

住持僧：法洪。徒：江東。

木匠：劉延文。塑匠：董袁純。石匠：劉海朋。

龍飛乾隆四十七年二月下浣吉旦立。

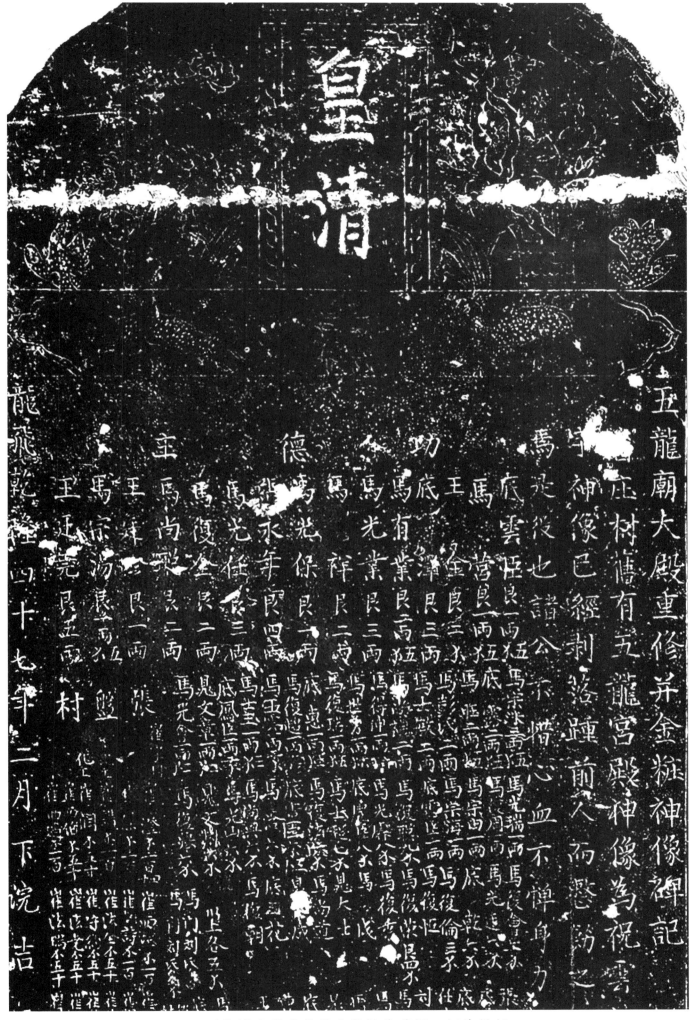

《五龍廟大殿重修并金妝神像碑記》拓片局部

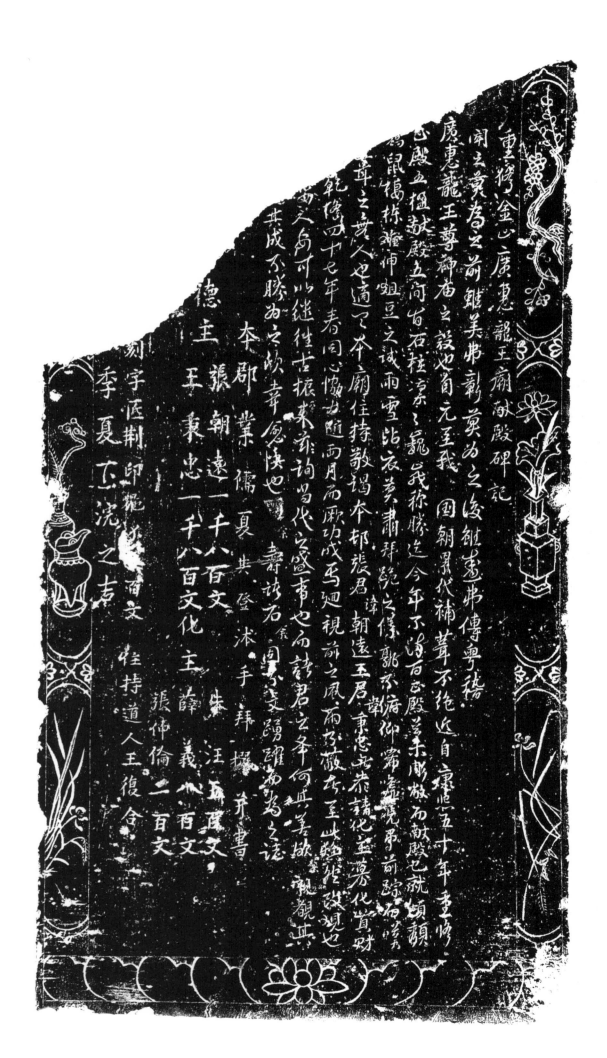

299-1. 重修金山廣惠龍王廟獻殿碑記（碑陽）

立石年代：清乾隆四十七年（1782 年）
原石尺寸：高 90 厘米，寬 49 厘米
石存地點：洛陽市洛寧縣陳吳鄉金山廟村

重修金山廣惠龍王廟獻殿碑記

聞之：莫爲之前，雖美弗彰；莫爲之後，雖盛弗傳。粵稽……廣惠龍王尊神庙之設也，自元至我國朝，累代補葺不绝。近自康熙五十年重修……正殿五楹、献殿五間，古石柱凛凛巍峨稱勝，迄今年不满百，正殿兹未凋敝，而献殿已就傾頹……鼠栖栋，难伸俎豆之诚；雨雪沾衣，莫肃拜跪之像。孰不俯仰唏嘘，況吊前踪而嘆……葺之無人也。適有本廟住持敬謁本村張君諱朝遠、王君諱秉忠者，恭請化主募化資財……乾隆四十七年春，同心協力，逾兩月而厥功成焉。迴視前之風雨不蔽者，至此焕然改觀也。……人安可以繼往古振來兹，詢当代之盛事也。而諸君之举，何其善歟。余親睹其……其成，不勝爲之欣幸愈快也。□余壽諸石，余固不文，踴躍而爲之誌。

本郡業儒夏其登沐手拜撰并書。

□德主：張朝遠一千八百文，王秉忠一千八百文。

化主：朱汪五百文，薛義八百文，張仲倫二百文。

住持道人：王復合。刻字匠荆印施錢□百文。

……季夏下浣之吉。

杜延年葉大章一百
李自福一百
杜询杜
李自福一百
夏文文
新寨炷静远三百
炷圣经郭世成
炷圣脉炷圣

又使得香客共一千九百
共费钱三十八千二百文

299-2. 重修金山廣惠龍王廟獻殿碑記（碑陰）

立石年代：清乾隆四十七年（1782年）
原石尺寸：高90厘米，寬49厘米
石存地點：洛陽市洛寧縣陳吳鄉金山廟村

　　□□禄一百，□祥一百，韋五兒一百……李曰福一百，……李文秀一百，段法一百，韋振一百，李文學一百，张智一百，師雲衢一百，史奉祥一百，葉大章一百，羡和号一百，张祥一百，刘廷本一百，杜興一百，张法一百，牛大成一百，张生寅一百，韋師閔一百，韋礼敬一百，師善一百，张万录八十，王召奇一百，姚有金一百，刘廷庄一百，仁寿堂一百，秦煥、段寅、韋師周、张章、史奉侯、李永、位復禮八十，楊文學八十。韋乾、张芝、韋印書、韋棟、刘思儒、刘明、刘文才一百，刘涣一百，李有信一百，六合号一百，四合号一百，位泽一百，合興号一百，邱儉一百，時得正、段三樂、□瑄、黄卓、韋鰲、韋師顔、位復太、范信、韋五香，每人五十。李保太、韋師昌、张永符、趙敬，以上每人五十。潘家瑶、潘標三百，潘自貴一百，潘自文一百，潘云霄一百，潘惠一百，杜炳一百，张周一百，韋峰鼎一百，潘自禄七十，杜森、张友、焦林、刘福召、韋良全、李法，以上六人共錢三百文。

　　杜延年、杜詢、韋中亮、杜贊、郭輔成、郭得成、张碩、张方、张圣脉、张圣經、位大化、郭任、郭世成、张國端、杜誥、杜謙、杜講，以上每人五十。杜琰、杜言德、张圣誥、李耀三人各四十。新寨张静遠三百，张定遠椽五根，紙房张明德三百……恩遠五百五十，□惠遠五百，张甫五百，张松四百四十一，张振遠三百五十，段太生一百，杜有才一百，张怀遠三百，薛智三百，薛文□三百，张侯三百，张皙三百，朱光浮三百，王国章一百，□文選一百，夏□□三百，朱光福三百，张戒遠三百，大廷臣二百，薛法二百，朱光六二百，王国棟一百，公元音一百，范德二百，朱小保二百，朱祥二百五，张金一百，张孟遠一百，孫仁六百五十，杜廷樞、公文瑞、公文秀、吳文秀、杜廷理、段春生、王国正、曹君安，以上八人共錢四百。张虎一百，朱点一百，廉莊一百，朱正文一百四十，张希富一百，夏其登一百，张信一百，张希成一百五十。

　　共費錢三十八千二百文，又使待香客錢一千九百。

300. 修武縣免差碑記

立石年代：清乾隆四十八年（1783 年）
原石尺寸：高 136 厘米，寬 53 厘米
石存地點：新鄉市獲嘉縣黃堤鎮馬廠村

〔碑額〕：德垂後裔

修武縣免差碑記

特授修武縣正堂吳，爲補給印照事，今據馬廠莊頭孫合士等□禀稱，耕種盡屬官地，歷年□□□□兩□□均免支應，前任吳令給有免差印照一張，茲被水灾淹沒無存，叩請補給。自應照前補給印照，收執存照。

乾隆四十八年二月二十二日給三馬廠。□立。

301. 金龍四大王廟落成碑記

立石年代：清乾隆四十八年（1783 年）
原石尺寸：高 132 厘米，寬 60 厘米
石存地點：新鄉市平原示範區橋北鄉鹽店莊村關帝廟

〔碑額〕：百代流芳

金龍四大王廟落成碑記

癸卯秋，□□縣河北東四保鹽店莊信士關正清、薛唐、關躬行、劉定乾、李定國、王邦權、耿連城……金龍四大王廟金殿一座，拜殿三楹，道房三間，墙垣、山門煥然一新。工竣，請記於予。予思我皇上軫念天德，無慮不周，而於河患爲尤切。每於大河暴漲，漫堤則遣負營治，□平則建廟酬神。……殿宇樓閣，金碧輝煌，誠巨觀也。豈荒村僻壤偶構一廟，所得媲其萬一哉。然而一念之善，未始……功□□□□其修爲固，詳咨其顛末，乃知信士關躬行之父諱正淇，有同夥薛唐、耿覯宰與……廣式□坊，且□□四十餘日不得行。是時耿在舟中，□□河伯，冀舟得活。斯夜河水忽暴發……修廟□□□□遂□□□□薛總出納，積有多年，得息一百五十餘千。其時正淇覯宰已物……安行□意建廟計□□□夫積金洋完，又得招商店金王李所積，会金三十餘千，且募貴商……而厥成，督其事者刘定乾、□正清之次子，而□□□者則薛李王耿暨正淇之孫維齋者也。塑……李崔氏、關李氏諸人之力居多。猗歟休哉！殿宇非不崇峻也，聖像非不森嚴也，山門非……陳且繁□□以染石刻宣，豈好顯哉。□誠念其事□□其志甚望，而其功亦足以仰制聖天子尊崇祀典之至意，故不敢置□□鋪張揚厲也。如曰大工告竣，因一無瑰麗之辭，褒美之章……更賴□諸後之能文者。是爲記。

廩膳生員□□□薰沐撰文，邑庠生員關東□篆額書丹。

木匠王永寧、高克際。泥水匠□□有。畫匠宋尚智。

大清乾隆四十八年歲次癸卯□秋吉日穀旦。

302. 創建二龍廟碑記

立石年代：清乾隆四十八年（1783 年）

原石尺寸：高 154 厘米，寬 56 厘米

石存地點：三門峽市義馬市傅村西二龍廟

〔碑額〕：皇清　　日　月

創建二龍廟碑記

　　且夫人也者，托神而生焉者也。而神之至靈者，莫如金、白二龍王焉。蓋嘗於乾隆二十六年知之，斯年七月十五至十九日，大雨常沛，如洪水而滔天，澗水暴發，其損地亦何數。維時合村人跪祝神聖，雨止河落，而人得以寧焉，二龍之靈威何如哉！況歷年來，逢旱而祈雨甚靈，遇澇而河歸故漕，功德之浩蕩，誠不可不有以相報也。三十六年，張龍光偶起善念，恭約聖社。三十八年，合社人等，各捐金助資，思建聖廟。迨四十六年，與堂兄奎光、宗弟耀祖、奉祖等，募化布施，且施地一區，建廟三楹焉，聊以表敬神之微意耳。於戲！風調雨順，千秋仗其威靈；夷風静浪，萬方資其保艾。茲值工成告竣，合勒貞珉，以誌不朽云。

　　薰沐張鳳光敬書，施銀五錢、工車一天、工兩天。

　　建木功德主：監生張繼施……

　　功德主：張奉祖施銀一兩、后檐椽二十根、脊椽十根。監生張奎光施銀三兩、大梁二根、山柱二根、長楹一根。張耀祖施銀二兩。張龍光施銀三兩、地一區、檁三根、重□二根、折木一根、上木梁一根、杏木板二。

　　化主：王朝用施錢一百文，張如艮施銀一錢五分，張永喜施銀二錢，二人化錢六兩七錢。張明礼施銀三錢、化銀一兩五錢。范木香施銀三兩四錢。張世康施銀二錢、化銀八錢。張世生施銀二錢、化銀一兩六錢。杜君甫、張宏儒，二人各施銀二錢，化銀八錢。

　　陰陽生：姚懌、王生儒。陳應太、張玉富，二人各施銀二錢、化銀一兩五錢。唐起晋、張平，二人各施銀五錢、化銀四錢半。王自清、侯秉信，二人各施錢一百五十文、化錢七百。上官周宗施銀三錢、化銀七錢。

　　石匠：寧大猷。泥水匠：張永義、張世傳、趙學德。木匠：張芳先施銀二錢、張合蘭施銀一錢、張永信。塑匠：董大年、張三篤、任學照、王殿施錢五百文。

　　乾隆四十八年六月吉日立。

清（二）

303. 祈雨碑記

立石年代：清乾隆四十八年（1783 年）
原石尺寸：高 65 厘米，寬 120 厘米
石存地點：洛陽市宜陽縣白楊鎮白楊村聚龍臺

　　歷考商湯桑林之禱，周宣憂旱之詩，春秋大雩之書，祈雨之事由來遠矣。然要不過積誠積敬，禱於神明已耳。及觀馬氏《文献通考》，内載前賢祈雨之法甚悉。豈陰晴雨暘之事，又可以術數作用得之，與夫理所無者，事或有之，此固天地之所以爲大也。世俗祈雨不知始於何人何時，要其施爲，設張大類巫祝，略近見戲矣。然如吾鎮大龍尊神之灵，則實有特異焉者。謹記其事數端，質之窮理君子。

　　其一取水。壬寅六月初二日取水。九龍洞山路多石，其鋒如刃。去洞數里，即臨馬跣足□。既至，禮拜畢，長跪洞前，令數人進洞取水。及注瓶水中，驗之無水，令去像上柳枝，及膝下儭毡，號痛哀懇。如是移時，始得水三分云。

　　其二拜神。取水後日三□，玉皇廟叩拜求雨。凡執事人等，無貴賤貧富，悉令赤身跣足，供役烈日中。屠沽菜果，無敢鬻于市者。

　　其三迎雨。六月初六日至初九日，俱陰雲濃布，雨氣襲人。而謂無雨，果俱不雨。初十日，忽絕早臨馬接雨。其日遂大雨傾注，遠近沾濡。

　　其四遷柳。初伐柳，沿村令勿濫，且念非時采伐，恐致損樹□□株，止取一二枝。後詣沿村遷柳。柳林茂密，即執斧者，或□□處而指株遷枝，問之樹主，無錯誣者。

　　其五擇地。建臺之地，本在路側，歷年起土，遂成坑凹，往來堪輿，不知幾輩無顧之者。及神擇吉于此，始□以爲工牧，山右收水，形勝無比。

　　其他神奇靈應，難盡以枚舉。以故合鎮士民畏……臺立廟矣。又約每年二月初二日，合鎮献戲，歲□□□□□當新，并勒於石，永爲後規。

　　邑庠生員谷桐沐手敬書。

　　大龍神像木主：鳴皋貢生紀世勛、楊村馬成宗。白龍神像木主：東庄張士仁。

　　保正、甲長會場經理，斗行神戲一臺，店户神戲一臺，牙行神戲一臺，鋪户烟火一座，油房、屠行兩行管油，布板管牛料，園户管撲草吃烟牛草，秤行香紙錢五百文，繩鋪管繩，錢桌每一家出錢一百五十文，黄酒館每一家酒二十壺，一鎮庄農管飯，駱駝廠、騾馬廠共出錢三千，柳□碼。

　　鐵匠捭拐子。

　　乾隆肆拾捌年拾壹月立。

清（二）

南衛輝府輝縣侯兆川地流里郭梁村
聖賢殿前早晚焚香見無歸奎有章得冠林縣東姚
馬平村人代計主輝縣侯兆川北流里王世清等本村
功德施主謹發慶心喜捨貲財同結良緣工成勝畢修造
白龍庙壹座早晚焚香神明感應保佑蓋調雨睭人口平
妥亦降吉祥衆善善香芳如意

筆本李克孝
刻子亮

施主
宋玉榜
郭有法

貢信
祿玉全
侯玉山

夫蔽
李本
謝享祿

申夫星
王全盛
崔德祖

申天瑀
張世横

忠夫瑞
李連順
李注王

申天賀

車亥戌

廟主申
張
會首王世清
副首李亮孝
霍文成林豁石區任見雇
西平嵒社奇玖二千壹佰

大清乾隆五十三年十一月十九日

304. 創建白龍廟碑記

立石年代：清乾隆五十三年（1788 年）
原石尺寸：高 90 厘米，寬 51 厘米
石存地點：新鄉市輝縣市沙窑鄉郭亮村觀音堂

〔碑額〕：□記

……南衛輝府輝縣侯兆川北流里郭梁村白龍聖賢殿前，早晚焚香，見無歸舉，有章得府林縣東姚鎮馬平村人，代計主輝縣侯兆川北流里王世清等本村功德施主，謹發虔心，喜捨資財，同結良緣，工成勝事，修造白龍廟壹座，早晚焚香，神明感應，保佑風調雨順，人口平安，亦降吉祥，衆善香老如意。

筆李克孝。

庙主：張、申。會首：王世清。副會首：申自智、李克孝。施主：申自信、申自正、申天運、張玫敬、申天珝、申天瑞、申天資、申安成、宋玉塳、宋玉全、侯學能、李本、申天琇、韓世積、張喆、車廷順、李廷玉、刘子亮、郝有法、侯玉山、侯玉明、謝享禄、王全盛、崔德禎、李崇得、霍文成。

西平羅社香錢一千。

林縣石匠：任見銀、付有林。

大清乾隆五十三年十一月十九日吉立。

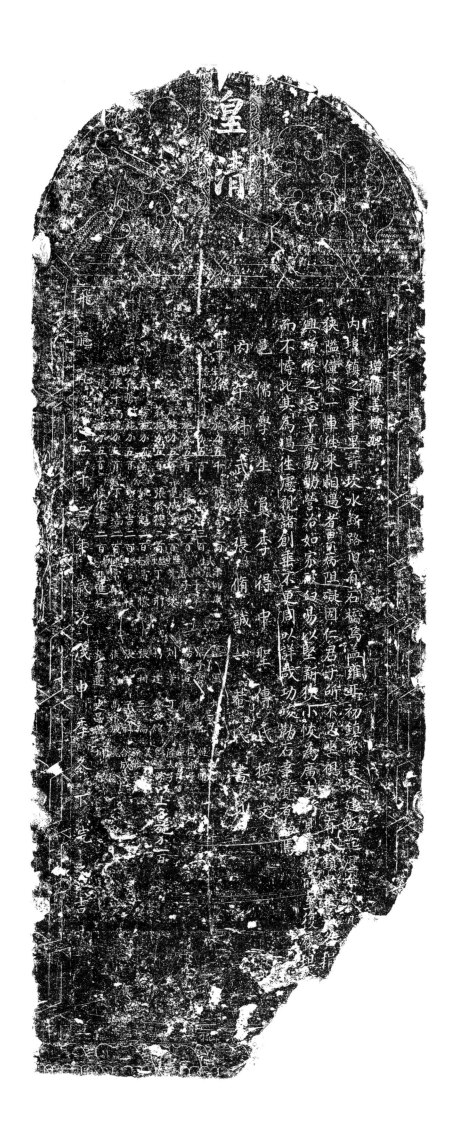

305. 增修善橋碑

立石年代：清乾隆五十三年（1788 年）
原石尺寸：高 164 厘米，寬 61 厘米
石存地點：洛陽市汝陽縣內埠鎮內埠村

〔碑額〕：皇清

增修善橋碑

內埠鎮之東半里許，坎水斷路，舊有石橋焉，盖雍正初鎮眾善所建也。迄歷年久，凡……狹隘，僅容一車往來，相遇者累病阻礙，固仁君子所不忍坐視者也。有本鎮眾善士各捐……興增修之志，早暮勤劬，營治如家。破臼易以堅新，狹小恢爲廣大，□見車捷所至，復履坦……而不悖此，其爲過往，慮視諸創垂不更，周以詳哉！功竣勒石，幸覽者勸焉。

邑儒學生員李得中聖傳氏撰文，丙午科武舉張修誠一庵氏書丹。

首事：監生徐敏施錢五千，耆老張大受施錢五百，監生張□□施錢五百，公盛廠施錢五百，張森施錢五百，張榜施錢五百，恩生張修□施錢五百，武生張千一施錢五百，張昭施錢五百，義成當三百，公成□三百，張大興二百，雙成號二百，張修德二百，姚登魁二百，李永吉二百，丁瑞二百，侯俊章二百，朱師成二百。武生張大□、張子華、張子巖，監生黨欽，監生丁珩，耆老常愷，監生常懷，監生常仁玉，耆老張進廷，張璽、張子雲、楊建宙、刘漢、馬建、張相、張□、張珩、張東蓬、張榮、楊仁、丁聰、會公館、王瑞、宋□祥、高樂成、史昌瑞、張□、姬明、恒□號、恒太號、隆太號、□盛號、義□□、新順號、合成號、姚珍、刘□，以上各施錢一百。

飛龍乾隆五十三年歲次戊申季冬下浣之吉立。

清（二）

735

306. 劉八嶺重修玉皇殿龍王廟碑記

立石年代：清乾隆五十四年（1789年）
原石尺寸：高73厘米，寬70厘米
石存地點：洛陽市新安縣北冶鎮劉黄村

刘八嶺重修玉皇殿龍王廟碑記

刘八嶺者，青要山之支也，在新安城西□五十里……森列者是也。嶺東偏有龍王廟，旱則□雨，其處……來余館，於嶺東刘家溝監生刘典率其□衆及同……氏名謙者，於今幾五百年矣。厥裔典首理其事，而……二十九日告竣，於乾隆五十四年九月二十五……

功德主：監生刘典，男宗昭施銀貳拾壹兩。刘宗顔，男盡孝施銀貳拾壹兩。刘宏善，男潤施銀拾肆兩。刘文施銀拾兩。刘重，男宗漢施銀五兩。總化主：刘宗良施銀捌兩。刘宗保施銀□□。刘宗輔，男振明施銀叁兩。功首：刘官施銀拾兩。張學智施銀玖兩。

河出圖歌

307. 河出圖歌

立石年代：清乾隆五十六年（1791年）

原石尺寸：高150厘米，寬60厘米

石存地點：洛陽市孟津區龍馬負圖寺

〔碑額〕：□清

河出圖歌

上古庖犧出，圖開天地賾。奇偶自生成，陰陽可指畫。聖人乃則之，觀象以作易。本係玉石文，斷非龍馬迹（河圖與天球并陳，蓋玉石之有文者，故可藏，非旋毛之謂）。神契泄造化，索隱布墳籍。《連山》《歸藏》名，先後垂簡册。變化行鬼神，奇正妙闔闢。四聖書始成，萬理參難竭。惟兹古盟津，允稱昔靈窟。遺像無冠裳，周道表豐碣。深鑴旋毛形，孤聲浮圖兀。巾幗義輸金，淵源發道脉。黃河滾滾流，鯨濤浮太液。邙山纍纍在，壟荒鮮墓柏。誰能禁樵牧，澴吊長嘆惜。我来春未暮，心曠神恬適。雨餘邙欲垂，景煦禽舒翮。草木盈川原，黍苗茂膏澤。官清萬姓安，瑞秀兩岐凌。河圖應再見，重照光日月。

源從昆侖來，千里作一曲。幾折到盟津，朝宗赴海瀆。挾地起波濤，連天撼斗宿。宛带環豫州，奔流轉與軸。憶昔武伐商，侯甸皆賓服。白魚入王舟，赤符呈寶錄，卜季開八百，十難稱九牧。惜哉叩馬賢，何不食周粟。桑田變滄海，孟□无盈縮。盛世頌河清，金堤資約束。沈璧想猶存，效靈流盡伏。问渡浮仙槎，鼓浪馭心目。卅年役水土，三榮曾習熟。今垂暮典郡，侶舍舟而陸。洲汀隐見出，颿檣上下逐。柳陰夾岸穡，嶐^{〔注〕}色侵衣绿。鷗鷺心常閒，川流去不復。河壖少曠土，爭地盡藝菽。平成仰禹功，頹唐竊天禄。歲歲願安瀾，盈寧歌比屋。

東都□□張松孫稿，盟津屬吏楊名燦敬刊。

乾隆辛亥仲春月。

〔注〕：嶐，字書無載，疑爲"埜"誤寫，即"野"。

308. 張松孫書洛神賦

立石年代：清乾隆五十六年（1791年）
原石尺寸：高58厘米，寬119厘米
石存地點：洛陽市市區

洛神賦

黃初三年，余朝京師，還濟洛川。古人有言：斯水之神，名曰宓妃。感宋玉對楚王神女之事，遂作斯賦。其辭曰：

余從京域，言歸東藩，背伊闕，越轘轅，經通谷，陵景山。日既西傾，車殆馬煩。爾乃稅駕乎蘅皋，秣駟乎芝田，容與乎陽林，流眄乎洛川。於是精移神駭，忽焉思散。俯則未察，仰以殊觀。睹一麗人，於岩之畔。乃援禦者而告之曰："爾有覿於彼者乎？彼何人斯，若此之豔也！"御者對曰："臣聞河……然則君王之所見，無乃是乎！□□□何？臣願聞之。"

余告之……游龍。榮曜秋菊，華□□□。髣髴兮若輕雲之蔽月，飄飄兮若流風之迴雪。遠而望之，皎若太陽升朝霞；迫而察之，灼若芙蕖出淥波。穠纖得衷，修短合度。肩若削成，腰如約素。延頸秀項，皓質呈露。芳澤無加，鉛華弗禦。雲髻峨峨，修眉聯娟。丹唇外朗，皓齒內鮮。明眸善睞，靨輔承權。瓌姿艷逸，儀靜體閑。柔情綽態，媚於語言。奇服曠世，骨像應圖。披羅衣之璀璨兮，珥瑤碧之華琚。戴金翠之首飾，綴明珠以耀軀。踐遠游之文履，曳霧綃之輕裾。微幽蘭之芳藹兮，步踟躕於山隅。於是忽焉縱體，以遨以嬉。左倚采旄，右蔭桂旗。攘皓腕於神滸兮，采湍瀨之玄芝。

余情悅其淑美兮，心振蕩而不怡。無良媒以接歡兮，托微波而通辭。願誠愫之先達兮，解玉佩以要之。嗟佳人之信修兮，羌習禮而明詩。抗瓊珶以和予兮，指潛淵而爲期。執眷眷之款實兮，懼斯靈之我欺。感交甫之棄言兮，悵猶豫而狐疑。收和□□静志兮，申禮防以自持。

於是洛靈感焉，徙倚彷徨。神光離合，乍陰乍陽。□□□以鶴立，若將飛而未翔。踐椒塗之郁烈，步蘅薄而流芳。超長吟以永慕兮，聲哀厲而彌長。爾乃眾靈雜遝，命儔嘯侶。或戲清流，或翔神渚，或采明珠，或拾翠羽。從南湘之二妃，携漢濱之游女。嘆匏瓜之無匹兮，咏牽牛之獨處。揚輕袿之猗靡兮，翳修袖以延佇。體迅飛鳧，飄忽若神。凌波微步，羅襪生塵。動無常則，若危若安；進止難期，若往若還。轉眄流精，光潤玉顏。含辭未吐，氣若幽蘭。華容婀娜，令我忘殮。

於是屏翳收風，川后靜波。馮夷鳴鼓，女媧清歌。騰文魚以警乘，鳴玉鑾以偕逝。六龍儼其齊首，載雲車之容裔。鯨鯢躍而夾轂，水禽翔而爲衛。於是越北沚，過南岡，紆素領，迴清揚。動朱唇以徐言，陳交接之大綱。恨神人之道殊兮，怨盛年之莫當。抗羅袂以掩涕兮，淚流襟之浪浪。悼良會之永絕兮，哀一逝而異鄉。無微情以效愛兮，獻江南之明璫。雖潛□於太陰，長寄心於君王。忽不……光。

於是背下陵高，足往神留。□情想像，顧望懷愁。冀……舟而上溯。浮長川而忘反，思綿□而增慕。夜耿耿而不寐，沾繁霜而至曙。命僕夫而就駕，吾將歸乎東路。攬騑轡以抗策，悵盤桓而不能去。曰余希慕古情，追風騷雅，禱宋玉神女，高唐子建。洛神詩賦，□□□咏神。往昔守巴蜀，嘗手書一通，繪爲圖畫，以寄遐思。昨年來□洛郡，發□山川，遍歷轘轅，通洛之區，□遠浦而生□□，伊人之宛在，蒙朧有□於曩懷，因當城樓新茸之後，復書勒石，非好事也。茲□誌虔素好古之意云爾。

乾隆五十六年重光大□獻之姑洗日長洲張松孫書。

皇清

龍神祠

重修海潮處龍神祠碑記

309. 重修海凸岥龍神祠碑記

立石年代：清乾隆五十六年（1791年）
原石尺寸：高189厘米，寬69厘米
石存地點：洛陽市伊川縣鳴皋鎮季溝村

〔碑額〕：皇清

重修海凸岥龍神祠碑記

嘗聞天池之濱、大江之瀆有神龍焉，興雲致雨，不崇朝而澤遍天下，何其盛歟！然鬼神無常享，享於克誠。苟有慷慨負義，後先濟美者，爲□建祠宇、嚴法像，則其靈又随地而著見也。故龍之爲神，可以祀之於澤，可以祀之於川，亦可以祀之於山。嵩邑馬莊村西距十里許有岥，□然雄距群山之中，伊川環其左，湖水繞其右。南望九皋，烟嵐簦峯；西望半壁，岩岫參差；東瞻玉砦，風流不減；汝州北顧龍門，奇景宛開洛□。巍巍乎巨觀哉！傳者以爲伊闕未鑿時，洪波如海，吾嵩惟此岥凸出，固呼爲海凸岥，理或然也。且夫山之秀者，其神必靈。兹岥也，上有龍神祠一楹，鄉人每逢亢旱，有禱輒興霖雨。記曰：能捍大患則祀之，能禦大災則祀之。斯固不同於江東之杜九姨，粵南之黄七郎，與夫美而□者曰姬，少而□者曰姑，一切淫祀比也。雖世遠年湮，不知創始何人。間嘗從登眺之餘，摩挲古碣。自大元至正二年，河南、淮北蒙古軍□□萬户惜禮伯吉駐札孔城，重修於前。迄皇清雍正甲寅，王公諱廷琚又重修焉。乾隆庚午，廷琚之子諱鉁、孫諱思富又重修焉。越於今已三次矣，此皆前人之慷慨負義者也。乾隆戊□夏，暴雨驟作，風起雷鳴，漂摇動蕩之餘，鴛瓦盡崩，神像漸就頹壞，曩所謂金碧璀燦者，不可復睹矣。耆老王公諱思貴，思富之胞弟也，目□心傷，遂□重修之志。奈獨力難於成功，於是約會衆村信士，相與募緣。越辛亥之歲四月興作，不數日而崇功告峻，行見棟宇輝煌，神彩發越，恍於見閬珠宮中，瞻端冕垂笏像焉，是固神之爲靈昭昭，抑亦王公之慷慨負義至誠之所孚也，王公洵可謂善承先烈者也。自此以後，普施膏澤，阿香運夜半之車；遍沐甘霖，龍馬摇天空之鬣。灑開三徑，不數曇鉢之興雲；潤濟千家，宛同仙潭之飛霈。時無蘊隆之苦，民有豐穰之歌，雍容和樂，永享太平。而王公之福澤，尤當綿歷無窮云。余家此岥側四五世矣，習聞王公先代重修之功，又目睹王公再造之善，敢爲之詳其顛末，勒諸貞珉，庶幾後世之慷慨負義者，亦將有感於斯文。嗚呼！試聽夜來風雨聲，遥知凸上紫帆飛。

季文魁率子庠生學製薰沐拜撰，邑增生李南宫薰沐書丹。

功德主：耆老王思貴。

木匠：尚其孝。金塑匠：蔣任。石匠：王訓。

乾隆五十六年歲在辛亥律中夷則谷旦立石。

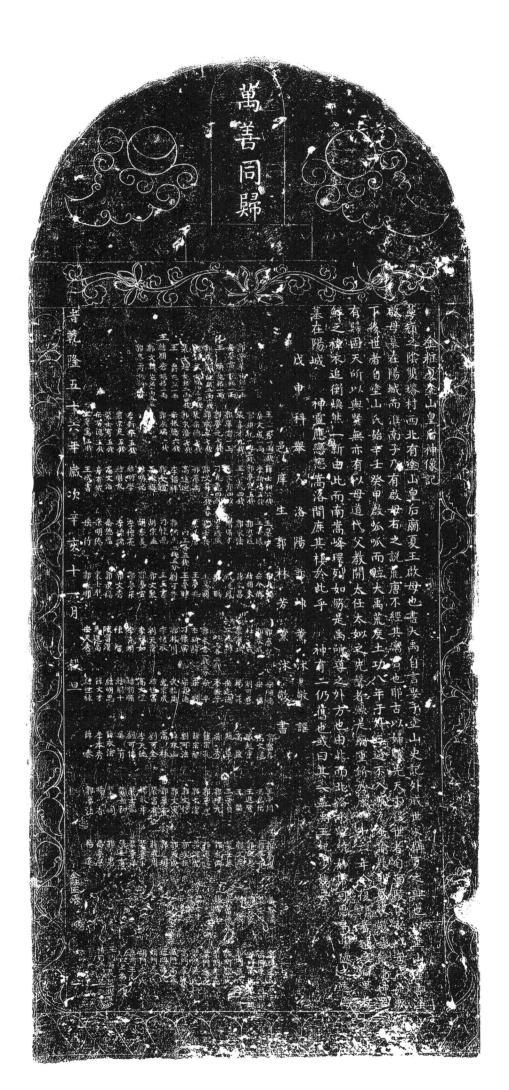

萬善同歸

310. 金妝夏塗山皇后神像記

立石年代：清乾隆五十六年（1791 年）
原石尺寸：高 122 厘米，寬 54 厘米
石存地點：洛陽市偃師區府店鎮雙塔村

〔碑額〕：萬善同歸

金妝夏塗山皇后神像記

　　葶嶺之陰雙塔村西北有塗山皇后廟，夏王啓母也。《書》大禹自言娶于塗山。《史記・外戚世家》稱夏之興也以塗山。《漢書》注啓母墓在陽城。而《淮南子》乃有啓母石之説，荒唐不經，其寓言也耶。古以婦職先天下，後世者自西陵氏始，以母儀先天下。後世者自塗山氏始，辛壬癸甲啓呱呱而立，大禹荒度土功八年于外，三過不入，孰爲蚤諭教耶？厥後，啟承繼禹，神器有歸。固天所以興賢，無亦有以母道代父教，開太任、太姒之先聲者歟！是廟重修於康熙十六年，今復缺者補之，腐里者鮮之，褌衣追衡，焕然一新。由此而南，嵩峰環列如笏，是禹所導之外方也。由此而北，洛水迴繞如帶，可思禹明德之遠焉。墓在陽城，神靈應戀戀嵩洛間，庶其栖於此乎？神有二，仍舊也，或曰其一盖禹王妃少姨云。

　　戊申科舉人洛陽郭坤薰沐敬撰，邑庠生郭林芳薰沐敬書。

　　化主：郭夢華施銀三兩。房夢雷施銀一兩。王焕施銀一兩。郭求勝施銀二兩六錢。郭紹文施銀四兩四錢。裴士超施銀二兩四錢。王爵施銀一兩。結朋秀施銀一兩。郭文新施銀一兩五錢。郭夢壽施銀一兩。王秀一兩一錢。桑文成一兩。郭維紀一兩三錢。張喜才九錢。郭夢雷一兩。郭夢元七錢。郭永年七錢。裴宗德七錢。郭永浩七錢。宋振德六錢。郭永瑞六錢。李新宇五錢。裴宗堯五錢。裴士有五錢。宋有德五錢。王夢鸞五錢。薛士和六錢。李新福五錢。郭夢實五錢。王武四錢。張文有四錢。刁克惠四錢。郭文昇三錢五分。郭夢禹、高進迎、李福祥、郭文道、□求福、結明德、結明學、結朋九、高文治、房有成、王成書、王夢坤、王□鳳、郭□柱、郭永法、高保才、李隆盛、裴士兵、□士官，以上各三錢。郭洪忠二錢五分。刁懷恩、胡宗孟、胡宗美、李懷亮、李懷端、喬德蘊、宋明德、宋行、宋□□、宋今德、結明來、薛永昌、臧起鳳、□聰、王萬國、王夢兆、王夢聘、劉可貴、王玉書、郭文聚、郭夢宣、郭夢昇、郭文秀、郭永福、裴士舉、郭永順、郭夢記、郭永成、杜成、裴夢瑞、王廷輔，以上各二錢。郭永倉一錢五分。李新緒、刁懷富、郭林川、李懷敬、劉天崇、李福如、李克明、陳智、陳富漢、馬進富、宋天秀、宋順德、宋福、劉可成、楊昇、宋志德、李新業、宋平、宋珩、宋實德、武詔周、武宗成、結世富、高文禮、結朋順、結朋十、結明思、薛文才、結世祿、高富存、高文道、臧起重、高盈、趙卓、吳秀、薛宗孔、薛宗智、劉可法、薛永山、高林、劉可全、李天德、劉可傳、吳有、薛永法、李本秀、薛泰、王夢周、馮君佑、王進賢、王詔、王夢貞、郭理元、郭夢理、郭文漢、郭文信、郭文寅、郭夢有、裴富有、楊敢年、裴士詔、裴士和、裴同、楊□香、郭夢法、郭夢周、郭夢範、郭文惠、郭文忠、裴士恭、郭永倫、郭遠道、郭洪成、郭永振、郭天成、郭玥、蘇成周、裴夢林、裴夢祥、張士有、郭惠、喬夢學、楊竂、喬無疆、裴士敬、郭永之、韓敬、宋蓄德、薛來仁，以上各一錢。裴士才、結明一、宋培德，以上各一錢五分。高門李氏銀五錢。高門李氏銀四錢。宋門高氏銀二錢。郭門張氏、郭門陳氏、裴門李氏、裴門喬氏、裴門吳氏、高門李氏、臧門高氏、結門胡氏、胡門喬氏、

胡門李氏、桑門王氏，以上各一錢。王門薛氏銀一錢五分。胡門喬氏銀一錢五分。

金妝匠：張炳。

時乾隆五十六年歲次辛亥十一月穀旦。

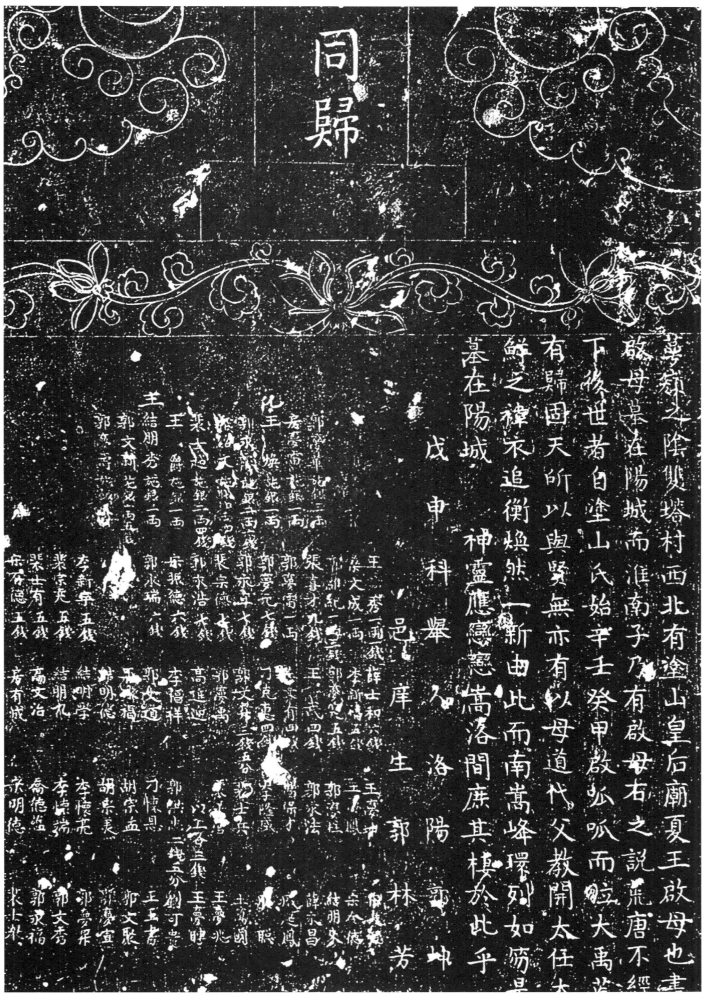

《金妝夏塗山皇后神像記》拓片局部

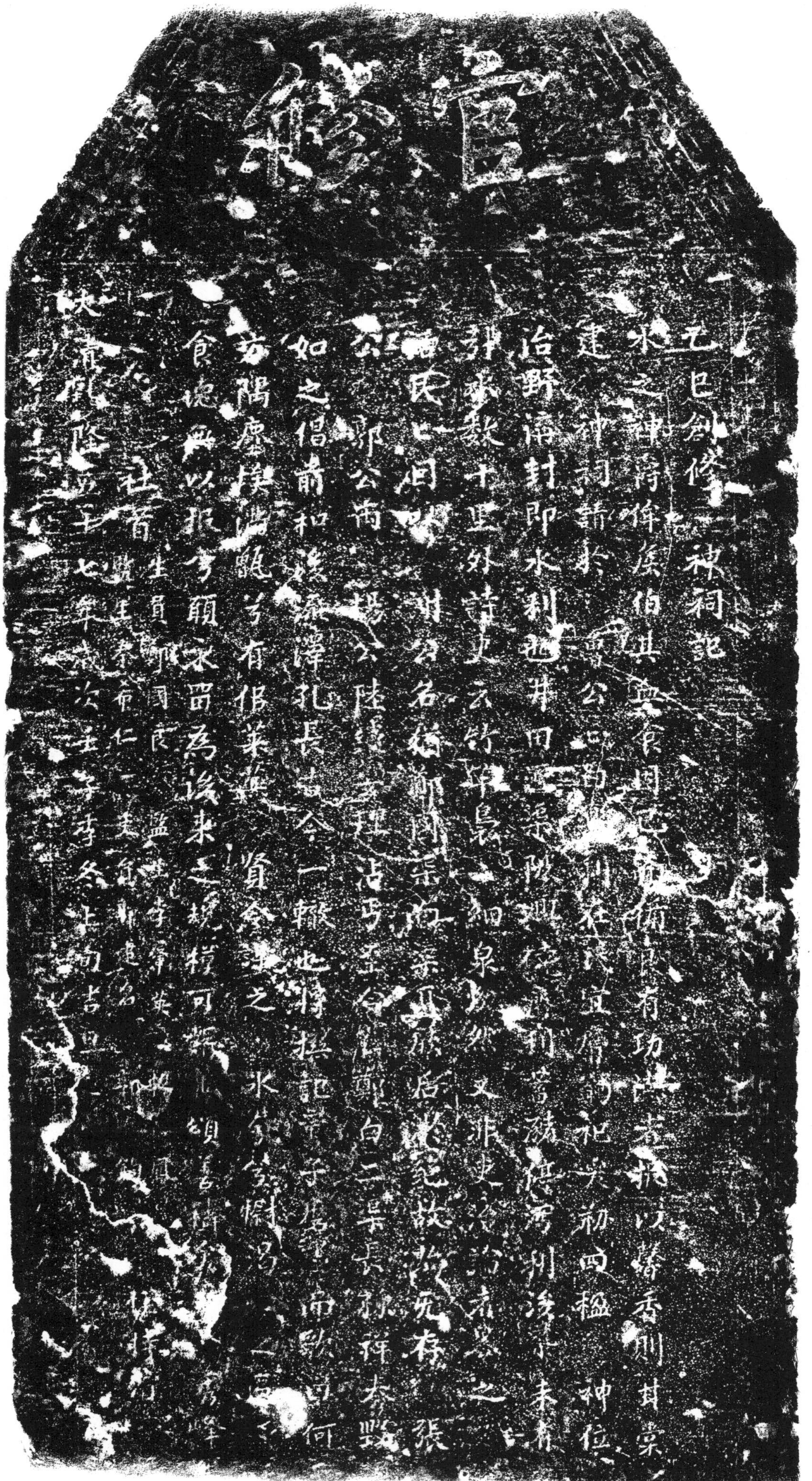

311. 乙巳創修神祠記

立石年代：清乾隆五十七年（1792 年）
原石尺寸：高 105 厘米，寬 50 厘米
石存地點：安陽市林州市合澗鎮洪谷山謝公祠

〔碑額〕：官修
乙巳創修神祠記

水之神爵侔侯伯，其血食固已，而循良有功□者，報以馨香。則甘棠之……建神祠，請於魯公，公曰：□利在民，宜膺□祀。爰創四楹神位……治野溝封，即水利也。井田灌渠，陂興磽瘠，刊蓄瀦停，瀉川浚渠，未有……引水数十里外。詩史云：竹竿裊裊，細泉然然。又非吏治，論者略之。……活民，民因以謝公名，猶鄭國渠、南渠耳，然后於絶，故於无存。張公、郭公、兩楊公陸續玄理，沾丐至今。鄭、白二渠長孫祥奏毁……如之倡前，和後流澤，孔長古今，一轍也。將撰記，童子磨□而歌曰：何……方隅，塵埃滿甑兮有侶萊蕪，賢令謀之水□兮，塽渴□之……食德無以報兮，願永留爲後來之規模，可謂頌善禱矣。□□秀峰……

社首：生員鄭國良、監生秦希仁、監生李群英、吏員郭建名、楊鳳、郭鈞。住持清□。

大清乾隆五十七年歲次壬子季冬上旬吉旦。

312. 閻實口重修觀音堂碑記

立石年代：清乾隆五十八年（1793 年）
原石尺寸：高 166 厘米，寬 61 厘米
石存地點：新鄉市原陽縣閻實口

原邑新集縣古名閻實口，大河走□北寬，南北孔道，風帆雨檣，高輻之地也。故有大區□祠，□河雨潰。明崇禎之年重修。國朝康熙六十年，河決馬營，圮於水□。七十餘年，有村人何有祖等，糾合四方村落捐金，爲之重修焉。□□一如□□，不敢增減明情也。重有緣因并重裝鍾堂觀音聖像，謹鐫□□字，以垂於後云。

（以下漫漶不清，略而不錄）

乾隆五十八年歲次癸丑十月吉日立。

313. 分水記

立石年代：清乾隆五十八年（1793 年）
原石尺寸：高 200 厘米，寬 75 厘米
石存地點：新鄉市鳳泉區大塊鎮秀才莊

〔碑額〕：分水記

　　特授河南衛輝府輝縣正堂加三級紀録五次高，爲批飭事：乾隆五十八年五月十四日，蒙特授河南衛輝府正堂加十級紀録二十次朱，牌開乾隆五十八年四月十三日，蒙布政司批，汝寧府等會詳輝縣武生馬綬等控北雲門馬良瀚等霸水一案詳由蒙批，會勘萬泉河勢情形，詳註會圖，甚属明晰，所議秀才庄北雲門分定口門各半流注，章程尤……向無稻田，無須灌注。且自前明至今，從未爭用萬泉渠水，自不得任其築閘攔截。仰衛輝府速即轉飭該縣，遵照詳批立案，并刊列碑記。此斷之後，倘敢有恃强恃梁，暗滋弊害之處……照繳條規抄發圖結存等因，除移汝寧府。汝州外，擬合檄飭遵照計發詳稿一本、條規一紙。詳稿内開詳汝寧府知府彭、汝州知州王，會勘得輝縣秀才庄武生馬綬等，控北雲門馬良瀚等霸水一案……許至南雲門又東南流半里入衛河，此河之原委也。河至北雲門村北九聖营前橫流，有石堰一道，堰之上五丈遠西一渠，爲花木村引灌稻田；東一渠則北雲門引水東南，流以灌……河名三還河。此堰舊開兩閘門，閉之則蓄水以東灌，啓之則放水以南流，是曰北雲門堰，即今爭控之處是也。下游又有南雲門堰，明嘉靖年間，秀才庄民魏傑等於南雲門村旁……稻田，而于河流將東處，橫築石堰設閘，以時啓閉，如北雲門制，即教諭金廷貴碑文所記者，以南北雲門各自有堰，不相牽混之情形也。向來兩處用水，皆資於北雲門堰，上下通融……北雲門馬良瀚等將板堵閘，滴水不流，秀才庄無水灌田，村民馬綬等情急，將板拆毀，奔控憲轅，歷蒙檄飭該府廳勘訊斷令設閘啓閉，上下各分水四日，輪流灌溉，周而復始。詳蒙憲臺批飭，卑府覆勘議詳，當率同該縣帶令兩造周履勘悉前情訊據。周銀、馬綬等均稱各分四日之水，不足以灌田，情願均分口門，各流其半，□爲有益等語，卑府等細察情形，緣……稻田雖由河直注，而離堰甚遠，灌注亦艱，如遇天旱日烈，則間四日之水，尚不足以滋潤，河底忽然斷絶，涸可立待，是後水不繼，河水盡廢，四日□無一日□相均，無所濟，勢必……源不絶，積少可以成多，自無乾涸之慮，似應俯從其愿，以免爭端。除議定章程、另開條規外，兩造均各輸服，遞具遵依在案。再南雲門村庄久無稻田，無須灌溉，如遇水少，需水之……案，以杜復爭端。又條規内開一北雲門堰，今爲秀才庄用水之口，應改稱萬泉河口，東一渠稱北雲門渠口，其西一渠亦稱花木村渠口。自花木村渠口起，至萬泉河口止，河□□石……木村渠勢居上游，現口門寬一尺八寸，高三尺，應仍其舊。萬泉河口及北雲門渠口，各寬三尺，高三尺，其三處口門外，并鑲與河底平，長一十□丈，距萬泉河口□則寬六尺，兩邊……允，如河底日久損壞，北雲門、秀才庄两村公同修整，不得推諉，著爲定規等，因到縣，蒙此本縣随傳集三庄士民，遵照詳定條規，□飭興修，□□□士民□稱……寬四尺六寸，古制工程，本属堅固，今若拆修，轉多虛費，請將舊閘酌留。西口門寬四尺六寸，使水長流不閉，其東口門若竟填塞，□水大之□，西口門□泄不□，請將東口門……至此雲門渠地勢較高，水勢較緩，其口門請以六尺爲定，雖是與條規尺寸稍殊，但因利乘便，隨地制宜，權衡高下，而得其中。揆之原定章程，實無……足抵六尺口門之水。北雲門渠口以東地高水緩，六尺口門祇抵四尺六寸口門之水，尺寸雖不同，而水勢適相準相度，經

修咸稱允協。本臣自是⋯⋯規，尺寸不能强合之處，備細聲明，詳覆在案。茲據該士民等請敘碑文，以垂永遠。前來合行録案，曉示各該士民等知悉，嗣後尔等均當遵照，用□章程⋯⋯不得堵築截引，致起争端。倘各村莊敢有顯恃强梁暗滋弊害情事，立即嚴拿詳究。尚其食德服疇，咸敦同溝共洫之誼，其樂利寧有既乎。特此勒石。

大清乾隆五十八年歲次癸丑十一月穀旦立。

《分水記》拓片局部

314. 西保封村東捍水堤記

立石年代：清乾隆五十八年（1793 年）
原石尺寸：高 63 厘米，寬 120 厘米
石存地點：焦作市温縣北冷鄉東保豐村關帝廟

西保封村東捍水堤記

河內四十二圖，號稱殷庶，唯崇上圖等村在東南極，壤土瘠而糧重，常兼水旱之憂。吾村在崇上三圖中，尤形勢窪下，而四面皆壙阜，每秋雨霖集，澇水西來，貫注其中，滿而後去。村人於漢壽廟東二里許買田二畝零，急則疏掘，以達其流。然其存者，猶汪洋渟溜，往往歷冬夏不涸，村人率編木橋以渡，或乘船而後能出。南有二崗突出，巍然踞乎其外，此則廣濟渠尾堰曲抱而南復折以東。廣濟渠者，明代鳳翔袁公令河內時所開浚者也。益此以爲宏福、永濟二堰，皆引載高地。明季旱蝗相仍，四邑流散，吾鄉資以灌溉，無餓殍者。國初舊制猶存，其後漸以廢壞，遂成□□，澇則間有逸水波及，而旱乾葆有利也。然遇沁水漲溢，有廢堰爲之障拒，幸無咨昏墊者。乾隆二十六年七月，尋口大決，破堰南出，吾村被其南流匯洋之浸，遂以墊溺。三十五年，尋口又決，狃其故道，而南村人於漢壽廟東抵廣濟舊堰之曲，南北築長堤一道以捍之，村以無害。然又恐將有澇水之西來也，於是水去輒毀之。四十四年，尋口又決，村人仍即其舊址築之，又以無事水去復毀焉。五十八年六月十三日，尋口又復大決，十日之內，沁水暴漲者，三村人殫戶以出，老幼晝夜築作瑠庫，倍薄埒櫔，所費不貲，堤之幾不保者屢焉。乃後僅以無患。一二父老懲其患之狃也，與其築之難也，思爲永固之計，共謀買堤邊郭氏地三畝六分零，夏氏地二畝四分零，孫氏地一分五厘零，安氏地三分一厘零，又得郭氏施地二分五厘，以備增築於他日。屬予爲文以紀之。予維國家承平日久，吏治漸以偷惰，有司鮮復講求民之利病。廣濟尾堰既破，袁公之澤已殄，而逸水反浸漫良田，爲民大害。予嘗特爲有司陳之，而竟齟齬未能行也。以故堰之顯迹如彼，崇上諸圖之顯患如此，迄無能興其利而澹其灾者，而況吾民之隱瘝未申者哉。顧吾村堤外益淤以高，決河故道益狃以深，苟廣濟之堰不復，尋口復狃，前患水澇壅於東出，吾鄉其爲魚乎？間嘗相其四郊，度自村西而北、而東、而南，堅築長圍，於內深挑陰溝，於外以接村東捍水之堤，而開洞口以達之，水澇雖至，庶幾其獲免焉，此亦一二父老之志也。爰併書之，以告後之人。

鄉貢進士夏錫疇謹撰。

附記地畝清段：

買郭誥地一段，東至賣主，西至安學惠，南至道，北至道東北至安有壽。中長一百三十七步三小尺三寸，南闊六步一小尺九寸，北闊六步二小尺五寸，積八百八十六步二小尺六寸五分，折地三畝六分九厘二毫七絲七忽，使銀三十一兩四錢五分。

買夏特生地一段，東至孫紹聖，東北至橫畛，西至王學孔，南至道，北至道。中長八十二步三小尺五寸，南闊七步，北闊七步，積五百七十八步四小尺五寸，折地二畝四分一厘，使銀十六兩八錢八分。

買孫紹聖地一段，東至賣主，西至會買夏特生地，南至道，北至橫畛。中長三十步二小尺四寸，南闊一步一小尺，北闊一步一小尺，積三十六步二小尺九寸，折地一分五厘二毫，使銀一兩零七分。

郭誥施地一段，東至施主，西至會買郭誥地，南至道，北至安有壽。中長六十步，南闊一步，

北闊一步，積六十步，折地二分五厘。

買安有壽地一段，東至賣主，西至會買郭誥地，南至郭誥施地，北至道。中長七十六步二小尺，南闊一步，北闊一步，積七十六步二小尺，折地三分一厘七毫五絲，使銀二兩七錢。

其糧俱取入崇上三圖六甲守望會户。

皇清乾隆五十八年十二月二十六日合村社老公誌。

《西保封村東捍水隄記》拓片局部

315. 重修大明渠碑記

立石年代：清乾隆五十九年（1794 年）
原石尺寸：高 176 厘米，寬 64 厘米
石存地點：洛陽市宜陽縣三鄉鎮後寨村曲村

〔碑額〕：皇清

重修大明渠碑記

我皇上御極之五十八年，凡一鄉一邑，害無不除，利無不興，風聲所樹，無遠弗屆。生斯世者，固已沐浴膏澤，歌咏勤苦同沾聖朝之雨露矣。然非賢守令經畫區處於其際，將今世之宜行者不能舉，前代之已廢者無由興也。惟我邑賢侯遠山徐公者，江右名進士也，蒞任以來，爲創爲因，莫可枚舉。即開渠一節，若東西高美店及五樹等村，各渠皆不日告竣焉。至曲村大明渠自永邑瑶頭村迤逦而來，歷掩犁寨、上曲村各處，以其開自明時，故云大明，即邑誌所載後院渠是也。渠故無碑，不知始於明之何年，中間或開或廢，已非一次。雍正十二年，沈公重修而後，迄今五十餘載，淤泥充斥於其中，逆流泛濫於其外，浸淫所至，不惟田間乏灌溉之益，陳、刘二姓亦因互訟不休。迨我公親臨勘驗，指示形勢，俾渠底橫開一丈五尺之口，兩頭累石，中搭木板，水陸并益，人己兩利。由是寨上灌地七十餘畝，曲村灌地二百八十餘畝，固不必操豚蹄而始祝籮車也。夫三代以降，田不復井，溝洫之制久湮，得是法而行之，挹彼而注此。衣食之源既開，桑麻之利益普，豐凶有備，旱澇適均。近而通都大邑，遠而窮鄉僻壤，由此益含哺鼓腹，共樂太平也。余故樂公此舉，而爲吾宜幸，且不止爲宜幸也。是爲記。

　　特授宜陽縣正堂徐太爺諱學勤，字禹功，號遠山勘語：勘得曲村陳振邦等渠一道，向原徑行掩犁村內雙廟戲樓之東，後經前任周斷，由戲樓西改挑，繼因雨水調勻而止。至今復挑，陳、刘二姓各執己見互訟，現在北頭渠口陳姓在河灘內砌石培土，方能成渠。工力己苦，其南北往來大路，仍可由渠東行走無碍。刘緒等所禀，向西農行之路，准其跨渠安橋。但東來四龍溝水，陳振邦等自願於渠底橫開一丈五尺之口，兩頭累石，中搭木板，刘緒可無慮溝水南沖伊村，陳振邦亦無慮溝水西沖伊渠，人己兩利。其渠仍遵前斷，改在戲樓西行，走雙廟右邊。刘姓倘向西走，亦准其跨渠安橋，均不得借路阻渠。戲樓西係梁姓之地，應酌給價，而舊渠一節既歸刘姓，村內着刘姓給梁姓地價錢二千文，爲地有限，不必過粮，仍聽地主於地內渠傍種樹。且勘且勸，兩俱悦服。願具遵結，勿煩再訊。至所控爭毆各情，各有虛實，從寬免究。此勘。

　　己酉選拔候選州判甘棠王書山先生敬撰，儒童陳其典書丹。

　　石匠周鳳臨。

　　乾隆五十九年七月十五日穀旦同立。

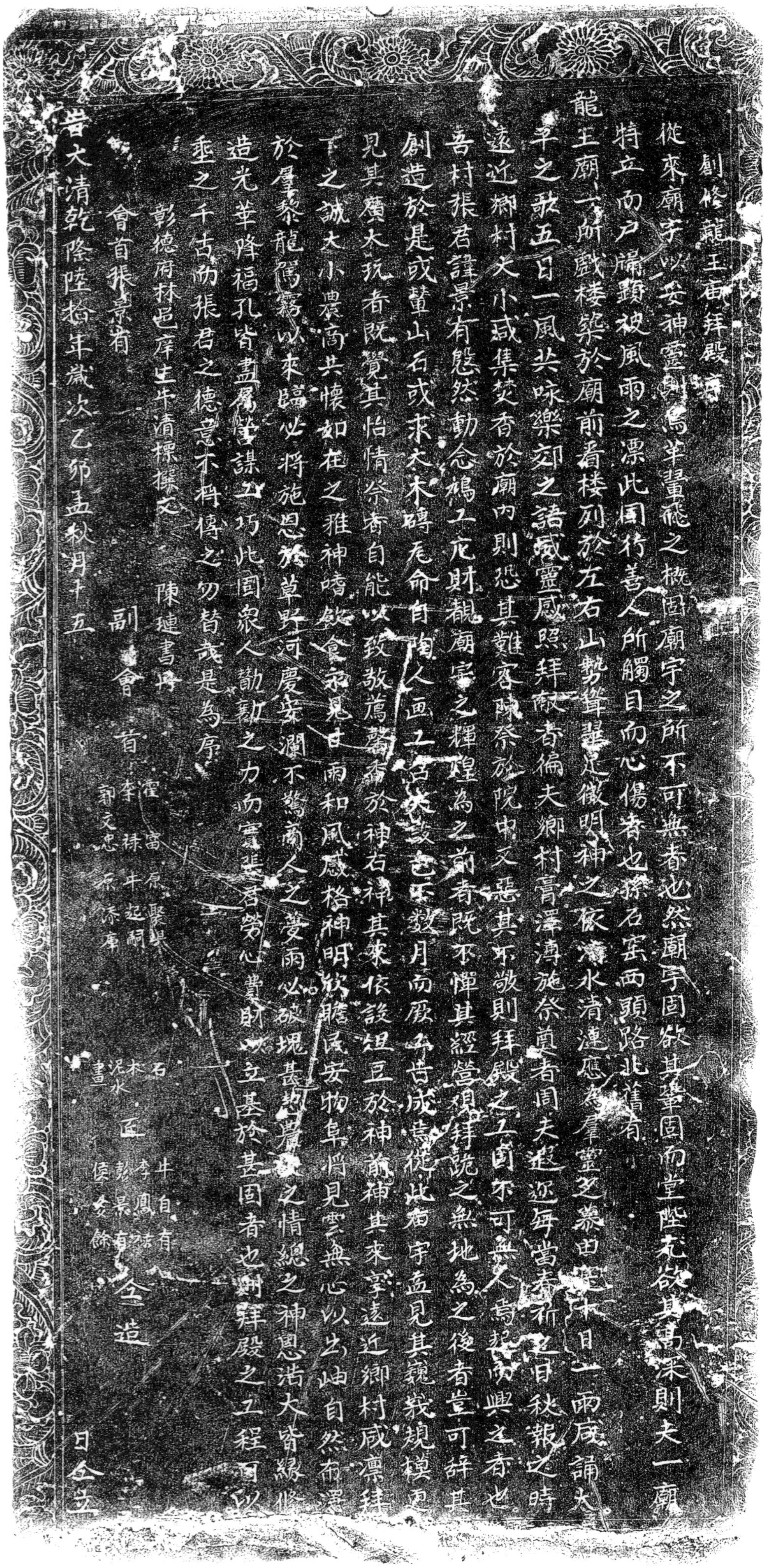
創修龍王廟拜殿序
從來廟宇以妥神靈，則爲革翬飛之概，固廟宇之所不可無者也。然廟宇固欲其鞏固，而堂陛尤欲其高深，則夫一廟
特立而户牖顯被風雨之漂，此固行善人所觸目而心傷者也。孫石窑西頭路北舊有
龍王廟一所，戲樓築於廟前，看樓列於左右，山勢聳起，足徵明神之依，水清漣應爲羣靈之慕，由是十日一雨咸誦大
年之歌，五日一風共咏樂郊之詩，感靈感照，拜獻者徧夫鄉村，膏澤溥施，祭奠者周夫遐邇，每當春祈之日，秋報之時，
遠近鄉村大小咸集，焚香於廟內，則恐其難容，陳祭於院中，又惡其不敬，則拜殿之工固不可無人焉起而興之者也。
吾村張君諱景有，慨然動念，鳩工庀財，覩廟宇之輝煌爲之前者，既不憚其經營，艱拜跪之無地爲之後者，豈可辭其
創造。於是或輦山石，或求大木，磚瓦命自陶人，畫工召於名手，不數月而厥工告成。從此廟宇益見其巍峩，規模更
見其廣大，玩者既覺其怡情，祭者自能以致敬，薦馨香於神右，神其來依，設俎豆於神前，神其來享，遠近鄉村咸凜拜
下之誠，大小農商共懷如在之雅，神嗜飲食，永見甘雨和風，感格神明，欲瞻民安物阜，將見雲無心以出岫，自然布濩
於羣黎，龍隱霧以來臨，必將施恩於草野，河慶安瀾，不驚商人之夢，雨必破塊，甚慰農人之情。總之神恩浩大，皆緣修
造光華，降福孔皆，盡屬營謀工巧，此固衆人勸勤之力，而實張君勞心費財以立基於甚固者也。則拜殿之工程可以
垂之千古，而張君之德意不朽，傳之勿替哉。是爲序。
彰德府林邑庠生牛清標撰文　陳璉書丹
會首張景有　副會首　霍富　原聚□　李祿　牛起嗣　郭文忠　原添庫
石木泥水畫匠　牛自有　李鳳祥　彭景有　侯安餘　仝造
皆大清乾隆陸拾年歲次乙卯孟秋月十五日仝立

316. 創修龍王廟拜殿序

立石年代：清乾隆六十年（1795 年）
原石尺寸：高 112 厘米，寬 54 厘米
石存地點：新鄉市輝縣市南寨鎮孫石窰村

創修龍王廟拜殿序

從來廟宇以妥神靈，則烏革翬飛之概，固廟宇之所不可無者也。然廟宇固欲其鞏固，而堂陛尤欲其高深。則夫一廟特立，而户牖顯被風雨之漂，此固行善人所觸目而心傷者也。孫石窰西頭路北舊有龍王廟一所，戲樓築於廟前，看樓列於左右。山勢聳翠，足徵明神之依；滴水清漣，應爲群靈之慕。由是十日一雨，咸誦太平之歌；五日一風，共咏樂郊之語。威靈感照，拜獻者遍夫鄉村；膏澤溥施，祭奠者周夫遐迩。每當春祈之日，秋報之時，遠近鄉村，大小咸集，焚香於廟内，則恐其難容，陳祭於院中，又惡其不敬。則拜殿之工，固不可無久焉。起而興之者也，吾村張君諱景有，慤然動念，鳩工庀財。睹廟宇之輝煌，爲之前者，既不憚其經營；觀拜跪之無地，爲之後者，豈可辞其創造。於是或輦山石，或求大木磚瓦。命自陶人画工，召夫設色，不數月而厥工告成焉。從此廟宇益見其巍峨，規模更見其廣大。玩者既覺其怡情，祭者自能以致敬。薦馨香於神右，神其來依；設俎豆於神前，神其來享。遠近鄉村，咸凛拜下之誠；大小農商，共懷如在之雅。神嗜飲食，永見甘雨和風；感格神明，欣瞻民安物阜。將見雲無心以出岫，自然布澤於群黎；龍駕霧以來臨，必將施恩於草野。河慶安瀾，不驚商人之夢；雨必破塊，甚愜農□之情。總之神恩浩大，皆緣修造光華；降福孔皆，盡屬營謀工巧。此固眾人贊襄之力，而實張君劳心費財，以立基於甚固者也。則拜殿之工程，可以垂之千古，而張君之德意，不將傳之勿替哉？是爲序。

彰德府林邑庠生牛清標撰文，陳璉書丹。

會首張景有。副會首：霍富、李禄、郭文忠、原聚俱、牛起嗣、原添庫。

石匠牛自有，木匠李鳳禄，泥水匠彭景有，畫匠侯多餘，同造。

時大清乾隆陸拾年歲次乙卯孟秋月十五日同立。

清（二）

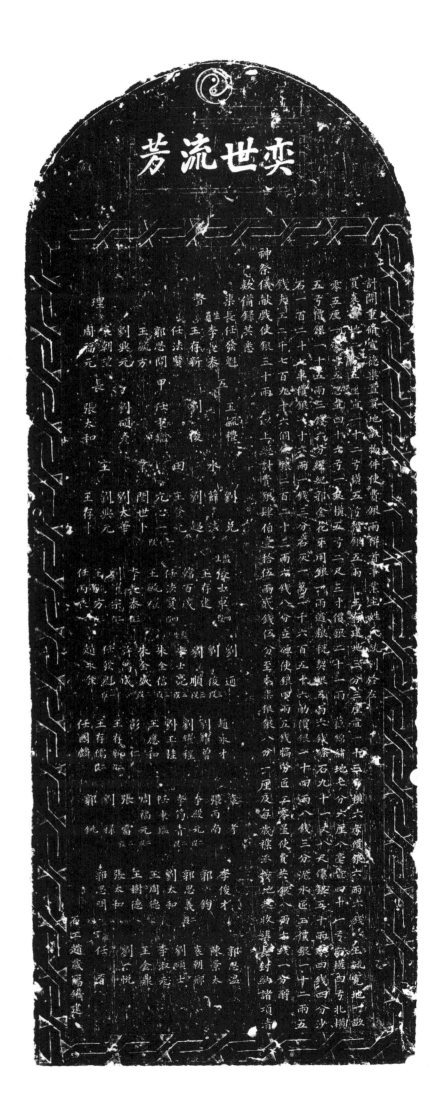

317. 重修宣德渠碑記

立石年代：清乾隆年間
原石尺寸：高 169 厘米，寬 63 厘米
石存地點：洛陽市宜陽縣韓城鎮東關京城城隍廟

〔碑額〕：奕世流芳

計開重修宣德渠置買地畝物件使費銀兩併首事業主姓氏統列於左：

買袁□地二分五厘，直一十二弓，橫五弓，價銀五兩。王存建地三分三厘，直一十三弓，橫六弓，價銀六兩六錢。王毓寬地一畝零五厘一毫零五忽，直四十六弓一尺，橫五弓二尺三寸，價銀二十一兩。蘇錦繡地七分六厘八毫，直四十一弓，南橫四弓，北橫五弓，價銀一十五兩三錢六分，經紀郭金花，牙用銀一兩，過粮稅契銀五兩六錢。條石九十一丈八尺，價銀五十兩零四錢四分。沙石一百二十七車，價銀一十六兩一錢三分。石灰一萬一千六百五十六斤，價銀一十四兩八錢三分。泥水匠工價銀一十二兩五錢。夫工二千七百九十六個，使銀二百二十三兩六錢八分。立碑使銀四兩五錢。犒勞匠工、零星使費共銀八兩六錢一分。酬神祭儀、献戲使銀三十兩。以上總計費銀肆佰壹拾伍兩貳錢伍分。至本渠粮銀八分一厘及每歲雜派，按地起收。渠長封納諸項清款備録，共悉。

渠長：任發魁。生員：李長泰。督理：王存新、任法賢、郭思問、王毓方、刘興元、袁朝望、周福元。

五甲長：王毓禮、劉俊、任秉鑑、劉碩彥、張太和。

水田業主：劉兌、薛法、劉超、王登先、亢心一一段。閆世卜、劉太華、劉興元、王存才、監生張士卓四段。王存建、韓百歲、任法賢四段。王毓禮、李長泰三段。劉耀宗二段。王毓方三段。任丙辰、劉通、劉俊三段。劉順三段。監生朱士亮三段。朱全信三段。朱全盛二段。許萬成、任發魁二段。趙永發、趙永才、劉耀曾、劉耀程、劉玉桂、王應和、彭仁、王存新二段。王存儒二段。任國麟、袁孝、張丙南、李殿元二段。李筠青二段。任秉鑑、周福元二段。張雷二段。劉禄、郭銚、李俊才、郭鈞、郭思義二段。劉太和、王周德、王樹德、張太和、郭思問、郭思温、陳景太、袁朝卿、劉碩士、李淑元、王金鼎、劉悦催、□工任育。

石工趙歲鶴鐫建。

318. 重修龍王廟碑記

立石年代：清乾隆年間

原石尺寸：高 65 厘米，寬 60 厘米

石存地點：洛陽市宜陽縣錦屏鎮鐵爐村龍王廟

……獨稽祀典，自郊社禘，嘗三辰五祀而外。凡雄功偉烈，顯當代傳後……濟川，不尤爲祀典所特重者乎！第自奉敕創建，後幾經重修，而逾……之狀矣。旱魃爲虐之時，祈甘霖、禱甘澍者，咸目擊心惻，曰：是宜急爲修……者，毅然備酌，會議重修之舉。僉曰：劉君建基者，其祖若父，曾兩世爲功……但功程浩大，非一隅之人力能就，廟規寥闊，須衆姓之布施方成。今……材，謀諸大人，卜云其吉，終焉允臧。因於柒月初八日吉時興工，於八月二……煥煌璀璨矣。人有同心，不日告成，庶其感召天和，雨暘時若，而甌宴于……墜也。可是爲記。

……伍拾貳千肆百叁十文。

高橋村化主：王修政施銀壹兩，阮自新施銀捌錢，王錫珍施銀陸錢，郭生鰲施銀伍錢，王贊臣施銀伍錢，董世榮施銀伍錢，李如賓施銀伍錢，白尚詩施銀叁錢，監生周本卓施銀貳錢，王錫海施銀壹錢，周西貴施銀壹錢。

清（二）

319. 重修湯帝廟三上殿記

立石年代：清嘉慶元年（1796 年）
原石尺寸：殘高 162 厘米，寬 67 厘米
石存地點：焦作市沁陽市西向鎮五街村湯帝廟

〔碑額〕：永垂不朽

重修湯帝廟三上殿記

邑庠生刘无□薰沐撰文。

湯帝廟之立於向邑也，古矣。□《中梁遺文》，逮金皇統四年，至金末年九十四，歷元又百六十有二，及明則二百三十有七，今……有六云。嗚呼，當有宋南渡，由金遞元明，干戈相尋，河朔實戎馬□區也。村落民舍，代遭兵燹，□□而此廟猶有説者，當……五十步而采樵者死不赦，季□賢感人已如是，況帝又神聖文武者乎？其德之感□□衆更有深□也，□□之……重修，清康熙年再修，迄今風雨摧敗，不支焉。其配殿角門□近已有善信漸次修理，惟正殿後三□□□功捐米舉□……議復修，有掌神陳洪倫、張文成等皆□□不辞。又有舊收社資者前後不一，其錢多寡不一，其□俱急公。約日繳兑得……約有五十餘金，東五社量户派收，西三社惟掌神随意捐輸，而事以舉。不兩月，墙壁峻□□□而甃屋□嚴整脱故而……海山也，職厥事者，□洪倫與張文成也。至捐資以共□厥功者，則諸掌神與社衆也。事既竣，合社紳士不忍湮没，因各……

掌神：靳□大銀四錢，陳學博銀一兩，靳鵬飛銀四錢，陳習賢銀八兩五錢，靳文煜銀四錢，陳源□銀一兩，張文成銀一兩，陳洪倫銀一兩，靳如奎銀五錢，陳正成銀八兩五錢，趙文光銀一兩，靳祥麟銀四錢。

施主：靳如楫銀八錢，靳珍銀八錢，靳天仁銀八錢，靳文定銀一兩，靳規如銀一兩五錢，靳廣□銀三兩，年平陽銀一兩，靳□□銀一兩，靳□生銀八錢，靳堯年銀八錢，靳開陽銀八錢，靳□昇銀四錢八，趙有德銀四錢，陳洪善銀四錢，都大功銀四錢，靳動魁銀五錢，□合店銀四錢，陳守用銀五錢，都大□銀四錢，天順□銀四錢，李□才銀四錢，陳□興銀五錢，閆永太銀五錢，靳文繡銀四錢，靳□化銀四錢，□有德銀四錢，靳善福銀五錢，靳□乾銀四錢，靳天德銀六錢，都大武銀三錢二，靳廣□銀四錢，王□南銀四錢，靳玉禄銀四錢，靳文□銀四錢，吕樹□銀三錢二，靳宗仁銀三錢，陳良士銀二錢五，都大□銀二錢四，□于河銀二錢四，靳九齡銀三錢，靳無愚銀二錢四，順興店銀三錢，靳堯欽銀二錢四，刘□銀二錢五，靳義銀三錢，靳文燦銀三錢，靳永高銀三錢，陳良學銀二錢，陳良翰銀二錢，陳正□銀二錢，陳良官銀二錢，陳良□銀二錢，蘇彭德銀二錢，陳良琮銀二錢，陳良正銀二錢，陳學□銀二錢，陳步月銀二錢，陳正方銀二錢，陳良宇銀二錢，陳良瑞銀二錢，靳玉□銀二錢，靳□官銀二錢，靳善祥銀三錢，靳道行銀一錢六，靳元登銀一錢四，靳如成銀二錢四，靳文士銀二錢，刘可召銀二錢，靳玉朝銀二錢，刘炳銀二錢，靳□□銀二錢，靳有宜銀二錢，靳如潮銀一錢二，靳□成銀一錢六，□德禎銀一錢六，靳宗□銀二錢，宜興店銀二錢四，靳生鳳銀二錢，靳有恒銀二錢，靳振高銀一錢六，于大武銀一錢六，靳廷□銀一錢六，李良福銀一錢六，靳宗明一錢二，陳士□銀一錢，陳□□銀一錢，柳玉□銀一錢六，陳正□銀二錢，陳正□銀二錢，陳正士銀二錢，陳宏秀銀一錢，陳士俊銀一錢，趙學孟銀一錢，陳正富銀一錢，陳良斌銀一錢，陳宏學銀一錢，陳良壽銀一錢，陳守珍銀一錢，陳習誠銀一錢，陳

良□銀一錢，陳□順銀一錢，陳振魁銀一錢，陳正進銀一錢，陳正江銀一錢，趙學□銀一錢，陳九江銀一錢，陳良全銀一錢，陳正綱銀一錢。

　　紳士：特授汝寧府羅山縣儒學訓導靳端凝，貢生靳宗文，歲貢生靳彩，布政司經歷龐郡庠生：陳振柏、靳鴻策、刘夢麟、靳麟、陳賡楊、靳若愚、陳步月、靳廣成、陳五車、靳容重、崔……。邑庠生：靳麟章、趙奠安、陳位西、靳祥雲、靳振元、靳書言、靳勤益、刘東山、靳鵬冲、趙魯堂、靳……。太學生：靳無愚、陳源淮、靳義、靳規如、陳正興、靳勲式、靳永學、靳延年、靳寧遠、陳正成、靳……

　　住持僧海山，徒常……

　　大清嘉慶元年歲次丙辰春三月穀旦。

《重修湯帝廟三上殿記》拓片局部

胡家集皆有顺流渠壹道为

洛阳县正堂李太

河南府正堂林大老

蒙

洛阳县

320-1. 順濟渠碑（碑陽）

立石年代：清嘉慶元年（1796 年）
原石尺寸：高 185 厘米，寬 49 厘米
石存地點：洛陽市伊川縣水寨鎮樂志溝村村史館

胡家集舊有順濟渠壹道，爲……蒙洛陽縣正堂李大……河南府正堂林大老……洛陽縣廉捕金……

320-2. 順濟渠碑（碑左）

立石年代：清嘉慶元年（1796 年）
原石尺寸：高 92 厘米，寬 48 厘米
石存地點：洛陽市伊川縣水寨鎮樂志溝村村史館

順濟渠買竹園河灘地基碑記
　　乾隆九年買張佐地，坐落小河兩岸，大小……博，北至大路，盡資開渠，立交不欠。至……嘉慶元年與張本□爲地界不明。口角相……

象渠尸

樊泰　胡萬選　胡明脩　樊萬保

樊免文　胡重庚　胡寶文　胡致全

樊紹景　胡永清　胡明傑

樊士□　胡萬□　胡萬□

320-3. 順濟渠碑（碑右）

立石年代：清嘉慶元年（1796 年）
原石尺寸：高 92 厘米，寬 48 厘米
石存地點：洛陽市伊川縣水寨鎮樂志溝村村史館

衆渠戶：胡萬齡、庶老樊泰、胡萬選、胡明英、樊□修、胡萬保、胡明元、樊振、胡允文、石重庚、胡寶文、胡致全、胡一奇、樊士偉、樊士英、樊紹景、胡永清、胡明傑、胡萬□、庶老胡一□、胡萬□、樊士成、胡念□、胡萬□……

黄河流域水利碑刻集成·河南卷 三

321-1. 順濟渠斷案碑（碑陽）

立石年代：清嘉慶元年（1796 年）
原石尺寸：高 185 厘米，寬 49 厘米
石存地點：洛陽市伊川縣水寨鎮樂志溝村村史館

……稟□憲□□□□洛陽縣□即□□詳報洛□縣勘訊後詳文：

……出胡公□□王宏祥截水利□一案，□故處向有順濟善渠一道，係明□□□□引□□田，由來已久。五十七年，□應□等臨河……塌，嗣……北行，地仍淤出，王宏祥等疑係無主灘地，□同管□，并於順□渠……渠首訴之□□□控憲轅，蒙批勘訊，并據張西銘……識……悉前情，□順濟渠水向非分用，王宏祥等於上游開挖截水，河□□人，時屬不容。當即飭令照舊填塞，以杜爭勢。至所種灘地，查□□□，數目□符，……舊順□。□宏祥等本應究處，姑念承種之時，不知有主地畝，其……供明，情願退還，從寬□其置，議□取具各遵依附卷。并□□□人……合具文詳侯憲臺查核，批示飭遵，為此備由於申，伏□□□□行。憲□批詳批詞，如詳結案，繳□□□以仍前截水，順濟渠長不依，又具稟縣主，縣主復札，委捎主勘□，勘驗後詳文□□□遵□。王克從等稟監生胡一匡一案，緣該處向有順濟渠一道，係胡家集地方，引水灌田，由來已久。乾隆五十七年，王宏祥……灘地……引水，以致胡一匡具控本府并憲台，當蒙飭令，將所控引水渠道填塞，堰口扒毀，以杜爭端。今王克□不遵前斷，仍復閘堰截□，□一匡不□王克……稟控，蒙批勘訊，卑職逐一勘驗，訊悉前情。查順濟渠水向□□分用，王克□等違斷，閘堰截水，□已損人，殊屬不合，本應究處，□念鄉愚□□，令□□□塞，以□□端，是否有當，卑職未敢擅便，今將勘訊緣由并繪圖標□，□合具文，詳候查核。縣主批詳批詞，候飭差傳案親訊奪□□，□□□月初□□，洛陽縣親訊斷結。

□□查順濟渠開挖已久，王宏祥等，乾隆五十八年，新在是渠上游□渠截水，業經委勘，斷定不許王宏祥開挖，前已詳明府憲，王□祥何得違□，復開……處。姑從寬着王宏祥等各出，再不開挖渠道，甘結。至胡萬順等既各有灘地，着各照地界官業可也。王宏祥、王世英、王克從今於□甘結，事依奉結。得……等與胡一匡等互控河水一案，□等蒙恩訊明，情願不截水閘堰，所具甘結，是實親准甘結批詞。如再妄爭，定行究處……三月十三日，王克從復具控一紙蒙批，着即遵斷，填塞渠口，勿得瑣瀆。三月二十三日，王克從又具控一紙蒙批，着□遵□，將渠口填塞，如再違抗，定行拘□。

321-2. 順濟渠斷案碑（碑左）

立石年代：清嘉慶元年（1796 年）
原石尺寸：高 185 厘米，寬 49 厘米
石存地點：洛陽市伊川縣水寨鎮樂志溝村村史館

順濟渠渠長總甲與衆渠户姓名開列於後：
渠長：監生胡一匡。總甲：胡永譽、胡一法、胡温文、樊□、樊祝、胡萬禄、胡明勤。
更替總甲：樊紹忠、庶老胡一峰、胡萬壽、胡明勤。
同立。

嘉慶元年又買張秉德荒地一叚坐落渠東東寬十步西寬十一步長二
九步東至張朝相西五順濟渠南至胡永清北至小河其價六兩十月
備出許灌小河南地六畝行工枕五尺勒石爲記

321-3. 順濟渠斷案碑（碑右）

立石年代：清嘉慶元年（1796 年）
原石尺寸：高 185 厘米，寬 49 厘米
石存地點：洛陽市伊川縣水寨鎮樂志溝村村史館

　　時嘉慶元年，又買張秉德荒地一段，坐落渠東，東寬十步,西寬十一步,長二十九步。東至張朝相，西至順濟渠，南至胡永清，北至小河，其價六兩。胡永清備出，許灌小河南地六畝，行工杖五尺。勒石爲記。

重修□山碑記

蓋治人之道莫急於禮禮蘊有五經簒重於祭望人之□祀也能禦大災則祀之能捍天患則祀之□□山林川谷邱陵能出雲為風雨以底吾民有其舉之莫敢廢也潭村舊有□濱山為邑之望□神祠也歷年□□父風雨催殘廟宇傾圯□□神失所依童中舊有□□意欲重修之為惟徐公□其任也爰推二公為首事簒化四方□□捐貲財以勸厥事不數月而功程告竣廟貌重新人慶為簒實飛神得收羊傻

河南□□□封邱縣生員王理□撰並書

清□慶□年歲次庚辰臘月己亥吉日己亥吉時建立

石匠□□刻□

全建立

322. 重修泰山濟瀆碑記

立石年代：清嘉慶元年（1796 年）
原石尺寸：高 149 厘米，寬 51.5 厘米
石存地點：新鄉市封丘縣黃陵鎮潭村廟村老奶廟

〔碑額〕：永垂不朽

重修泰山濟瀆碑記

蓋聞：治人之道，莫急於禮；禮有五經，莫重於祭。聖人之制祀典也，能禦大災則祀之，能捍大患則祀之。山林、川澤、邱陵能出雲爲風雨，以庇吾民者，有其舉之，莫敢廢也。潭村舊有泰山、濟瀆兩殿，是五嶽之尊神、四瀆之明祀也。歷年既久，風雨催［摧］殘，廟宇傾圮，神失所依。里中諸君子目擊心傷，意欲重修之，以爲惟徐公、王公堪其任也，爰推二公爲首事，募化四方衆友，各捐資財，以襄厥事。不數月而功程告竣，廟貌重新，人慶鳥革翬飛，神得攸竿攸寧，□足紹□彰之先美，而開復傳之後盛矣。用是勒石，以垂不朽云。

河南□輝府封邱縣儒學增廣生員王理撰文，後學許宗武書。

大會首：王得財錢一千，徐善緒錢一千，監生費全忠錢一千五百，王杉木錢一千五百，徐定邦錢一千，王成錢一千五百，徐有臣錢一千五百，許宗禹錢一千，許若霖錢一千二百，許瑞霖錢八百。徐士官錢二百，屈全錢二百，趙桂錢三百，賈士由錢三百，許宗孟錢三百，許志孝錢三百，賈金礼錢三百，徐善良錢二百，徐善能錢二百，徐有位錢二百。許永祥錢一百五十，賈永光錢二百，賈金玉錢二百，徐倫錢二百，邵名山錢二百，王廷貴錢二百，徐文孝錢二百，張繼先錢二百，王有典錢三百，計乘龍錢一百五十。許清秀錢一百五十，郭保柱錢一百五十，王安國錢一百五十，許正家錢一百五十，徐世美錢一百五十，許志剛錢一百五十，賈士信錢一百五十，王得全錢一百五十，許清香錢一百五十，劉德興錢一百五十。徐善賢、辛德彰、徐盤龍、徐成功，錢各一百。張永福錢一百五十，賈士忠錢三百。徐定臣、徐定同、翟登旺、徐祥，錢各一百。趙俊山、宋炳、李俊山、邢仁安、徐士貴、牛立吾、邵得龍、徐士臣、劉國進、王東鰲，錢各一百。許永福、許興山、宋文同、王孝魁、高千宣、常士礼、屈法成、王廷玉、徐九成、徐有禎、徐有才，錢各一百。徐飛龍、徐玉福、李志、樊宗宝、邢士安、許立家、徐國才、徐玉倉、賈國柱、張榮先、張士俊，錢各一百。謝忠臣、何友仁、馮文秀、馬有才、王廷彥、張耀先、賈永寧、賈金成、陳輝、徐成、趙九得，錢各一百。同建立。

塑匠胡聚，石匠李孝。

大清嘉慶元年歲次丙辰拾月己亥貳拾柒日己亥吉時建立。

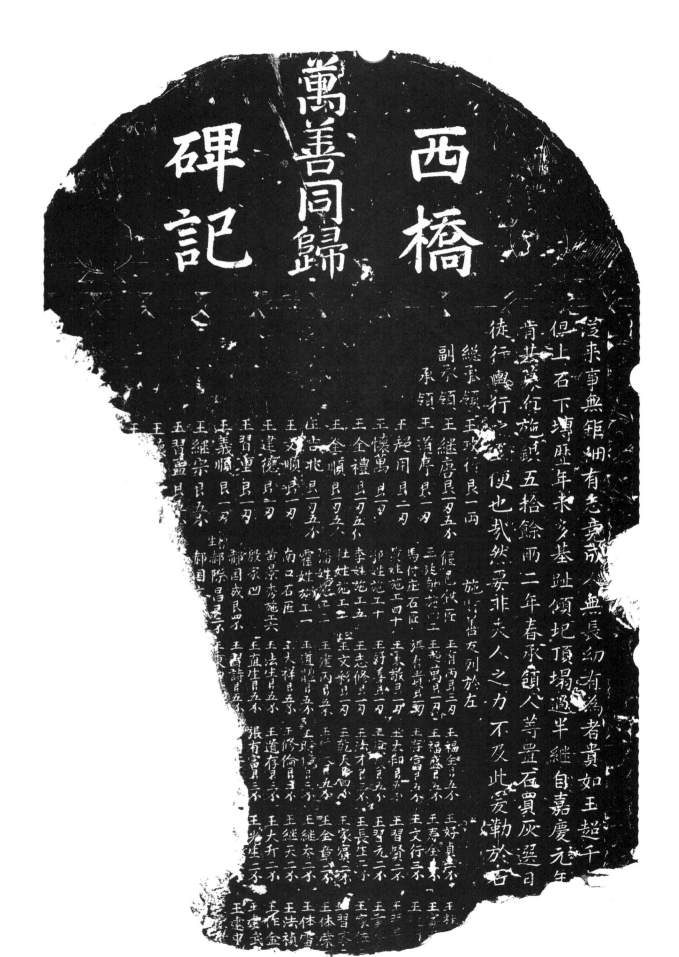

西橋
萬善同歸
碑記

323. 西橋碑記

立石年代：清嘉慶二年（1797 年）
原石尺寸：高 82 厘米，寬 55 厘米
石存地點：焦作市温縣番田鎮東口村

〔碑額〕：萬善同歸　　西橋碑記

從來事無巨細，有志竟成；人無長幼，有爲者貴。如王超千……但上石下磚，歷年未多，基址傾圯，頂塌過半。繼自嘉慶元年……肯共募化，施銀五拾餘兩。二年春，承領人等置石買灰，選日……徒行輿行之□便也哉。然要非夫人之力不及此，爰勒於石……

總承領：王政行銀一兩。副承領：王繼唐銀一兩五錢。承領：王道序銀一兩，王超用銀二兩，王懷萬銀一兩，王全禮銀一兩五錢，王全順銀一兩五錢，王吉兆銀一兩五錢，王文順銀一兩，王建德銀一兩，王習重銀一兩，王義順銀一兩，王繼宗銀五錢，王習孟銀五錢，王德□，王□□。

施財善士列於左：偃邑鐵匠王廷獻施工四，馬付庄石匠黃姓施工四十，郭姓施工十，李姓施工五，杜姓施工二，潘姓施工三，霍姓施工一。南口石匠黃景秀施工六。殷家凹：郝國成銀四錢，廩生郝際昌銀二錢，郝國文……王有丙銀三兩，王超萬銀一兩，張有貴銀一兩，王秉敬銀一兩，王好善銀一兩，王志修銀一兩，監生王文彩銀一兩，王建丙銀五錢，王道體銀五錢，王大祥銀五錢，王法生銀五錢，王直生銀五錢，王習詩銀五錢，王秉……王福全銀五錢，王福盛銀五錢，王存富銀五錢，王大印銀五錢，王庚辰銀五錢，王法才銀三錢，王乾天銀四錢，王付大銀五錢，王時億銀三錢，王修倫銀三錢，王道存銀三錢，張有富銀三錢……王好貞二錢，王寿全三錢，王文行三錢，王習賢二錢，王習元二錢，王長生二錢，王家賓二錢，王全章二錢，王繼太二錢，王繼天二錢，王大升二錢，王光生二錢……王桂□、王家□、王兆行、王明貴、王秉貴、王家佐、王習學、王体榮、王体雷、王法禎、王作金、王建武、王建中……

萬古流芳

324. 重修五帝閻羅廟碑記

立石年代：清嘉慶二年（1797年）
原石尺寸：高140厘米，寬58厘米
石存地點：新鄉市輝縣市孫杏鎮孫杏村

〔碑額〕：萬古流芳

重修五帝閻羅廟碑記

作善降之祥，作不善降之殃。此雖天理之當然，而所以平人生之邪正，審人間之善惡。正直無私，賞罰不爽，默司死生禍福之權者，則五帝閻羅。是足豈可忽而不敬乎？茲衛輝府汲縣南鄉孫杏村修廟一座，以供奉祀。但此廟不知創自何時，年深日久，風雨損壞。于天啓七年，前會首韓守印、曹守節修過。至乾隆十六年，先會首趙元禧又修過。及乾隆五十九年，沁水泛濫，廟宇、聖像被水淹壞，居者嘆息，行路心傷。今有住持僧慶來意欲重修，但功程浩大，独力难辦，因此邀請山主公同計議，募化四方，共襄聖事。爰是廟宇輝煌，聖像維新，則往來行人莫不目睹而心喜焉。故勒名于石，以誌不朽云。

衛輝府汲縣童生趙成文撰文，延津縣邑庠生員袁純美書丹。

施財姓名開列于後：

錢粮：趙欽施錢一千。

掌曆：趙成文錢七百。

管工：張宗舜錢一千二百，宋鉅錢四百。

催錢：張純儒錢五百、陳進朝錢六百。

買辦：趙成俊錢六百，宋禄錢七百，張宗禹錢五百，趙棋錢五百，陳財錢六百，黃有錢四百，趙全錢八百，陳起發錢六百，趙成吾錢四百，趙福錢五百，趙成德錢五百，趙成都錢三百，梁含英錢三百，陳啓柱錢三百，趙成雷錢三百，趙成武錢二百，郭法宇錢三百，刘照錢四百，張宗文錢四百，陳河錢七百，張自有施錢三百，趙鈞錢四百，陳焦氏錢一百，陳進楷錢三百，陳魁錢五百，陳進義錢二百，張宗臣錢三百，王得貴錢四百，宋玉錢三百，周東海錢二百，張創業錢二百，陳進孝錢二百，史信錢四百，趙成秀錢四百，楊福國錢三百，周有才錢三百，陳海錢一百，白林錢二百，張宗功錢三百，任國珍錢二百，趙成彩錢三百，趙桐錢四百，年旺錢三百，張中湯錢二百，張仁錢三百，代莊姚召礼錢一千。西安府王家莊：倪有盛施銀七兩八錢。二波营：林客人施銀三兩。王五寨：李喻施錢一千。許屯：許得恒錢五百，刘朝富錢一百，許尚國錢一百五十，許法成錢一百，許義錢一百，許柱錢一百，許得龍錢一百。前河頭：趙良錢二百，苗治錢一百，苗友檀錢一百，刑万年錢一百，苗心錢一百，王自有錢八十，王子仁錢八十，苗培光錢八十，王相錢五十，呂宗禹錢五十，王子太錢五十。張武店：恐衍慶錢二百，侯有礼錢二百，孔昭錢一百，馬負圖錢一百，陳洪都錢一百，馬朝吉錢一百，司有仁錢一百，陳瑛錢一百，車有德錢一百，孫大法錢一百，郭玢錢一百五十，陳林錢一百，陳珂錢一百，和有義錢一百，戴玉錢一百，郭英錢一百，丁自忠錢一百，毛守義錢一百，孫大觀錢五十，毛珩錢一百，陳太錢一百。簸箕屯：宋全錢一百，宋士彪錢三百，張有明錢二百，張黃錢二百，韓成錢二百，韓法孟錢二百，韓吉遷一百，韓法思錢一百。韓光屯：王鍘錢七百，王懋贊錢二百，王廷棋錢二百，王廷賢錢二百，王廷楷錢

二百，王銀錢二百，王廷章錢一百五十，王鎧錢一百，王鍍錢一百。白露：陳秉義錢二百，張慶功錢一百，郭明錢二百，張重錢二百，張海錢一百，李紹宗錢一百，李成文錢一百，孫羨錢二百。北唐莊：郭全義錢二百。石駱駝：茹興福錢三百，張棚錢一百，申得明錢一百，余天眷錢一百。尚莊：蔡西菊錢二百，尚登瀛錢一百，尚卓美錢一百。山彪：申得禄錢一百，楊玉錢一百，胡山錢一百，李存仁錢一百，楊建候錢一百。曲里：尚全德錢三百，尚中錢一百，尚珍錢一百，韓任重錢一百，李景春錢一百，介文錢二百，任國太錢一百，尚信錢一百，孔道善錢一百，李連錢五十，李和錢五十，韓俊錢一百，栗文秀錢五十，周忠錢五十，尚思孔錢五十，宋得興錢五十，孔長樂錢五十，尚復仁錢五十，尚璁錢五十。秦家莊：秦俊錢四百。聶家莊：刘啓璠錢三百，刘啓瑛錢一百。孫莊：孫越錢一百，孫寬錢一百。晋村：曹化遠錢一百，刘錫彤錢一百，趙全錢一百，趙祥錢五十，曹及遠錢一百，趙勃錢五十，孫成錢五十。新莊：刘福錢二百。杜堤：杜廷梧錢二百。青龍山：成興施錢四百，貴文天錢一百五十。臨清店：王温錢一百。汲城：王有仁錢四百，陳旺錢一百，崔珩錢一百，張光輝錢一百，李恭錢一百，程宗仁錢一百，孟哲錢二百，孟永嵩錢二百，陳喜堯錢五百，孟永玉錢一百，王天保錢一百，王景美錢一百，王璋錢二百，王三光錢一百，何自成錢一百，王榲錢一百五十，張俊錢四百五十文，王景武錢一百文，左林錢一百，何自有錢一百，張光普錢一百，趙梧錢一百，程喜錢一百。吳二莊：王化錢二百，王祥錢一百，王振錢八十，王全錢一百，王汝玉錢七十，王圣佩錢一百，王梅錢八十，王璠錢一百，周立錢五十，毛有錢七十，郭樹錢七十，杜銀錢五十。本村：胡河施錢一百，陳才施錢一百，趙林施錢一百。史凹：史太施錢一百。定國村：郭克用施銀二錢，郭玉秀施銀二錢，郭克元施銀一錢，李君施銀一錢，郭玉來施銀一錢，郭建忠施銀一錢，郭君愛施銀一錢，郭進美施銀一錢，郭三落施銀一錢。吕村：路丕昌錢五百文。張五店：趙三元施錢一百文。白露：王蘭施錢一千文。小屯：詹振風施錢一千文。麻家屯：張圣木共捐錢一千文。

　　本村管事：宋吕氏、趙王氏、趙柴氏、張刘氏，共化麦二石。
　　住持：僧慶來。徒：延本、延興。西廟粮食積錢二十七千文，東、西二廟賣樹錢十七千五百。
　　木作：陳國興。泥作：李臣。石匠：楊義、徐亮。畫工：趙有曾、任希閔同施錢五百文。
　　大清嘉慶貳年歲次丁巳季夏吉旦同建。

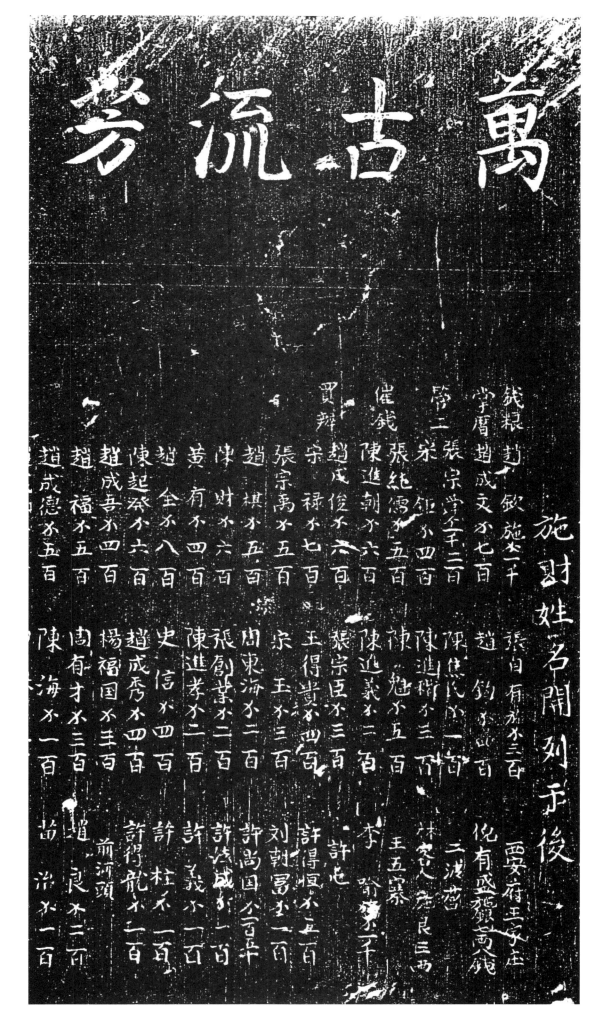

萬古流芳

施財姓名開列于後

《重修五帝閻羅廟碑記》拓片局部

325. 官府保護萬北園種竹户德政碑

立石年代：清嘉慶二年（1797 年）
原石尺寸：高 220 厘米，寬 74 厘米
石存地點：焦作市博愛縣許良鎮馮竹園村三官廟

〔碑額〕：德政碑

萬北里圖，資丹水灌溉，種竹者多，雖土地所宜，實民生攸賴。向衙署間有需用，俱在竹廠，采買於民間，毫無滋擾。其攤買園户之弊，不過十餘年來，後遂接踵成風，民生重困。經前陞任道憲康出示禁飭。五十九年府憲蒙批：仰河内縣，嚴飭毋任濫派滋事。六十年馮棹、娄中礼等具稟，道憲蔡蒙批：准。出示嚴禁。馮罄宜、王觀光具稟，藩院陳蒙批，候移河北道嚴查究革，抄粘存。刘敬之、李中理等又公懇，路天復蒙賞示存案，永遠垂禁。前朱天今費天，經歷二任，悉体上憲鴻仁存恤閭閻，毫無滋派，是歷年積弊，頓革於一朝也。第恐日久歲湮，弊端復啓，且懼我民於各憲深恩，與邑父母所以蘇民困，而恤民查者，不能遍觀而盡識也。爰勒瑉珉，并將歷次各示札飭，詳列於左，以垂不朽。

欽命河南分守彰衛懷三府兼管水利河務驛務兵備道康：爲嚴禁事，照得河内縣境内绿竹頗多，凡有種竹之家，日用飲食賴此養生。本道聞得每年春夏之交，胥役人等，假借官用名色，封禁竹園恣意砍伐，折錢需索，種種弊端，殊堪痛。該縣衙門即偶爾需用，自必發與價值，斷無以口腹之好，累及小民之理。實緣衙役人等，遇事生風，藉端需索，合行出示曉諭，自示之後，爾等有竹園者，情願賣笋，照依應得價，聽其自便。如有衙役强買，及假借名色，封禁竹園需使費者，許爾等赴該官衙門具控，如不准理，許赴本道衙門控告，各宜凛遵毋違。特示。

欽命河南分守彰衛懷三府兼管水利河北河務驛務兵備道加五級記錄十次蔡：爲嚴禁砍伐竹園，以安民業事。照得河内縣萬北鄉一帶地方，民稠地狹，全賴種竹養生，各衙門官用竹竿，自當赴市公平采買。今本道訪得，向事□署營各衙官用竹竿，胥役等公然向園户索取，不惟有竹之家受其砍伐之害，即沿途遞送小民亦多搬運之累。種種兹弊，殊属不合，雖經前道屢次示禁，恐日久因循，合再出示嚴禁。爲此示仰河邑軍民胥役人等，知悉自示之後，文武正佐各衙門，遇有官用竹竿，俱照依價赴市，公平采買，不得擅向園户索取。倘有不肖胥役故蹈前轍，藉端砍伐需索，許該園户等即會同鄉保地，指名赴該官衙門具稟，若不准理，赴本道及該府衙門呈控，各宜凛遵勿違。特示。

扎懷慶府六十年八月初十日准。

布政司咨開爲受累難支公懇嚴飭事：本年七月二十五日，據河内縣園户生員馮罄宜、王觀光呈稱云云，河邑園户千秋焚感等情，據此，除呈批示外，擬合抄單移，咨爲此合咨貴道請煩查照，希即嚴查究革，弗任胥役作端擾農，□滋訟端。希將查禁緣由，俟覆施行計移抄單一紙等因，准此查衙門取用園竹，滋累小民，業經本道出示嚴禁，嗣又據園户等呈控，前來復經批，行該府查禁具報，各在案，迄今日久未據遵辦，緣由具覆，以致園户等復行上控，可見從前該府未遵批查禁，各衙門仍然出票取竹，致累園户，大属不合，兹准前因合，再抄單扎、飭扎，到該府查照准咨事理，即使實力嚴查究革，務使周知。嗣後，凡各衙門需用竹竿，俱各照依舊例，仍赴集市，公平采買，毋任工書泥行出票□□□索取，致滋民累。倘敢陽奉陰違，一經察出，定行嚴拿重究。仍將查禁

緣由先行具報，以憑咨覆，藩司毋得遲延，速速，此扎。

扎懷慶府六十年八月初十日准。

布政司咨開爲受累難支公懇嚴飭事：據河內縣園戶生員馮馨宜等呈控，各衙門違禁不遵，混行出票，索取園竹，滋累小民等，因稟司移道准此當經轉飭查禁具報在案，迄今多日未據詳覆，殊屬遲延，合行扎催扎到該府，還即先令文內事理，嚴行查禁，務期弊端永絕，毋任陽奉陰違，致滋擾累，仍查禁緣由立即詳覆，以憑察核移咨銷案，毋得再遲，切速切速，此扎。

正北路總保：閻高飛、郭永合、李元庚、杜金貴、朱和梅、秦克寬。

保長：喬龍丹、劉瑞福、蔡全演、王繼先、畢克寧、王有礼、秦繼賢、原存仁、尚德順、賀朝封。

萬北園戶紳士：王應元、李中理、馮梓、劉紹德、婁中礼、竇隆元、馮植、劉敬之、賀殿英、王瑞明、劉景清、賀冠軍、王致中、馮枝、李錦、劉鵬楊、王學書、岳宏舉、賀光宗、竇占鰲、張希科、王文林、崔大王、劉义林、張正已、賀宣化、王學舜、郭俊昇、王位中、喬掄元、賀殿傑、王象芝、傅必通、郭大祥、王源、畢士宏、婁以朋、李清儒、畢尔瞻、竇生睿、馮錫、焦麟趾、沈鶴齡、張希若、馮枺、王士鐸、管興□、王□關、劉仲□、賀萬年、張君連、武有信。

邑庠生何玉書書丹。

皇清嘉慶貳年柒月穀旦。

黃河流域水利碑刻集成·河南卷　三

萬北□園資丹水灌溉種竹者多卹土地所宜憲民生收穫向衛省門有岢用似在竹嚴採買於民間憲無滋

批仰河內縣嚴防毋任溢派滋事六十年蕃中札等具稟道憲恭又批准出示嚴禁前朱天今

批候彩河北道嚴查完單抄粘存刻中礼理等於一朝也卹恐日久藐運與端具革於各憲深思與邑

陳家仁存卹問閘禁無滋沐是歷年積累革弊得河內縣坪內憲多元有種竹長索

南分守彰衛懷三府焦管水刹河務坪務兵偹道康為嚴禁事照得河內縣坪內憲多元有種竹長索

使賢者許雨守赴誠管衛門具控如不准理許赴本道衛門控告各宜遵道毋遠特示

誠縣衛門即偹同需用自必發與價值斷無以口腹之好景及小民之理復蒙各衙役人等遵道事生風藉端需索

各衛門遇有官用竹竿俱照依價赴市公平採買不得擅向園戶索偹有不竹守従故勒前捫抵犯砍伐需

懷慶府六十年八月初十日准

扎懷慶府咨開為受景難支公懲嚴飭事本年七月二十五日據河內縣園戶生員□□稟称云河巴園戶

布政司咨開為受景難支公懲嚴飭事撩河內縣園戶生員□□稟控各衛門速禁不況行出景索取景取

篇索取致滋民景偹敢陽奉陰違一經查出定行嚴令重究仍將查禁緣由先行具規恩志憲

未導扎查禁各衛門仍將出景取竹致景園戶大屬不合蒙准前因各再抄單扎飭到故府查照准咨事理

扎懷慶府六十年八月初十日准

布政司咨開為受景難支公懲嚴飭事撩河內縣園戶生員□□稟控各衛門道禁不況行出景索取

司毌得遲延速此扎

先今文內事理嚴行查禁務期興端永絕毋任陽奉陰違致滋擾累仍查景緣由彙即詳殳以凴察核移咨銷

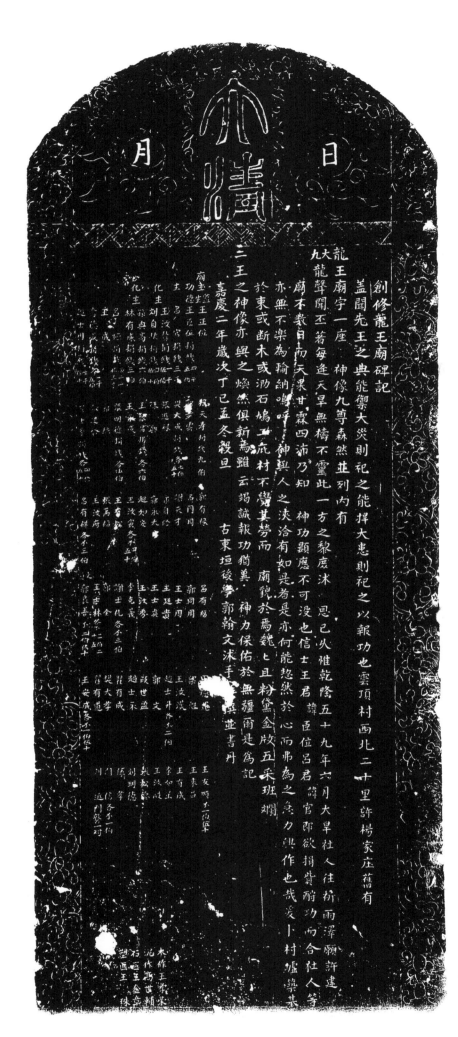

創修龍王廟碑記

盖聞先王之典能禦大災則祀之能捍大患則祀之以報功也雲頂村西北二十里許楊家莊舊有

龍王廟宇一座　神像九尊森然並列內有

大龍聲聞玉著每逢天旱無禱不靈此一方之黎庶沐

九龍聲聞玉著每逢天旱霖四沛乃知神功顯應不可没也信士王君諱臣位吕君諱官郎欲捐貲爾功而合社人等

廟不數日而天果甘霖四沛乃知神與人之浹洽有如是者亦何能慾然於心而弗為之盡力凱作也哉爰卜村墟築基

亦無不樂為輸納嗟呼神與人之浹洽有如是者亦何能慾然於心而弗為之盡力

於東或斷木或洶石鳩工庇村不覺其勢勞而

廟貌於焉魏�且粉黛金版五采班斕

三王之神像亦與之燦然俱新為雖云竭誠報功猶冀

神力保佑於無疆爾是為記

嘉慶二年歲次丁巳孟冬穀旦

古東垣後學郭文沐手撰並書丹

（以下為捐資人名，分列：）

廟主總生王正位
功德主王汝同
化主王汝前線
化主劉自伏
記化主劉自伏

郭有極
梁有柱
郭同用
王有財
王汝成
趙進祿
王廷貴
趙士丹余三伯
郭永大
王士衰
趙世監
段世永
王有成
趙士永
王汝貴余五十
程有祥
王有祥余二伯
王汝成余十一保十

326. 創修龍王廟碑記

立石年代：清嘉慶二年（1797 年）

原石尺寸：高 138 厘米，寬 56 厘米

石存地點：洛陽市新安縣鐵門鎮雲頂村

〔碑額〕：大清　　日　月

創修龍王廟碑記

盖聞先王之典，能禦大災則祀之，能捍大患則祀之，以報功也。雲頂村西北二十里許楊家庄，舊有龍王廟宇一座，神像九尊，森然并列，内有大九龍，聲聞丕著，每逢天旱，無禱不靈，此一方之黎庶，沐恩已久。惟乾隆五十九年六月大旱，社人往祈雨澤，願許建廟。不數日而天果甘霖四沛，乃知神功顯應，不可没也。信士王君諱臣位、呂君諱官即欲捐資酬功，而合社人等亦無不樂爲輸納。嗚呼！神與人之浹洽有如是者，是亦何能恝然於心，而弗爲之急力興作也哉。爰卜村墟築基於東，或断木，或泐石，鳩工庀材，不覺其劳，而廟貌於焉巍巍，且粉黛金妆，五彩斑爛；三王之神像亦與之焕然俱新焉。雖云竭誠報功，猶冀神力保佑於無疆爾。是爲記。

古東垣後學郭翰文沐手敬撰并書丹。

廟主：監生王正位。功德主：王臣位捐錢四千五百，呂官捐錢三千。化主：王汝贊捐錢一千五百，刘自扶捐錢四百五十。化主：孫興高捐錢六百，林有成捐錢三百，呂恒捐錢兩千一百五十，王成、常德成捐錢各一千五百，趙士周捐錢一千五十，□天壽捐錢九百，郭步雲、樊大成捐錢各七百五十，張進禄、陳興、王聚昌捐錢各六百，王永成、張明德捐錢各五百，郭純、張進公、崔士學捐錢各四百五十，郭有禄、呂同周、謝天才、郭自修、郭永太、趙如安、王汝寅各錢四百五十，王石松、張萬福、王汝府、呂有祥各錢三百，呂有福、郭同周、王士周、王廷貴、王士虞、王汝秀、李克義、謝士礼各錢三百，郭全、王士林各錢二百二十五，吏員郭良善錢二百五十，田應運、梁魁、王汝漢、趙士升各錢二百，郭文、段世盈、趙士永、翟有成、樊大孝、翟有道、王安成各錢一百五十，王友順錢一百五十，王來昌、王有成、李如星、王汝岐、張松德、刘玥德、孫孝、閆信各錢一百，刘近門礛一對。

木作：王孝榮。泥作：高世輔。石匠：王金章。塑匠：王珠。

嘉慶二年歲次丁巳孟冬穀旦。

重修

重修五龍殿序

327. 重修五龍殿序

立石年代：清嘉慶三年（1798 年）
原石尺寸：碑高 110 厘米，寬 50 厘米
石存地點：新鄉市輝縣市南寨鎮秋溝村

〔碑額〕：重修
重修五龍殿序

芸芸萬姓，群然而敬龍神者，何也？蓋以國重乎農，農資乎雨，則雨雖降自上帝，而實假手於龍神者也。故明初定鼎而後，京都郡縣以及閭党之間，皆知建立廟宇，供奉龍神。凡春祈秋報之時，香燭輝煌，粢盛豐潔，緣物以致其敬焉。然善作者固貴善成，而善始者尤貴善終，倘年深日久，修葺無人，不將前功盡弃耶？試言輝邑西北離城百里許秋溝村，有五龍殿三楹，時因改作，囑余爲文以誌之焉。蓋里名秋溝，四面環山，五龍聖殿，居其東南，能補風脉，可壯观瞻，風雨調協，萬民皆安。考其創造，渺矣失傳，重修之日，略有可言。嘉靖在位，二十八年，萬曆之時，三十六年，後在崇禎，十一年間。自昔至今，二百餘年，中間修補，自經數翻，但無卑解，誰敢妄編。祇見乾隆，三十一年，修葺破敗，勒石昭然。又歷三十，嘉慶元年，風雨摧折，破漏難堪。本村之人，無不心寒，欲成大事，不能當先。王公大寶，慨然承擔，盡心竭力，首其事端，以善勸善，莫不欣然。於是乎鳩工庀材，社衆爭先，則五龍之殿，焕然新焉。但從兹以後，未遇豐年，三歲之中，功末始完。月朔望日，歷乎其間，神像倒塌，衆心不安。合社公議，會客捐錢，積十成百，積百成千，錢文甫凑，繼以塗丹。革故鼎新，神威岩岩，殿堂門廡，勝于從前。功其告竣，燦然可观，後有善人，世世相傳，五龍聖殿，永永萬年。

楊冲霄撰文，王洛書書丹。

正會首王大寶，室靳氏，子振府、振京、振省洛書，孫瑞雲、慶雲，捐錢壹仟伍佰文。

副會首：楊自全捐錢二百文，靳九明捐錢二百文，賈起州捐錢三百文，任榮捐錢一千文，王錫富捐錢三百文，王積慶捐錢二百文。

畫匠：崔孟信。石匠：王聚、牛自有。木匠：李鳳禄。泥水匠：彭三。

時大清嘉慶叁年九月二十五日穀旦公竪。

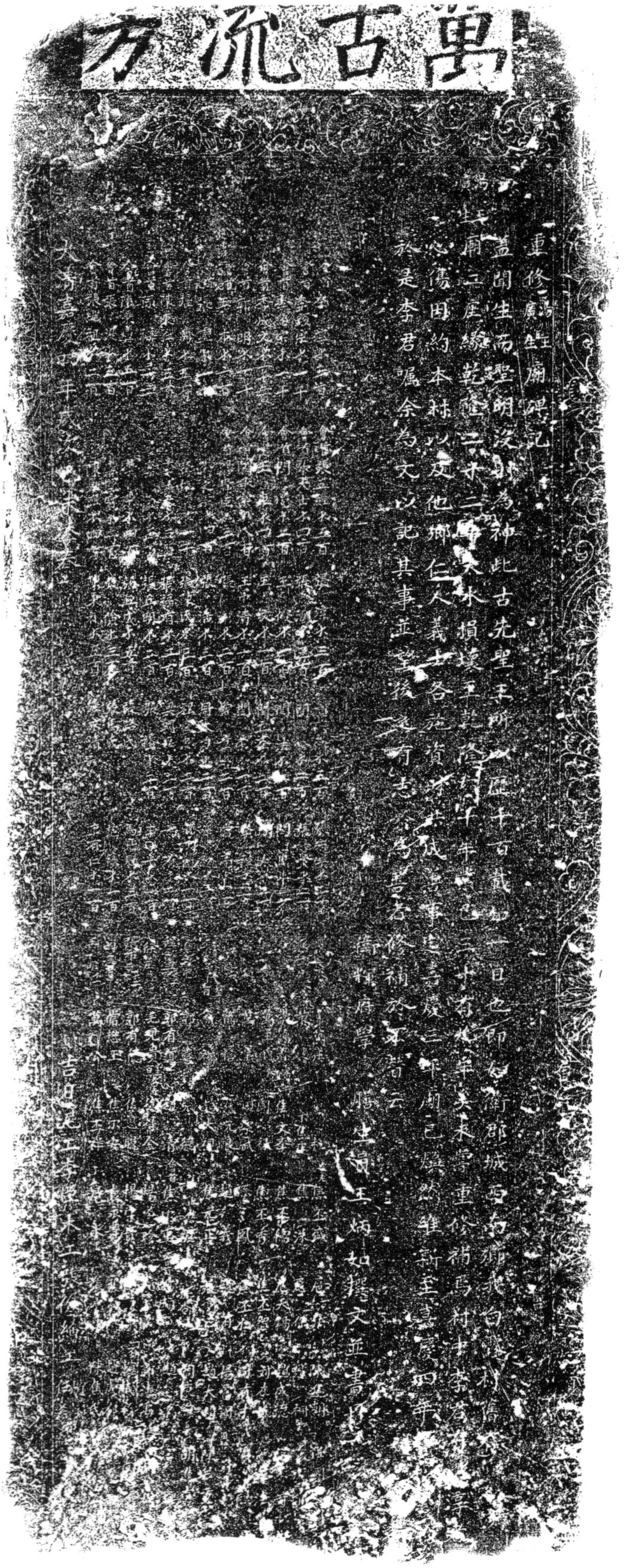
萬古流芳

328. 重修湯王廣生廟碑記

立石年代：清嘉慶四年（1799 年）
原石尺寸：高 135 厘米，寬 50 厘米
石存地點：新鄉市牧野區白露村龍華寺

〔碑額〕：萬古流芳

重修湯王廣生廟碑記

　　盖聞生而聖明，没則爲神，此古先聖王所以歷千百載如一日也。即如衛郡城西南鄉我白露村舊有湯王、廣生廟二座，緣乾隆二十二年大水損壞，至乾隆六十年業已三十有九年矣，未嘗重修補焉。村中李君有淳者心傷，因約本村以及他鄉仁人義士各施資財，共成善事。迄嘉慶三年，廟已煥然維新，至嘉慶四年，□□□□，於是李君囑余爲文以記其事，并望後之有志於爲善者，修補於不替云。

　　衛輝府學廩膳生員王炳如撰文并書丹。

　　會首李□錢二百，會首李顯宗錢一千，會首李岱宗錢一千，會首李成文錢一千五百，會首郭明錢一千，會首王本錢一千，會首張重錢一百，會首張南錢五百，會首陳秉仁錢五百，會首孫祥錢二百，會首陳秉興錢五百，會首張湜錢五百，會首張繼祖錢二百（以下名單漫漶不清，略而不録）。

　　泥工李臣，木工張儉，繪工伍希□。

　　大清嘉慶四年歲次己未季春吉日。

329-1. 重修五龍廟墻垣小記（碑陽）

立石年代：清嘉慶五年（1800 年）
原石尺寸：高 110 厘米，寬 46 厘米
石存地點：洛陽市孟津區平樂鎮金龍谷

〔碑額〕：皇清

重修五龍廟墻垣小記

《釋名》曰：墙，障也，所以隐避，形容猶墉也。《爾雅》云：墙謂之墉，矧龍之爲靈，不令其有潛藏地乎。是役也，非前無壁垣而始創於兹，亦非仍其儉陋而重補於兹。因其舊址而培以磚石，以極其高厚夫永遠也，繼往行也。建廟之始，□默貞珉，列之前代，惟廟脊寶塔上僅□朝宏治十四年字。繼我朝順治十□年、康熙三十年重修之。至乾隆十九年，予伯祖刑部主事、奉直大夫夢超公，乃約鄉鄰復□，而輪負之，且□□馬全里人□國叔周，值□夫子踐祚之□□度維新而□然□，又動大整飾之意，與□德□□服食於無已者也來集予謀。予適□行，因與諸子侄□檢□少□□，讓吾鄉之諸前輩董其事。工竣，敬記始末，以□□□□有事□勸。

己酉恩科選□貢候選直隸州州判袁綸翰沐手撰文，邑學生袁檢沐手篆額并書丹。

本村王占元鎸。

龍飛嘉慶五年歲次庚申朔五月中浣之吉。

329-2. 重修五龍廟墻垣小記（碑陰）

立石年代：清嘉慶五年（1800 年）
原石尺寸：高 110 厘米，寬 46 厘米
石存地點：洛陽市孟津區平樂鎮金龍谷

〔碑額〕：萬善同歸

功德主：袁檢施錢五千二百七十文，貢生韓景琦施錢三千文，八品壽官馬文成施錢二千文，寧德成施錢十千三百文，管事八品壽官張廷相施錢五百文，寧朝立施錢壹千文，馬壯施銀貳兩，馬廷元施錢貳千文，張環施錢壹千五百文，袁和鈞施銀壹兩，張榜榮施銀壹兩，張□施錢八百文，寧□□施錢五百文，張□施錢五百文，欽賜七品頂帶□祭壽官袁慶施銀五錢，郭敬法施錢五百文，張景林施錢五百文，監生袁昌箴施錢四百文，監生袁鑄施錢四百文，張銳施錢四百文，袁和亮施錢四百文，李發祥施錢四百文，八品壽官郝升施錢三百文，張□施錢三百文，姜發榮施錢三百文，郭三才施錢三百文，張紫貴施錢三百文，刘振施錢三百文，郝復邦施錢五百文，袁昌□施錢三百文，馬文昇施錢二百五十文，監生郭維忠施錢二百二十文，郭瑄施錢二百五十文，柴登高施銀貳錢三分，張□施錢三百文，王□□施錢三百文。袁□、□□□、王天禄、馬廷□、王占成、張□□、王□□、陳興讓、郭雲峰、馬廷□、寧朝禮、郝敬士、寧朝慶、張景成、李發珍、郭學□、張良臣、郝□□、張天爵、郭維全，以上各施錢二百文。袁昌□、□□□、□□炳、陳良□、孟□，以上各施錢壹百二十文。□相臣施錢壹百二十文，□□□施錢壹百二十文，□□生施錢壹百□十文，張雲貴、李□祥、□維成施錢貳百文。寧朝□監生袁昌功、江西□天貴、張鑄、孟天相、郭維□、張□、牛兆鳳、郭維乙、張銅、趙培元、郭召、□大□、郭相□、閆□福、袁紹、張□位、袁□賢、袁希賢、馬廷柱、王習業、馬廷仁、寧邦魁、袁維修、袁發瑞、郭序、楊濟、馬秀、馬欽、郭□、張俊、張孝、張梅、寧□、郭松、張章、張□、郭建德、郭鐃、張鎬、張□、張蘭、宋興、郭鐸、王敬、張淑、袁□、張□、張□、寧朝木、寧朝忠、張富貴、郭維常、郝□禄、馬永□、張大明、馬廷秀、馬雲福、張天仁、張□□、焦□法、寧□□、張新□、□有□、馬廷鳳、寧朝松、趙臣、寧朝功、郭三全、朱萬林、寧蕭、郭錫、郝復行、張又喜、郭丙辰、郭學文、郭重、任重、袁卓、寧太、寧□、張景福、郭維經、趙世法、張□□、馬廷義、李兆貴、□文思、宋□法、吳宗成、□其□、陳興邦、趙元安、趙元孝、寧朝□、袁連振、郭中木、任勇、陳自新，以上各施錢三百文。

住持體法。

清（二）

805

神邱寺碑記

邑人常昌傳撰文並書丹

古來名勝之區湮滅而弗傳者可勝道哉蓋滄海以有變遷之時桑田不無
易之際此回天道之循環不得不然者也迺人懷慕古俗往於先武名靖蓉
無遺之後猶復微文獻近訪遺老以求其彷彿而補道於弗哀況吾鄉神邱
禪寺共命名之由其創建之地無非昭彰之可考哉當吾世世而不詳為誌之
子筍開寺本靖源非神邱也蓋因始建於神邱街而胥其名也夫是街也胡為
以神邱名者乃昔唐堯為君深仁厚澤淪洽者深陸遐之曰如喪考妣之民欲為
其德而不能欲報其恩而無路於是子封土為墳而立之祠一時四方之民聚
而戍衛而以神邱名之也然其時有堯祠而無寺也至晉宋梁陳欽崇
佛教兹寺乃建斯時大河北流寺與祠巍巍並耀於河朔上陽寺水路乃引
入汴引汴入淮而河乃分流

330. 神邱寺碑記

立石年代：清嘉慶五年（1800 年）
原石尺寸：高 102 厘米，寬 121 厘米
石存地點：新鄉市延津縣博物館

神邱寺碑記

古來名勝之區湮滅而弗傳者，可勝道哉！蓋滄海必有變遷之時，桑田不無□易之際，此固天道之循環，不得不然者也。乃人情慕古，往往於先代名迹零落無遺之後，猶復遠徵文獻，近訪遺老，以求其仿佛而稱道於弗衰。況吾滑神邱禅寺，其命名之由，其創建之地，無非昭彰之可考，寧可當吾世而不詳爲誌之乎。窃聞寺本清源，非神邱也，蓋因始建於神邱街而冒其名也。夫是街也，胡爲以神邱名哉？昔唐堯爲君，深仁厚澤，淪洽者深陞遐之日，如喪考妣之民，欲名其德而不能，欲報其恩而無路。於是乎封土爲墳而立之祠，一時四方之民聚而成街，而以神邱名之也。然其時有堯祠而無寺也，至晋宋梁陳，欽崇佛教，兹寺乃建。斯時大河北流，寺與祠巍巍并耀於河朔。迨煬帝搜尋水路，乃引□入汴，引汴入淮，而河乃分流。至宋神宗以後，黃水夾汴梁而東，而北流斷絶，神邱又爲旱道頭，斯已圮於一變矣。陵遲至於有明洪武二十四年，河決原武，相傳大風七晝夜，飛沙爲患，屋巷皆满，茫茫乎不可居矣。於是街移而北今之新鎮街，是寺移而西今之神邱寺。是夫堯祠既圮於河，而神邱復没於沙，求所謂雲生於室，松生於牖，舟車千里，烟火萬家者，杳不可得也。嗚呼！興亡有數，盛衰何常，此日之鬼磷螢火，彼時之舡火風燈也；今日之平沙蔓草，昔日之海市蜃樓也。感舊永懷，臨風吊古，亦孰能爲之怱然哉。而今而後，誠使神邱寺常新，則神邱街不泯，即堯之祠亦可永傳矣。問今日所重修者何？水陸閣與山門也，即諸神殿宇亦無不補葺其殘缺焉。首倡者誰？寺之住持千麟也。贊襄者誰？鄉之善士翟雲龍等也。工程告竣，求文於某，某鄙陋不能文，姑以是揮筆以誌。

邑人常習傳撰文并書丹。

會首翟千麟捐錢六千文，副會：王廷□捐錢一千五百，張洪國捐錢二千五百文，原進倫捐錢二千文，常美捐錢三千五百，李書捐錢四千文，常三公捐錢一千文，原夢祥捐錢五千文，王加瑞捐錢五千文，張瑞捐錢四千五百，臧林生捐錢二千文，常廷忠捐錢四千文，常珂捐錢三千文，袁大振捐錢三千文，任有功捐錢四千文，原紱捐錢三千文，翟道生捐錢三千文，豐文章捐錢三千五百，閆文龍捐錢二千五百，王簡捐錢二千文，王永圖捐錢一千五百，常琳捐錢二千五百，劉從孔捐錢一千五百，蘇忠捐錢一千五百，汪學勤捐錢一千五百，劉蘭馥捐錢一千三百，楊作仁捐錢三千文，馬仁捐錢一千文，豐鎬捐錢一千五百，豐朝卿捐錢一千五百，劉復旺捐錢八百文，原思公捐錢一千文，宋文謨捐錢三千文，張景尼捐錢一千文，袁大本捐錢二千五百，原茂才捐錢一千五百，原惠人捐錢五百文，明光宗捐錢一千文，王春魁捐錢一千文，臧珂捐錢八百文，臧進德捐錢八百文，楊永立捐錢三百文，李起哲捐錢五百文，常貴善捐錢五百文，朱星捐錢三百文。

車莊：車儉三百，張文仲二百，車法思一百，車姑文一百，車標一百，車起林一百，麻有柱一百，張文成一百，張文有一百，車在州一百，張修身一百，張修己一百，車希聖一百，宋奎一百，張文舉一百。

住持：千麟、千魁、千緒、千玉。徒中欽、徒中和、孫覺奇、孫覺寬。

木匠常富捐錢一千文，石匠郭山立捐錢五百文。

大清嘉慶五年歲次庚申荷月中浣吉旦建立。

331. 重修龍王五神聖像碑記

立石年代：清嘉慶五年（1800 年）
原石尺寸：高 161 厘米，寬 59 厘米
石存地點：焦作市博愛縣寨豁鄉大底村龍王五神廟

嘗思重修庙宇爲之也易，創立殿閣爲之也難，何也？重修者仍旧也，創立者作新也。□□龍王五神圣庙，威灵有感，所求必應，顧殿内之顯赫，雖有可觀，而庙中之工程，一無所就，與荒烟茂草之間何所殊乎？會首林子秀及葛興柱、王者用等聚衆公議营立庙宇，將屢年所積錢粮，即在本庙興工，無論迎神賽社得所依歸，即村中紅白事体，一遭風雨，亦莫不有處安措。由是大家歡喜，皆稱善善。随建上而東西看樓十間，下而東西廊房六間，效力助工，不数月而成，□□值完竣，勒石刻名，永垂不休。

施財善人姓名開列于后：畢來方、畢鳳端錢五百文，葛宗昌錢二百文，葛永田錢八百文，賈祥占施東地基（東西五尺五寸寬，南至看樓南間齊，北至山神庙齊）、錢二千一百五十，林子秀錢七千八百、檁一条，王者用錢六千三百五十、檁一条，王朝林錢四千一百五十、檁二条，葛興柱錢四千四百五十、檁一条，賈怀珠錢四千四百、檁一条，葛育宝錢三千八百五十、檁一条，王朝富錢四千一百五十、檁一条，賈怀亮錢三千五百、檁一条，葛永奇錢三千零五十、檁二条，葛永全錢二千八百五十、檁一条，賈玉興錢二千六百，葛育興錢二千七百五十，葛永文錢二千八百五十、檁一条，賈起升錢二千七百五十，賈起堂錢一千四百五十、檁一条，葛永春錢二千五百、檁一条，王朝江錢二千五百五十、檁一条，賈起平錢二千二百五十，王朝軒錢二千二百五十、檁一条，葛永喜錢二千一百，檁一条，葛永祥錢二千一百五十，葛育聰錢二千一百、檁一条，葛興聚錢一千五百，葛宗全錢一千七百，葛永敬錢一千九百，葛永浩錢一千五百五十，葛永富錢一千七百五十，毋兆雷錢一千六百五十，葛育温錢一千四百五十，葛永信錢一千四百五十、檁一条，葛永勤錢一千，葛育佳錢一千二百五十，王者奉錢九百，葛永會錢九百五十，葛永諧錢一千四百，賈怀必錢一千三百五十，葛永盛錢一千三百五十，葛永新錢一千一百，王朝群錢三百五十，葛永廣錢六百、檁一条，賈育还錢三百五十，毋成秀錢五百五十，賈起林錢九百五十、檁一条，葛永浩、葛育松錢八百。

會首：葛育興、葛永全、葛育宝、葛興柱、林子秀、王者用、賈怀珠、王朝富、賈玉興、賈怀德，同立石。

玉工：王尝月

時大清嘉慶五年九月初九日漢高城，葛永輝敬題併書。

332. 重修府君廟碑記序

立石年代：清嘉慶六年（1801年）
原石尺寸：高152厘米，寬56厘米
石存地點：新鄉市衛輝市城郊鄉府君廟村

〔碑額〕：□□□芳

重修府君廟碑記序

粵稽古今名山大川，厥惟三百□，莫不有神焉以主之，顧其所以爲是神者，要皆前代之偉人，素有功□於億……名臣，死爲明神而已。即如我府君者非乎？想我府君在唐，久爲一代之名臣，少年莅政，種種善迹不可枚舉。今之所稱斷虎誅蛇，其一□□。追敕封輔主南嶽，其建廟而祀之也固宜。矧兹地爲首邱之所，歿而有知，其精誠有不依依於此者哉。……幾不堪爲神所庇。適有發禎段君者，目睹心傷，爰約眾善友各捐資財，於乾隆肆拾伍年鳩工庀□，……欲勒諸珉，以垂不朽。後因年歲凶荒，不及終所事而齎志以歿矣。雖在諸君捐資樂助，非借是爲……兹來許，抑亦先死者之憾也。今其嗣君崑克□父志，於兹歲春遍請前時會友重鐫貞珉，□□是舉……固稱堂構之光。在諸君，繼往開來，亦昭多助之美。予雖言之不文，不將附驥尾以行千里乎哉。是爲記。

乾隆肆拾□年募化香首：段發禎、韓自發、王永昌、侯長濂。副香首：陳禄、王士傑、韓應魁、李淳、張倫、侯永成、歐承熙、張瓚、聞振邦、王士重，以上各施錢肆仟伍佰文。管賬：侯長清、張□□子雲河錢貳佰。

本年建碑司事：段發禎長男崑、王士傑又捐錢肆佰。副司事：陳禄長孫隆又捐錢壹仟，張瓚男克信又捐錢叁佰，李淳弟浦又捐錢壹仟，王永昌孫宗堯又捐錢叁佰，歐承熙又捐錢捌佰，王士重男宗舜又捐錢伍佰，聞振邦男珂又捐錢捌佰，侯長清又捐錢伍佰，韓自發又捐錢六佰，韓應魁又捐錢伍佰。王傑又捐錢肆佰，張□又捐錢壹仟。

木作：余禄、周珮。泥作：崔礼。画工：張志□。石匠：李元緒。

時住持道人宋嘉美，徒李祥魁。

大清嘉慶陸年歲次辛酉夾鍾之月，汲庠後學王朝續拜撰，邑人苗湛書丹。

333. 重修玄帝廟碑記

立石年代：清嘉慶六年（1801 年）
原石尺寸：高 120 厘米，寬 52 厘米
石存地點：新鄉市衛輝市上樂村鎮宋村

〔碑額〕：流芳百代

邑東北隅約三十餘里名曰宋村，衛水東流迴繞三面……西側舊有玄帝廟一座，周公桃花聽其使焉，趙温劉列其班則信乎。玄帝之……創建之始，未知肇於何時……訪諸父老，傳□大約康熙三十七年，陳氏□□母子募化重修。至乾隆貳拾二年，河水漲發，廟宇充决强半，神像敗……不目睹心傷也。況本村平……與首事□琚同起善念，力爲重修，不日而功成告竣，時未……石刊名村之捐資財者□僅十之有一。總之不離平善……乾隆五十九年，又被水災……頽□，余君諱際宗不忍坐視，因約魏霆等叩化合村信等……資財共襄聖事，易故爲新焕乎，改觀於一旦，整缺以補……千秋，獨是斯廟也，雖数……修，要□□神殿一間，曾未有大啓院宇，高增閭閻者，今有……諱生金施廟前地四厘八毫，建其墙垣，立殿□山，非敢曰……前人之遺意，仍其舊貫，而……其略，以是爲序。

府庠生巨川焦汝楫撰，□□生景生焦璘參……牧野散人令文王玢書。

（以下功德主漫漶不清，略而不録）

大清嘉慶六年三月……吉……

九龍聖君廟洞酬愿記

嘉慶六年八月終旬立

334-1. 九龍聖君廟洞酬願記（碑陽）

立石年代：清嘉慶六年（1801 年）
原石尺寸：高 153 厘米，寬 58 厘米
石存地點：洛陽市新安縣鐵門鎮龍澗村

〔碑額〕：皇清

九龙圣君庙洞酬愿記

《易》云：觀天之神道而四时不忒。《楚詞〔辞〕》云：東風飄飄兮神靈，雨神莫大於風雨和會，是即天之官也。故洋洋如在事神者，如蕭官焉。盖蕭官者，出則有輿衛，入則有宮寢。事神者，行則有鸞儀，居則有洞廟。神與官其揆一也，故祈神者往往以修儀修廟爲報答。新邑四牌九龍聖君宮，遠近之福星也，故旱而禱雨，不但新人爲汲汲，即鄰邑亦奔走偕來。而宜邑鐵索溝龍母洞，九龍神本源之所在也。四牌人旱而禱雨，雨不濃，則往取水於洞，登山涉水，遠不憚劳。以聖君孝而聖母仁，仁孝天之誠一，故能生水焉。禱則歷歷有驗，故許爲聖君作鸞儀者諸聖也，爲聖母作洞廟者後愿也。惟神聰明正直，豈爲許願而始靈，惟人周濟旁皇不當，許願而相□，久要不思□□之，言此有願，所以次第補還也。予與舍五弟興於四□□西取水者，誠不一而足，故特記其梗概云爾。

庚子科舉人鄧行簡敬撰，胞弟庠生恭簡書丹。

（以下捐資人姓名漫漶不清，略而不録）

嘉慶六年八月終旬立。

羊義胖　孫孟祥　郭仁　宦天豫　張宗礼　王魁士　黄鍾
郭景濂　黄標　王槐　黄進銘
黄世卿睿　孟若封　李師文　黄家貴　張宗先　姫雲鶴
王扶道　楊桐　劉子春　朱槐　孟卓然
黄家據路　黄鈺　王大士　桐今孔文　黄家順　郭大孝
張標齡　王大成　高文　黄寒鶴　郭聚魁
孟若齡　崔世德　寒行恭　刘本斧　郭友順　黄家寅
黄金声　黄百福　黄大魁　寒天鶴　張連瑾　高鏡万
張頗彪　黄椿齡　王文閣　朱士印　黄家樂　黄家侯
常耿家　黄自勉　王宗重　朱士梅　張送同　孟百侯
黄百福　崔大成　黄家信　張体林　張懐道　王元袋
王世宗　張体孝　孟坤　楊体梅　張継瑞　高鎙万
王敬朝　黄念祖　張体信　王家珠　張懐恭　黄百綺
王猴魁　王宗登　張修仁　王士梁　黄百釭
黄洞口首事人　張孟福　各百五　各十五
宜陽洞口首事人　黄世清　張天德　黄各十　張聚
晋福　郭世魁　張金秀　孟若　張孟棽
高進朝　許尓全　張体従　王怀宝　王无淃
崔元鰲　高進秀　共施六五千　王怀玉　各五十
任世礼　　　張継程

石医　閣學詩
李士聰

看守廟毛自恭

共花不四十七千五百二十二文

乾隆六年歲大旋……

334-2. 九龍聖君廟洞酬願記（碑陰）

立石年代：清嘉慶六年（1801 年）
原石尺寸：高 153 厘米，寬 58 厘米
石存地點：洛陽市新安縣鐵門鎮龍澗村

羊義牌：郭景濂千六，黄世卿六百，王扶道、黄家振各三百五，張万齡、孟標、張毓彪、黄金聲各三百，孟百福、常耿家各二百五，王世宗、王敬、王恭、黄振魁、孫孟材、黄標、孟若對、楊峒、黄鈊、王大士各二百，黄世德、翟大成、黄絟、黄春齡、張自勉、黄百万、王念祖、黄世清、郭世魁、黄世登、郭尚仁、張瑡、李師文各二百，高文一百八，蹇行泰、黄家相、張体信、王承重、王文閣、黄大魁、張体孝各一百五，黄元福、楊学孟、孟杓、張修仁、雷天豫、王槐、黄家貴、刘子春、黄大中、刘百舉、孙□川、孟□理、黄家善、黄家祥、王成材、王玉梁、王玉柱、孟維成、張天德、張金秀、張体健、張榮礼、張現、張榮先、孟芳、楊學礼、雷天鶴、朱士印、朱楝、楊梅、張体林各一百，黄鉦、黄鉁各七十，岳貴、王怀寶、王怀玉、王魁士、郭天賜、姬雲鶴、朱槐、黄家順、郭友仁各五十，張体恭、張瑞、鄧繼湯、張怀道、張述周、張聚、孟櫡、張繼程、黄鍾、黄銘、黄進、孟卓然、郭聚魁、郭大孝、黄家寅、張廷瑾、黄家樂、高振万、王元岱、孟百侯、黄綺、鄧守法、王元士各五十，共花錢四十七千五百二十二文。

庙頭針工林会極乾隆六十年做大旗。五村小□□□移洗□□，做□□对傘两把、鸞架九……牌……錢五十一千七百三十八文……宜陽鐵……庙者……李德善。

宜陽洞口首事人：晋福、高進朝、崔元鰲、許尔全、高進文、函秀、任世礼共施五千。

石匠：闞學詩、李士聰。看守廟：毛自恭。

335. 重修龍王廟碑記

立石年代：清嘉慶七年（1802 年）
原石尺寸：高 125 厘米，寬 54 厘米
石存地點：洛陽市新安縣倉頭鎮王村

〔碑額〕：大清

重修龍王廟碑記

在昔，昌黎先生云：莫爲之前，雖美弗彰；莫爲之後，雖盛弗傳。茲邑之位乎離者，里居相傳有黑龍廟一座，其經始也，原不知創自何時，而膾炙人口，由來舊矣。奈世遠年湮，風雨飄搖，遂致摧殘剥落，而遺址僅存焉。夫使聽其傾頹，將神失所憑依者，而前人之志興事，勢且湮没弗彰矣。以故本村善士有張君諱錫廣者，并錫廣之胞侄諱公典者，復有燕君諱學□者，目睹心惻，知此之不可委爲異人任也，遂各捐己資，并募化四方諸君子，鳩工庀材，共襄盛舉。不數月而殿宇輝煌，依然落成之，□廟貌巍峨，宛同享祀之初。則是舉也，既已抒虔誠於神靈，亦以□□功於奕祀。是爲記。

□挺立撰，新邑儒童陳立德謹録。

功德主：(漫漶不清，略而不録)。

木作：吕士擢。石工：史春有。畫匠：姚相林。

嘉慶柒年玖月上澣之吉。

336. 創修伊河大王廟碑記

立石年代：清嘉慶七年（1802 年）
原石尺寸：高 123 厘米，寬 55 厘米
石存地點：洛陽市伊川縣平等鄉四合頭村

創修伊河大王廟碑記

嵩治東北，距城七十三里許村莊曰西合頭，其人耕讀爲業，多醇厚，風傳清初以來，并無稻田。今於乾隆三十年間，稻禾盈積，詢其故，雖屬人力之勤，實蒙神聖之大王之爲靈昭昭矣。僉曰蒙福者酬德，被澤者報功，秋冬報賽，固其禮也。第延河致祭，非瞻仰無從，亦且并無定所。至嘉慶壬戌，忽有王君諱習武、林君諱有福、常君諱學孟、常君諱登鰲者，以創修爲念，并募化鄉衆，或施地基，或輸人工，或捐資財，人人爭先恐後，不日而廟貌巍峨，神像輝煌，又何苦於瞻仰無從，而享祀之無定所哉！功竣，求記於余，余不文，僅叙顛末，以誌不朽云。

邑後學壽山氏□松撰文并書。

王永慶施地基一所，王孫鼐施錢一百文，王習武施錢五百文，林有福施錢一千、牛工一个，常學夢施錢五百文，常登鰲施錢一百文，□常□施錢一千文，林貴福施錢五百文、牛工一个，王克勤錢五百、牛工一个，王有顥錢三百文、牛工一个、化錢五百五十文，陳□施錢二百文，王興錢二百、牛工一个，□儒華施錢二百文，王□行施錢二百文，王傑施錢二百文，王百壽施錢二百文，□鵬錢二百、牛工一个，王乾錢一百五十文，王興詩錢一百文，常登□錢一百文，常學程錢一百文，王習文錢一百，牛工一个，陳廷珍錢一百文，王橘錢一百、牛工一个，王儒錢一百文，王有禄錢一百文，常棟錢一百文，王荷錢一百文，王進錢一百、牛工一个，王移錢一百文，裴坤錢一百文，裴世魁錢一百文，裴世武錢一百文，唐文錢一百文，裴世翠錢一百文，裴世重錢一百文，胡友錢一百文，林有花錢一百文，林有壽牛工一个、錢一百文，王玉錢一百文，王聚錢一百文，王瑯錢一百文，黃榜牛工一个、錢一百文，王協錢一百文，陳友全錢一百文，楊礼錢一百文，黃梅錢一百文，陳廷相錢一百文，陳廷貴錢一百文，陳廷顯錢一百文，陳□錢一百文，常登元錢一百文，王宗文錢一百文，王興唐錢一百文，王新錢一百文，裴世進錢一百文，王莪錢一百文，李恭錢一百文，王宗武錢一百文。

使官磚二百八十四个。

清（二）

821

黄河流域水利碑刻集成·河南卷　三

822

337. 永利河捐施地畝碑叙

立石年代：清嘉慶八年（1803 年）
原石尺寸：高 146 厘米，寬 50 厘米
石存地點：新鄉市衛輝市百泉涌金亭

〔碑額〕：金石留芳

永利河捐施地畝碑叙

聞之舍□爲寺，裴公美之善行自古爲昭；捐帶助工，蘇子瞻之芳名於今尤烈。以及□達買園而充聖地，紫陌施樹而不收金。古今來端修功德、樂善好施者，代不乏人。永利河口創建三公洞府工程將竣，煥然一新，但祀田缺乏，香火無資，甚至聞夫工食時久漸減，實不敷用。試問十堰之中，誰是慷慨不吝樂善好施者？幸有上三堰南程村考授正九品職銜李君諱瑞麟，其母郭氏年近九旬，素性好善，命子捐肥田三畝零。又有中四堰西湖村已故監生馮君諱有富，室人郭氏亦命子尚武、尚祥施地五畝零。二氏所施之地，俱入水利河，作爲官田。孰謂巾幗中無丈夫哉？每年招佃耕種，秋夏所獲籽粒，除祭祀三公外，所餘微資貼備閘夫度用。庶閘夫既有工食銀兩，又有稞租貼備，得以永遠看守，因時啓閉。將見淤塞既鮮，咽喉常通，利澤瀜瀜，此河永久不廢者，亦甚端賴於此矣。猗歟休哉。既揚舊規之漸彰，又瞻新模之忽振。後之人飲水知源，憩木思植，睹枋口而歌三公，亦當慶樂土，而念二氏於不朽云，是爲叙。

計開議定，每年十一月初一日，三總管同施地之家敬獻三公神祠。

頭堰職員李瑞麟所施地畝，坐落南程村西南，中長一百廿步零二尺，中闊六步一尺六寸，□□□□□□□東至澈水河東岸，西南二至樊德純。北至施主，見地三畝一分七厘五絲三忽。中四堰馮尚武、尚祥所施地畝，坐落西湖村南窑地一段，東至路，西至青渠，南至郭正書，北至馮玉禄，計地五畝零九厘二毫八。

引進善士：張德功、馮魁元、李福隆、馮尚周、趙騰龍。

住持道人：郭一通。

石工李大英、劉謹刻。

嘉慶八年又二月廿六日立石。

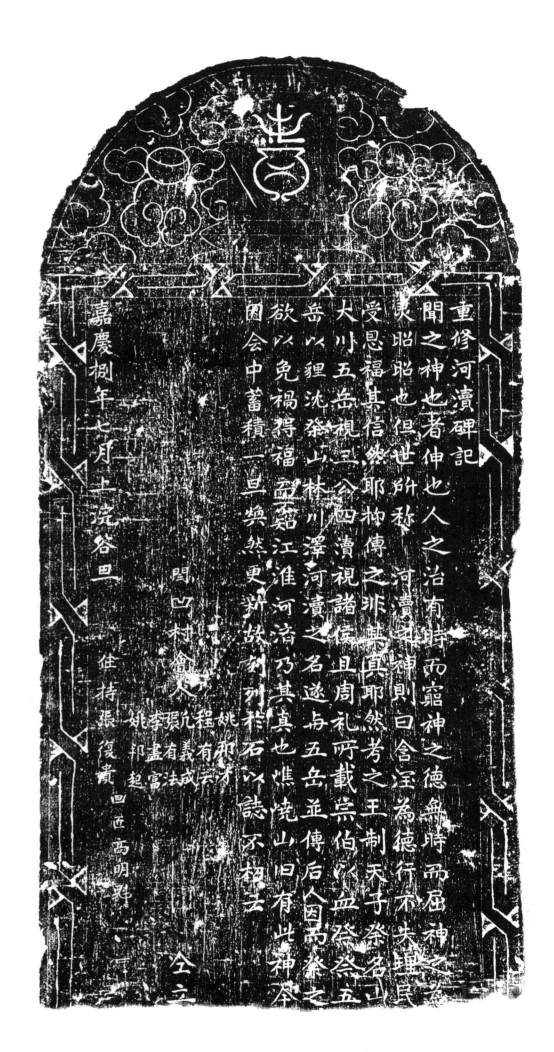

重修河瀆碑記

聞之神也者伸也人之治有時而窾神之德無時而屈神之

天昭昭也但世所稱之河瀆之神則曰含洼為德行不失瑾民

受恩福其信然耶柳傳之非韓真耶然考之王制天子祭名五

大川五岳視三公四瀆視諸侯且周礼所載崇伯后因為祭之

岳以狸沈柴山林川澤河瀆之名遂與五岳並傳曰人血食五

欲以免禍得福盆岳江淮河濟乃其真也樵燒山旦有此神焚

困會中蓄積一旦煥然更新敬刋列扵石以誌不朽云

嘉慶桝年七月上浣榖旦

閻□村會人

住持張復貴

姚邦起 李有富 張有義 兀成法 程郡才 姚□□

畫匠高明彩

338. 重修河瀆碑記

立石年代：清嘉慶八年（1803年）
原石尺寸：高99厘米，寬49厘米
石存地點：洛陽市洛寧縣嶕嶢山祖師廟

〔碑額〕：清

重修河瀆碑記

聞之神也者，伸也。人之治有時而窮，神之德無時而屈，神之爲靈昭昭也。但世所称河瀆之神，則曰含潤爲德，行不失理，民受恩福，其信然耶。抑傳之非其真耶。然考之《王制》，天子祭名山大川，五岳視三公，四瀆視諸侯，且《周礼》所載，宗佰以血祭祭五岳，以貍沈祭山林川澤。河瀆之名遂与五岳并傳，后人因而祭之，欲以免禍得福，而不知江淮河濟乃其真也。嶕嶢山旧有此神，今因会中蓄積，一旦煥然更新，故刻列於石，以誌不朽云。

闫凹村會人：姚邦才、程有云、凡義成、張有法、李盡富、姚邦起同立。

住持：張復貴。画匠：高明魁。

嘉慶捌年七月上浣谷旦。

萬古流芳

339. 重修龍王大殿東西小樓碑記

立石年代：清嘉慶八年（1803 年）

原石尺寸：高 145 厘米，寬 54 厘米

石存地點：焦作市沁陽市西萬鎮沙灘園村龍王廟

〔碑額〕：萬古流芳

重修龍王大殿東西小樓碑記

嘗聞神之爲德也，其盛矣乎？視雖無形，聽雖無聲，而其靈爽有庇蔭於民生日用者，莫不畏敬而奉承焉。斯洋洋乎，如在其上、如在其左右者，方將明禋，特舉以隆報功之典也，殿宇聖像豈可聽其損壞而不爲之更新乎？故沙灘園村古有龍王神祠一所，時久傾圮，聖像垢敝，拜跪者莫不關心。于是嘉慶七年六月内，公議會首壯等十六人壯等將馬王會所積資財撥出大錢七十二千文，賣栯樹、楸樹價銀四十九兩，餘下合社按粮均派撥出布施銀若干，以爲修理金妝之需。壯等出其誠心，踴躍鼓舞。不一年而大殿擴然改觀，小樓巍然告竣。不月餘而聖像焕然聿新矣。此雖人力使然，要皆神靈之所默佑也。今將施財善士并會首姓氏開列於左，以垂不朽。

業儒刘克承薰沐撰書。

計開：竟成號施銀伍兩，唐逸庵施銀伍錢，焦林泰施銀伍錢，陳順施銀叁錢，合興號施銀伍兩，極盛號施銀伍兩。

會首：刘克旺施銀一兩伍錢，刘克讓施銀一兩，李世貴施銀一兩，丁自儒施銀二兩，苗發秀施銀一兩，刘克寬施銀伍錢，李宗恭施銀一兩，李宗文施銀一兩伍錢，杜萬楊、刘克宰、丁宗顔、刘克承、刘克軒施銀伍錢，王學孟、刘世科施銀伍錢，張銀施銀一兩。

本社按粮均派布施：刘克新錢十一千八百文，丁宗顔錢七千八百一十文，刘克壯錢七千文，李宗文錢六千八百五十文，杜萬楊錢五千五百文，趙有平錢六千四十文，刘世棟錢五千一百四十文，刘克承錢四千二百六十文，刘世達錢四千文，刘好義錢三千九百四十文，刘士賢錢四千四百四十文，刘克宰錢二千八百六十文，丁有儒錢二千八百卅文，李尚忠錢二千七百六十文，李尚志錢二千三百一十文，李世貴錢二千三百一十文，李金玉錢二千五百二十文，刘芝錢二千二百文，刘維翰錢二千六百廿文，張傑錢一千七百五十文，張聚錢一千六百一十文，張金錢一千六百六十文，刘好智錢二千五百二十文，刘好礼錢二千二十文，刘可敬錢一千七百二十文，刘克定錢二千七百九十文，刘克鼎錢二千七百九十文，刘世科錢一千八百九十文，李宗太錢一千八百一十文，刘克軒錢一千六百二十文，趙啓先錢一千九百廿文，刘起孝錢一千六百九十文，刘□焕錢一千六百□十文，刘克佐錢一千一百八十文，李金旺錢一千七百□十文，丁□□錢一千七百四十文，丁宗法錢二千八百五十文，丁有國錢一千七百一十文，丁宗生錢一千八百文，丁宗魯錢一千七百九十文，刘起學錢一千六百廿文，苗發貴錢一千三百卅文，苗學孟錢一千四百五十文，丁宗元錢二千廿文，刘克慈錢一千五百四十文，刘克善錢一千三百九十文，刘世倫錢一千三百五十文，刘大鵬錢一千二百八十文，丁□□錢一千四百六十文，丁有用錢一千二百九十文，張兆麟錢一千二百六十文，張兆鳳錢一千二百六十文，刘復元錢一千三百卅文，張銀錢一千二百六十文，丁學玉錢一千二百六十文，刘克公錢一千二百文，丁學義錢一千六百一十文，丁萬福錢一千四百廿文，王世臣錢一千二百七十文，王學孟錢一千二百四十文，丁宗伊錢

一千一百六十文，刘世道錢一千一百八十文，趙文焕錢一千一百一十文，刘克寬錢一千文，丁有明錢一千文，刘克平錢一千一百四十文，丁宗佰錢一千一百廿文，丁學□錢一千一百廿文，□張氏錢一千五十文，刘克正錢九百九十文，刘廷祥錢九百四十文，苗大壽錢九百一十文，刘繼貞錢九百八十文，刘克彩錢九百廿文，刘克信錢九百六十文，刘克安錢八百七十文，王學書錢八百一十文，丁學書錢八百卅文，刘克友錢七百五十文，王世貴錢七百五十文，王世显錢七百五十文，王世忠錢七百八十文，刘克范錢七百八十文，丁克公錢七百四十文，李鶴令錢七百文，李宗孔錢六百六十文，刘可用錢四百五十文，芦天炳錢一千五百四十文，苗發秀錢二千一百一十文，苗發科錢二千六百七十文，苗發旺錢一千六百六十文，刘億□錢九百九十文，張克明錢八百四十文，芦天臣錢七百六十文，張廷榮錢六百九十文，張有法錢六百九十文，刘克聖錢六百五十文，王學孔錢六百六十文，王學顔錢六百七十文，趙啓賢錢六百文，李宗□錢五百八十文，刘起成錢五百七十文，田永太錢四百九十文，刘克壽錢三百四十文，趙法錢四百五十文，丁克相錢四百文，芦得旺錢三百九十文，丁可順錢四百五十文，丁宗正錢二百四十文，丁宗礼錢三百一十文，刘世楹錢三百文，丁學礼錢三百四十文，丁可貴錢三百文，刘克昆錢三百四十文，刘克玉錢三百四十文，王學思錢三百卅文，丁二户錢三百文，丁子倫、其錢二百六十文，刘世柱錢二百七十文，刘克俊錢二百五十文，王學礼錢二百四十文，刘起栢錢二百六十文，刘延士錢二百一十文，芦天貴錢二百一十文，丁宗友錢一百六十文，丁有印錢一百五十文，閆自得錢五百文，丁宗和錢一百五十文，張□全錢一百五十文，宰殿才錢一百五十文，刘大興錢一百五十文，張福友錢一百五十文，王學仁錢一百五十文，丁宗時錢一百五十文，刘克乾錢一百五十文，丁宗端錢一百五十文，丁宗太錢一百廿文，丁宗海錢九十文，刘延祥錢一千二百文，刘延增錢八百六十文，丁有松錢二百一十文，刘延直錢五十文。

　　木匠原貴廷，石匠常克己，住持郭永海，徒文元祥同立。

　　嘉慶捌年。

東西小樓碑記

德也其盛矣乎視雖無形聽雖無聲而其靈爽有庇蔭於民生

其在右者方將明禋特舉以隆報勳之典也殿宇

祠一所時久頹圮聖像垢斂獻跪者莫不關心于是嘉慶七年

積貲財庀出夫傭七千二百文買柏樹楸樹償銀四十九兩餘

需壯等出其誠心踴躍鼓舞一年而大殿焕然改觀小樓巋然告竣六月

之所默佑也今將施財善士並會蕭姓氏開列於左以垂不朽

《重修龍王大殿東西小樓碑記》拓片局部

向喬有約謁山靈嵐影
浚光展盡畫屏一幢春烟
濃似染清暉閣如湧金
亭長咏高吟幾代還鈍
根何憂叩賢閣芳苑過
眼饒生枞野竹桃花翠
水環石壁鐫題畫雅才
金篦刮眼絕塵埃愧無
謝眺驚人句曾踏靈鼇
肖上来重遊来卜定何
年繫我心情是百泉鴻
爪他時尋舊夢蔦蘿初
付豔陽天
嘉慶甲子仲春遊百泉
口石紀事
蕉山白鍇

340. 白鎔游百泉詩

立石年代：清嘉慶九年（1804 年）
原石尺寸：高 28 厘米，寬 56 厘米
石存地點：新鄉市輝縣市百泉風景區

　　向商有約謁山靈，嵐影波光展畫屏。一幀春烟濃似染，清暉閣外涌金亭。長嘯高吟幾代還，鈍根何處叩賢關。芳苑過眼饒生輒，野竹桃花翠水環。石壁鐫題盡雅才，金篦刮眼絕塵埃。愧無謝朓驚人句，曾踏靈鼇肖上來。重游未卜定何年，繫我心情是百泉。鴻爪他時尋舊夢，蔦蘿初附艷陽天。
　　嘉慶甲子仲春游百泉，口占紀事。
　　莽山白鎔。

341. 河南衡家樓新建河神廟碑記

立石年代：清嘉慶九年（1804 年）
原石尺寸：高 232 厘米，寬 119.5 厘米
石存地點：新鄉市封丘縣王村鄉廟崗村使君祠

河南衡家樓新建河神廟碑記

黄河發源崑崙，東流入于甘陝，出三门底柱之險，至于孟津，遂浩浩湯湯，以達于海。其性挾沙，易于壅積。有壅積之害，則難免潰決之患。本朝百數十年以來遭水患者屢矣，莫不發帑堵築，雖用民力即可賑恤，實一舉而數善備，舍此豈有良法哉？予小子敬承大業，恪守成規，嘗恭讀皇考聖制文云：河工關係民命，未深知而謬定之。庸碌者惟遵旨而谬行之，其害可勝言哉。煌煌聖訓，實子子孫孫所應遵守。歲癸亥九月，已逾秋汛，方盼安瀾之奏。忽驚河臣穝承志飛章入告，河北岸衡家樓汛，大河奪溜，于十三日衝決堤身，數日之間，陸續塌寬竟至五百餘丈。河流直注大名所屬長垣三州縣，遂入山東省，抵張秋鎮，橫穿運道，下匯鹽河，由利津入海。此實予之不德，上干天和，以致大變，然徒戰兢失措于事。奚益亟命侍郎那彥寶馳赴工次，總辦堵築事宜。仍命巡撫馬慧裕總河，穝承志襄辦。鳩工集料，協濟帑金不下一千萬兩，賑恤難民，同時并舉。直隸則命藩司瞻柱遍施大賑，山東則命尚書費淳同巡撫鐵保督辦運道、安民諸務。幸諸臣協力同心，敬勤不懈，使民受實惠而少流離，運道疏通而鮮阻滯。于十月初三日興工口辦，晝夜無停。感昊慈垂佑，隆冬冰薄，全消沍凍，人力易施。又兼引河得勢，計日可蕆巨工。河之初決也，予心焦急，不得善策，乃進廷臣詢訪咨諏，以收集思廣益之效。諸大臣各抒嘉猷入告，俱随時指示，遍加采納。亦有謂河北徙諉之氣數，乃禹治水之故道，聽其自流，不必堵築。予心不以爲是，豈有舍數百萬人民田産、廬舍，付之洪流？況七省漕運要道，尤爲國家大計，若輕議更張，是自貽伊戚，非至愚者不爲也。當更張而不更張，固爲失算；若不必更張而妄爲，其患更甚。治河如聚訟，于兹益信矣。河決在衡家樓北岸，集夫鳩料，築堤埽，開引渠，搴茭下埽，疊壩刷沙，工巨用繁，恐未能必成。自興工後，感沐河神庇護，豪無阻滯，日有進益。北岸施工倍難，況大河全趨，非漫溢分溜可比。設冬令嚴寒，不能興築，春汛漲發，盛满堪虞，則合龍必遲，漕運有阻，所繫綦重。兹于二月下旬，費淳、鐵寶奏報，南糧首帮全渡張秋漫口，連檣北上，是運道無虞，静俟合龍佳信矣。忽于三月三日，驚聞東壩蟄陷三十餘丈，恐懼寸忱，宵旰莫釋。續據那彥寶等具奏，搶護平妥，引河通暢，仍可望月内合龍。夫成敗樞機，總由天眷，感懼之誠弥增，敬慎之念益切。唯俟河復民安，稍贖予咎耳。自是遷徙無定，又趨西壩。諸臣盡力督辦，中旬以後，河流漸歸引河。至二十二日，金門挂纜，進歸斷流，亥時合龍，全河復歸故道。予敬感天恩深厚，祖考默佑，使百萬生民咸登衽席，七省漕運仍歸天庚，皆沐河神垂庇。記云：禦灾捍患則祀之。敬命擇地建廟，卜吉興工，春秋致祭，庶伸感謝寸誠，永慶安瀾，波恬軌順，與臣民同沐鴻慈，曷其有極哉。夫以五百餘丈之巨工，況值沙浮地凍之候，三冬氣暖，不日而成。雖稍有蟄陷，而旋轉甚速，上蒼昭格，如在其上，甚可畏也。予寅承大寶，益鼛敬虔惕之懷，文不能述，謹泐豐碑，用紀實事。是爲記。

嘉慶九年歲在甲子季春月下旬御筆。

林邑任村集南街因

清嘉慶九年六月元旱民命難堪信女誠心

叩祈

青白二龍寶洞拜周聖下一日有求必應三日清風細雨

香末二柱蕭洞潮濕氷消大凡焚出洞口見雲霧層

屑雷声不絶普降雲霖以救民生秋成淡里表

神恩

賀　　王太和書

社首　王起恒
　　　王及李作成

買辦　王起恒
　　　王保林

吾社人王武先

張大有　什登明

張法旺　朵喜立

王起成

石匠王太明

342. 任村集南街祈雨碑記

立石年代：清嘉慶九年（1804 年）
原石尺寸：高 45 厘米，寬 42 厘米
石存地點：安陽市林州市任村鎮豹臺村白龍洞

　　林邑任村集南街因清嘉慶九年六月亢旱，民命難堪，信女誠心叩祈青白二龍寶洞，拜問聖卜，一曰有求必應，二曰清風細雨。香未二炷，滿洞潮濕，水滴六七点。出洞只見雲霧層層，雷声不絶，普降甘霖，以救民生。秋成以畢，表賀神恩。
　　王太和書。
　　社首：傅門石氏子景才、景武、景和，王門王氏子保成。
　　四具辦：王起位、王保林。
　　管社人：張大用、王口先、付登明、陳增明、桑喜立、張法旺、王起成。
　　合社人：王門元氏子嘉佐，張門張氏子保雨，付門刘氏子登明，陳門王氏孫本文，王門元氏子立同，付門程氏子景全，張門王氏子同林，王門桑氏子清林，張門陳氏子法五，桑門張氏子喜立，李門桑氏子世保，陳門秦氏子大京，谷門黃氏子天伏，王門岳氏子太付，桑門王氏子喜立。
　　石匠：王太明。

百世流芳

大清國河南開封府祥符縣李四股河庄重修碑記

關帝諸神廟馬圈家樓河水漫溢棟宇傾頹
吾邑之中有
者目觀而心傷故與合庄之人敬慕四方善士各捐資財
協力重修既告成間記千餘言子曰不知所自記將何言
族伯曰關帝久相傳創自洪武其間亦几歷重修矣追我
朝黃汜決口沈沒八載將庄村廟宇盡付東流既而民還業
復重修嘗乆有至太其人屢後風雨損壞重藤昔又有別
王一豹其人今而廟貌復新也何以飴已往下有或示將米
次第聆之援筆而書惟異上河以略神之意總無非欲人向善于
巳耳至若立廟設神之意向善于又何能極
力致碑想像流連以示誇多而關龐哉
嘉慶拾年歲次辨蒙赤奮若且月下浣穀旦
生員王玉振謹井書

343-1. 大清國河南開封府祥符縣李四股河莊重修碑記（碑陽）

立石年代：清嘉慶十年（1805 年）

原石尺寸：高 143 厘米，寬 51 厘米

石存地點：新鄉市封丘縣魯崗鎮李四河村泰山行宫

〔碑額〕：百世流芳

大清國河南開封府祥符縣李四股河庄重修碑記

吾邑之中有關帝诸神廟焉，因衡家楼河水漫溢，棟宇倾頹，吾族伯諱大明者，目睹而心傷。故與合庄之人敬募四方善士，各捐資財，協力重修。功既告成，問記于余，予曰：不知所自記將何言？族伯曰：聞先人相傳，創自洪武，其間亦几歷重修矣。迨我朝，黄池决口，泛濫八載，將庄村廟宇盡付東流。既而民還業復重修者，則有王文斗其人，厥後風雨損壞，重修者又有王一豹其人。今而廟貌復新也，何難勒石以記乎？予于是次第聆之，援筆而書。惟冀上可以紹已往，下有以示將來已耳。至若立廟設神之意，總無非欲人向善，予又何能極力致辞，想像流連，以示誇多而鬪靡哉！

生員王玉振撰并書。

會首王大明一千，王大元一千……王大才七百，王永年五百，王有紀五百，王洪功五百，朱鐸五百，王大法三百，王天成三百，刘玉三百，王信三百，王自可三百，王自敵三百，徐景陽三百，王有柱三百，韓義三百，常万蒼三百，徐起陽二百，韓位二百，王自淂二百，王維世二百，朱有才二百，王林二百，王大倫二百，王自新一百。

韓大法、李侯、姚宗禹、謝禄、鄭德、李桂、李文学、許進福、郝荣先、鄭旺、韓淂運、張錦、張鐇、張鎮、張宇海、張柱、張洪礼、張可柱、孟体國、于增江、張圣居、刘天爵、孟禹、刘發祥、刘舉、孟休孔、夏寅、張好文、張玉文、張德、田大明、王太吉、張慎、張謹、張寛、張勳、田禄、張昂、張平、張貞、張奇、張文典、張重喜、張彭年、張义福、張万文、張許、張实、史汝楫、翟花林、崔鎮功、史汝舟、何三重、芦生俊、監生王在子、史錫、王寛禄、胡錞、何三才、史元休、何三俊、張永信、陳禄、白成、白有仁、姚書魁、李得根、趙法良、張成美、生員鄧永治、鄧天宝、張士彦、鄧鏊、鄧鋭、生員郭瑞亭、宋承先、和合坊、尹士敬、尹廷綱、史修德、晁民侯、晁民福、晁黄、王会、王先、王有、王山、王占、王天成、化美、姜松、芦之上、鄭止敬、蕭斌、何三凤、宋林、李法才、孫洪仁、何佰友、何三陽、何三才、何三聘、何栋、何百鈞、增盛店、合成號、寛濟堂、全盛號、孫進才、任有文。

塑工王自可施錢三百，木工李大法錢三百，石工陳國棟施錢四百。

嘉慶拾年歲次旃蒙赤奮若且月下浣穀旦。

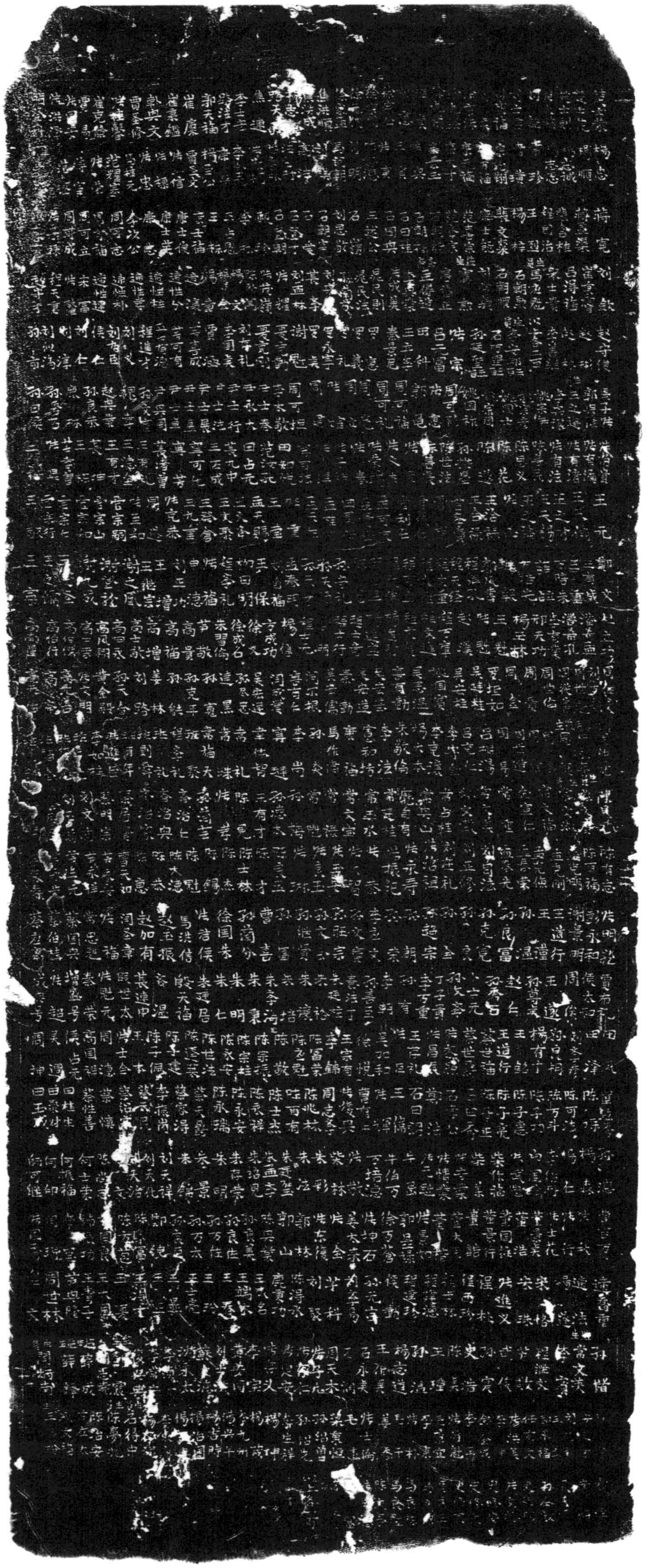

343-2. 大清國河南開封府祥符縣李四股河莊重修碑記（碑陰）

立石年代：清嘉慶十年（1805 年）
原石尺寸：高 143 厘米，寬 51 厘米
石存地點：新鄉市封丘縣魯崗鎮李四河村泰山行宮

楚士荣、楚士花、楚士則、楚大福、刘銘、刘士君、刘成福、刘美、徐宗洙、徐九經、徐九成、程貞、刘德、徐宗公、徐宗周、徐元俊、徐宗孟、焦洪順、焦洪成、楊志□、路天月、焦連、李士彦、路法才、郭天福、崔廩、崔秉鑑、韓興文、賈圣修、張桂馨、崔克儉、賈易、張曰安、張洪澤、□登科，楊忠、楊順、楊志诚、楊志忠、常珍、常璜、宋龍翔、康万福、康元福、康大才、康景玉、張興、王貢、張寅、張好德、刘明、馬問朝、刘棋、高法、汪應時、陸夢林、張作桐、李孝三、康平、楊至公、賈圣文、張信、張標、張忠、馬桂元、范耀宗、張荣、薄室、范□，以上各一百。蔣寬、蔣孟渠、裴含桂、程国治、王烈、楊梓、裴文粲、康士記、范喜宗、范孝宗、石朝能、石朝林、石曰桂、石国興、王述公、石嶺、刘思敬、石朝宗、石愛、石登才、石□朝、郝珍、李林、李占魁、王棟、康士福、康士俊、康士荣、康志、李次公、周可志、周可福、周可立、周可成、張子禄，以上各一百。刘欽、崔秉睿、呂得福、宋士貴、生員馬应魁、石朝勳、石朝順、刘尚義、監生寧勳、唐福正、圣裔孟得道、李興業、張成美、晁民則、晁民法、孫蘭芬、刘興□、莨孝、刘孟林、張耀、張茂嶺、陈所聞、楊文、楊金、楊黄、遆讓、遆性分、遆性梓、遆性孝、遆性朴、遆性□、宋富、張鰲、程天秉、赵守才、赵守俊、赵彬、赵林、李善继，以上各二百。生員李安邦三百，石万里三百，孫廷璽三百，張宗、呂元富、田科、王立孝、秦景尼、罗德、罗义、罗礼、罗永寧、罗美、谢魁、夏克勤、夏克剛、刘存礼、李国美、賈亟、芸喜成、芸可有、□頓德、程進才、刘义、刘有臣、侯仁、刘仁、刘淳、刘似□、孫前、馬子張、郭興隆、生員王子道、李興讓、姚宗伊、姚宗彦、姚国士、姚宗周、姚国祚、周可彩、張德、郭電、周可福、周可礼、周亮、周立、陸煊、周建、周可担、李太敬、尹士春、尹永大、尹士行、尹士法、尹士展、尹士昱、尹士卓、尹興周、孫文言、魏孝、赵興業、孫良恭、鹿林、孫秀石、孫曰侯、張有貴、張有通、張有渚、張有法、陈善民、陈思义、陈花、陈遂、孫拱星、陈世法、陈善長、張臣、張之杰、張荣端、張春、張子祥、張澤、寧可法、田知悦、范汝孔、田占元、莨九中、王丕成、寧可化、寧芳、莨渚曾、王有礼、王德全、王有才、莨坤、王棟、管孝曾、張昆、王福、王元、王天倫、王之才、王天錫、王之福、張山、王洽禄、王合禄、管孝寬、管智、管復仁、管刘仁、孟可友、孟貴全、曰国棟、孟桂林、孟天生、張重、王莹、孟天賜、王文舉、王文聚、王發倉、王九重、張克恭、周遂、張至和、管宗嗣、管宗山、管宗和、管宗仁、管宗行、管敬、鄭文、王有成、王重、万培朱、薛□、万培先、班報、郭风書、程继孔、程天經、程文重、程太極、程可立、程文俊、程士卓、陈忠、孫守礼、孫天禄、孫天才、孟春明、刘自福、王保、柳曰明、程孝礼、張福、申德、刘正功、王增、王继宗、谢之鳳、谢登龍、谢九成、王全圣、王之儒、王寧、杜立功、潘希孟、潘希孔、李有業、邢天功、楊玉林、王魁、張魁、赵濮、程万庫、程文進、程文俊、楊進財、楊進宝、程士奇、程士行、李明、程士元、楊信、方成功、徐义、徐成名、朱習倫、芦敬、高貴、高福、高增、

高士敬、高曰永、高风翔、高士荣、高佰傑、高佰行、高南星、周任文、刘古禄、周世魁、周從善、周世倫、周貴、周金、罗坦如、吴廷桂、吴宏柱、姚国賓、吴思温、曹有勤、吴宏基、吴宏道、秦勤、吴宏儒、閆尔根、曹有仁、閆成業、吴宏連、孙尽忠、達黑、孙寬、孙克平、孙能、姜林、刘路、孙天合、黄金殿、张文明、高元善、高舉、高天佑、生員周仲籛、耆老罗永年、監生周健、周本、周章、周世道、周易、吕根湯、吕克仁、李守金、李克讓、楊大本、朱敬倫、李法、憲和坊、康福、馬作蕭、孙炎、李岗、寧璉、韋体智、韋礼、韋珠、韋福天、班聚、程孝礼、班礼、班則舜、班有年、张進臣、李如梓、班□□、班体□、班福全、班□□、陈見元、生員孙文□、常文淑、常文福、金宣仁、常重、常文美、常文載、常占桂、常興山、龐自有、常廷桂、常玉水、常文宝、常禄、常魁、孙梅、孙德太、王有才、陈見、张孝、孙蘭芸、齊治仁、齊治興、齊治家、秦居賢、秦明宗、刘文志、刘玉蘭、蔡清□、陈有志、陈百福、孟克明、孟克刚、孟克儉、孟春荣、孟春光、刘自法、刘正修、刘在礼、张治祖、张永寿、张振紀、张恭、张大智、张玉安、张良玉、张琳、陈良玉、陈才、陈士林、陈杰、陈錫、陈魁、陈大德、陈恭、陈德、曹天如、芸永安、芸永祥、芦三元、芦永先、吕保禄、张明龍、彭永和、谢景明、王道行、王謹、孙温、孙良富、孙克寬、孙良、孙全、孙超宗、孙朝、孙荣、李应文、孙文寬、孙旺宗、孙文會、孙継賢、孙富、曹喜、孙蘭分、徐国朱、张洁侯、馬洪信、赵玉振、赵加有、閆圣章、张福、常忠魁、蔡国興、蔡佰桂、蔡应舉、賈布礼、侯太和、周俊、王遂、孙尊美、赵仁、孙秀石、卜士元、孙文孝、丁子貴、李万重、孙有、李朝、孙善至、秦法丁、朱廷柱、朱裕、朱让、朱培、朱孝海、朱秉、朱明、朱仁、朱廷居、殷天福、齊温、莨連宗、段世太、张魁元、秦荣、增盛號、张超、成興號、田凤、田澤、刘孝彦、孙良相、楊有丁、王銘、王道行、蔡世福、蔡世爵、张文照、张昌辰、王存礼、张巨、吴加和、徐悦、王宗有、李錦、陈富荣、陈应魁、陈敬、陈宗振、陈宗柱、陈永安、陈世法、陈蓬萊、陈子建、陈子佩、王本、张士全、周德、高国祥、侯占元、吴周、周坤、單法秀、陈傑、陈可法、陈万斗、陈子功、陈子惠、陈子亮、陈子正、石曰秀、石孝公、鄭法、石曰朗、王偉、陸輝、曹有仁、张復興、周志孝、陈兆林、陈百有、陈士傑、陈永祥、陈永安、陈永瑞、蔡天爵、蔡容得、李振岡、蔡天民、蔡紹宗、蔡慎、蔡性善、田桂生、田聚財、田玉成、孙德、楊森、楊仁、李紹丹、白国瑞、张武魁、柴作福、柴义、张守業、张情業、张元魁、牛墀、牛佰万、万培德、张敬、柴林、朱彩、朱法、朱廷堃、朱孟孝、朱紹見、朱存荣、朱明、朱景、朱錦、刘天祥、刘天治、□文、陈尚志、何士荣、何振福、何印、師可継、曹百万、张秋、张行、张士花、董景美、董浩、董国柱、董景行、董誥、董大用、董楷、张景如、郭显禄、徐万倉、张坤石、姜太來、张全、张東復、郭林、郭山、陈興業、孙良美、孙良佐、孙万佐、孙万太、孙良臣、鄭繩、陈富、陈方苞、陈国良、師振功、李璽、閆珩、张国秀、逯喬重、逯法、楊遂、宋恪、宋珠、张進义、程朴、程西珍、程士林、程建德、程建珍、侯勤、孙元吉、刘孝易、芊科、刘聚、陈得水、鹿秉功、王成名、王端木、王春、王玢、王士亮、王显、王正、王淂才、王夏、王大国、王青子、芦興隆、周世林、程文、孙緒、常文英、李宝、程継文、芦故、武俊、孙實、史浩、陈美、王瑾、孙温、楊志道、王作美、石永美、石润、周天木、张子几、张存仁、张定安、张存义、李宝、黄安国、刘士洪、蘇文德、□永太、李須一、李常安、復興典、監生刘震、□志堯、監生薛成、監生薛鐸、生員閆炳南、安荣、安進才、刘志礼、王立、郭永福、任有文、张洪美、李坤、全金成、李玉、张省魁、毛景宜、李秉、张朴、毛千、姜秀、张士倫、毛杰、梁秉恒、孫紹曾、孫紹先、李生祥、楊坤、楊茂、李九州、楊興年、楊吉時、楊治国、楊□□、李東□、楊有誠、生員石得中、生員陈夢兆、陈治安、芦应泰、耿文福、生員王玢、秦住、安福、灵天德、孫同敬、史廷硯、张文德、史修安、史修文、史修家、馬良玉、馬良□、馬良棟、馬良魁、陈文孝、张□德、□富、常實，以上各一百。

344. 開浚洛嵩兩邑新舊各渠總碑記

立石年代：清嘉慶十年（1805 年）
原石尺寸：高 178.5 厘米，寬 72 厘米
石存地點：洛陽民俗博物館

開浚洛嵩兩邑新舊各渠總碑記

今夫歲收之豐歉，關乎民食之盈虧，雖曰天時，亦人力之所能爲也。夫東都爲成周行井田故地，其時遂溝澮洫蓄泄以時，民初未嘗患旱，其患旱者，始於阡陌既開。中原陸海往往雨澤偶缺，連歲不登。於是西門豹引漳河之水，以富魏之河內；召信臣建水門提閼之制，以利漢之南陽。洎及晉唐，師此而利於民者難更僕數，蓋富民……上者，不容一日緩也。余之始莅郡也，據印章，知水利爲余職守，居人問所謂水利者，吏胥□不乏省。退考志乘，則郡中自漢唐迄前明，歷有疏□各渠，利民甚廣，此誠水利之大端，今且□付百之一焉，無惑乎。民不有秋，而司水利之官，亦成虛設也。然欲奮然興復，旁觀者方厭其紛更，余甚愧之。會甲子夏，今江右太中丞□方佰溫公，按部至洛，值亢旱而憫之，問于余，具道所以。溫公不以余爲□，授以檄，立命舉行。於是，詳稽志載，遍訪耆民，其有古渠既廢，而舊址可循者，按河而界出之，此地已入民田則購之而倍。其僅爲之口授指畫，手胼足胝者年□。所浚之渠有歲久就湮，全渠重鑿者，如洛水之古洛、大清、新興、通津，伊水之東洪堤也；有舊址尚存，□加擴充修治者，如洛水之大明、伊水之黃道、永濟、清渠、伊渠是也；又有因地制宜，補前人所未修，創新渠而立新名者，則如太平之在洛水，樂豐、人和、香合、天儀、永固、會心、周城、金城之在伊水，與甘鶴、順興之在甘水道也。其餘若伊水之六合、權善，洛水之甘泉，溝水之永利等四渠，□□成而未竣，共計浚舊開新成渠二十一道，可灌地二十餘萬畝。凡一渠之成，各設支渠游渠橋堰壩閘，以備均水護渠之用。又各公立條約，藉以整□渠訟，而□□爭。其渠身所占之地，則有給價，有□秋給價，區水地旱地，以定數編枚，亦然至渠戶分水而澆。凡出枚夫一人者，澆地十畝，有未出枚人而澆地者，則出枚夫一人費，償充公用。蓋其法至周且善，皆奉溫公核定，立案樹碑，□□□尊者之志。謀萬年之利者，不敢憚一日之勞；勤衆人之事者，不敢避一時之謗。余經始之際，非無刁健之輩百計阻撓，且流言播揚，謂余將因以爲利者。或告余曰：子□所爲□利民也，今訟端紛□，幾於擾民，擾民而子之名且敗不如已也。余笑而謝之，持之益力。溫公亦任之益專，有所請，輒允所□□，得寬嚴并用，儆其奸頑，振其逡巡，□次而告藏事。大中丞馬公閱兵過之，嘉許者再，即從溫公請，核名□而專資成。自此以繼其事，即歸通判察辦。奏奉特旨褒□，并交部議叙，蓋國家重農□粟，宵旰勿忘。而馬公與溫公真能求民瘼，仰副我皇上愛養元□之至□，俾余得秦川梅下□也。夫通判一官，所司粮河鹽捕，率皆具文，且各事有府縣主之，故莅此任，志向惟□勿看□，優游終□，非不視事也，誠□事之可視，今……有淤塞者則疏淪之，塌損者則修復之，奸□□法者，則核其情節而懲治之。於此夫慎矢公務，使歲不爲災，而民無乏食。上可以對朝廷，下可以慰黎庶，素餐之消，庶幾……如飽□者，□爲得失耶。余奉文量移陳郡，今且去。竊冀後之來者，知渠之於民所係甚重，弗費心剔其煩，而使水利……貽吾民之憂。則幸甚也。□詳書而泐於石。

誥授朝議大夫、管理河南府粮河鹽捕水利通判、調任陳州府通判、候補同知加三級又軍功加二級紀録五次楚南楊世福撰并書。

嘉慶十年歲在乙丑十一月吉旦立。

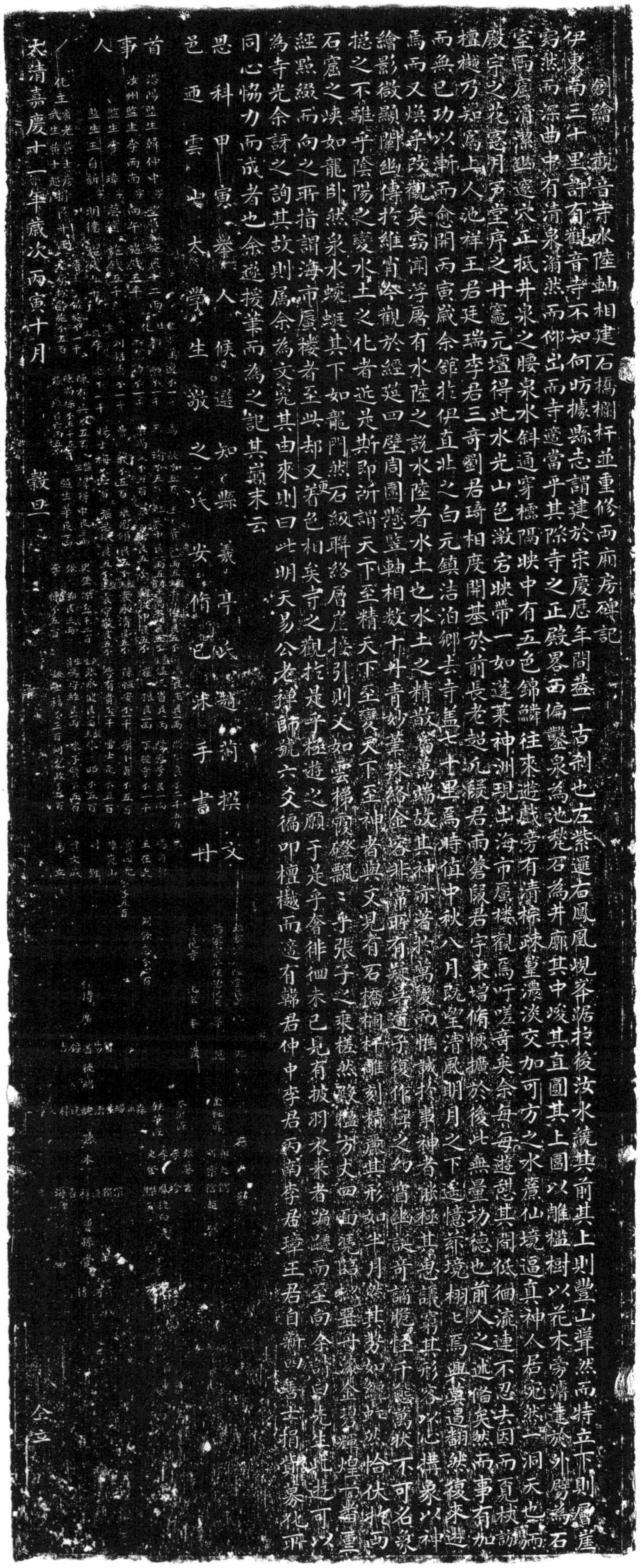
創繪觀音寺水陸軸相建石橋欄杆並重修兩廂房碑記

345. 創繪觀音寺水陸軸相建石橋欄杆并重修兩厢房碑記

立石年代：清嘉慶十一年（1806 年）
原石尺寸：高 208 厘米，寬 80 厘米
石存地點：洛陽市汝陽縣小店鎮聖王臺村觀音寺

創繪觀音寺水陸軸相建石橋欄杆并重修兩厢房碑記

伊東南三十里許有觀音寺，不知何眆。據縣志謂，建於宋慶曆年間，蓋一古剎也。左紫邏右鳳凰，崐峰踞於後，汝水繞其前，其上則豐山聳然而特立，下則層崖窈然而深曲，中有清泉，瀯然而仰出，而寺適當乎其際。寺之正殿略西偏，鑿泉爲池，甃石爲井。廓其中，峻其直，圓其上，圍以雕檻，樹以花木。旁浚達於外，劈爲石室兩窟，滑潔幽邃。穴正抵井泉之腰，泉水斜通，穿櫺隔映。中有五色錦鱗，往來游戲；旁有清棕疏篁，濃淡交加。可方之水帘，仙境逼真，神人居，宛然一洞天也。而殿宇之花窗月户，堂序之丹竈元壇，得此水光山色，激宕映帶，一如蓬萊神洲，現出海市蜃樓觀焉。吁嗟奇矣！余每每游憩其間，低徊流連不忍去，因而覓杖訪檀樾，乃知爲上人池祥、王君廷瑞、李君三奇、劉君琦相度開基於前，長老超凡、段君雨蒼、段君宇東，增修恢擴於後。此無量功德也，前人之述備矣。然而事有加而無已，功以漸而愈開。丙寅歲，余館於伊直北之白元鎮洁泊鄉，去寺蓋七十里焉。時值中秋八月既望，清風明月之下，遥憶茲境，栩栩焉興莫遏，翻然復來游焉，而又煥乎改觀矣。竊聞浮屠有水陸之説。水陸者，水土也。水土之精，散爲萬端，故其神亦著於萬變。而惟誠於事神者，能極其思議，窮其形容，以心構象，以神繪影，微顯闡幽，傳於維肖。今觀於經筵四壁周圍，懸豎軸相，数十丹青，妙筆珠絡，金容非常。所有疑吳道子復作，極之幻窅幽誕，奇譎脆怪，千態萬狀，不可名象。總之不離乎陰陽之變，水土之化者，近是斯即，所謂天下至精，天下至變，天下至神者歟！又見有石橋欄杆，雕刻精麗，其形如半月然，其勢如纏虵然，恰伏於兩石窟之峽，如龍卧然，泉水蜿蜒其下，如龍門然。石級聯絡，層崖接引，則又如雲梯霞礑，飄飄乎張子之乘槎然。殿楹方丈，四面憑臨，黝堊丹漆，金碧輝煌，一番重經點綴，而向之所指謂海市蜃樓者，至此却又更着色相矣。寺之觀於是乎極游之願，于是乎奢徘徊未已。見有披羽衣來者，蹦躂而至，向余請曰：先生此游，可以爲寺光。余訝之，詢其故，則屬余爲文。究其由來，則曰：此明天易公老禪師號六爻，遍叩檀樾，而適有韓君仲中、李君丙南、李君璋、王君自新四善士捐資募化，所同心協力而成者也。余遂援筆，而爲之記其巔末云。

恩科甲寅舉人候選知縣羲亭氏趙蘭撰文，邑迎雲山太學生敬之氏安修己沐手書丹。

首事人：洛陽監生韓仲中字望魯施銀十二兩，汝州監生李丙南字向午施錢五千，監生李璋字夢達施錢五千，監生王自新字明德施錢五千。化主：耆老黃士彥、武生黃士超捐銀十兩。

（以下碑文漫漶不清，略而不録）

大清嘉慶十一年歲次丙寅十月穀旦同立。

霖雨蒼生

龍王廟祈雨碑記

蓋聞鬼神無常享之丁克誠吾光屬歲憂旱　吾寧楊公六軍之明年率士民前後走　神祠既後至宣化寨

龍王神祠躬親號乞未淺旬而昏羊趙善石燕高翔回民怯說謀報　神惠而倡壞七修之叔者初之以妥以倡以

李以祀余日亞我自進蔵菊月迎今兩要雲浮而享其伯肆虐五日不雨則委床古人而云乃盖作一直兩甘

旱普破主歡竹林養塩四關五行了之佐　神之惠而不知為神之享人出　神之享人而不順則處龍雨不時陰陽院

也夫咸南廣雪天之桂四關五行了之佐　施以慈吾民之六池邪人之永而堋處也人之子不順則感雨不時陰陽院

和則靈雨災寒是故表屑相甘雨滂沱祈災廟為寧灑儡魯其行郭而沾足下軍而通對今　楊公禱而為為吾不遂侯人之

同桃古人吾迎此出寧百里百以祈廿魚石祖稌禱則而以上報　神之享民六倍遺袁字法典仰德化以答吾後格、祿之濟

心村見泉而至釂泉出不禱百而西洋應期狗多乙大号乃我勒之扶石以寧是是者勤

　　　　　　　　陽武縣典史顧安勲

　　　　　　特授懷慶府陽武縣正堂加五級紀錄十次楊　泰

　　　　　　　　　邑庠生員王龍光撰文

　　　　　　　　太學生單增光篆額書丹

346. 龍王廟祈雨碑記

立石年代：清嘉慶十二年（1807 年）

原石尺寸：高 165 厘米，寬 61 厘米

石存地點：新鄉市原陽縣宣化寨村龍王廟

〔碑額〕：霖雨蒼生

龍王廟祈雨碑記

盖聞鬼神無常享，享于克诚。吾邑屢載憂旱，邑宰楊公下車之明年，率士民前後走神所、厥後，至宣化寨龍王神祠，躬親跪乞。未浹旬而崙羊起舞，石燕高翔，四民怡説，謀報神惠。而邑侯已先捐俸爲倡，壞者修之，故者新之，以妥以侑，以享以祀。余曰宜哉。自往歲菊月，迄今暮春，雲漢爲章，箕伯肆虐，五日不雨則無麦，十日不雨則無禾。古人所云，今乃益信。一旦而甘霖普被者，歡忻抃舞，鳩工庀材，夫復何言。然人先報神之惠，而不知爲神之享，人先爲神之享，而不知享于邑侯之克诚也。夫風雨落雷天之權，四時五行天之佐，神龍故恠，無施以愁。吾民也，亦兆希人之求而昭應也，人事不順則風雨不時，陰陽既和則霪雨既零。是故袁安相楚，甘雨滂沛；真卿爲宰，河隴豐稔。且行部而沾足，下車而遍野。今楊公禱雨而雨应。吾不知今人之同於古人否也，而一行凡吏出宰百里，可以祈甘雨，雨植稼穡，則所以上報國恩，下撫斯民之實政，此求一端也。吾侯其常持此心，以與鬼神相感通，而吾民亦經遵教守法，共仰德化，以答吾侯格神之誠心，將見景風至，醴泉出，不禱雨而雨澤应期，獨今之大口也哉。勒之於石，以爲後之宰是邑者勸。

邑庠生員王龍光撰文，太學生單增光篆額書丹。

特授懷慶府陽武縣正堂加五級紀録十次楊泰，陽武縣典史顧受勳。

會首：刘堯封錢壹仟叁佰，楊在岱錢捌佰，王榮錢伍佰，刘淇濱錢伍佰，娄宗先錢捌佰，韓文士錢伍佰，曹魁錢陸佰，王立順錢壹仟，李亮錢陸佰，韓文秀錢肆佰，郭百行錢肆佰。

泥作何天爵錢貳佰，石作王元亨錢伍佰，畫工張有錢伍佰。

嘉慶拾貳年歲次強圉單閼塞且之月上澣吉日立。

848

347. 創修仁義水渠序

立石年代：清嘉慶十三年（1808年）

原石尺寸：高150厘米，寬53厘米

石存地點：三門峽市澠池縣洪陽鎮吳莊村

〔碑額〕：皇清

創修仁義水渠序

從來雲行雨施，天地自然之利也。開渠走水，人事……與使後之人欲修渠，以備旱潦，而不能各爲化……嗷嗷待斃。余因與衆商議曰：田苗枯槁，盡開……遂共襄厥事，地無□多寡，俱免稞租，人無論老幼，咸竭精力。行見……以爲而□□□田可灌，而利可享矣。然余□更有慮焉。人……防之易，恐□地與渠近，而□先恐後矣。有逞強恃衆而□□不……交而設難放□，□□是□阻之□□□□倡之端，而所爭訟之門也，夫豈可哉。余思及於此，……本村□地之□□，每歲先修蠎渠，文理支派祭其□□渠，重審其勢之緩急，因時制宜，令人有□持……乎，□可以□享，亦可以水享□，此□讓也。□□初修無怠無荒，既而□地有贖有讓，古來井田之制□□而民……不過若此也，豈非仁義之□名哉，是爲序。

邑庠生段紹典撰文，新邑庠生裴世德書丹。

交地規則開列於石。

……

嘉慶拾叁年三月上巳日同立石。

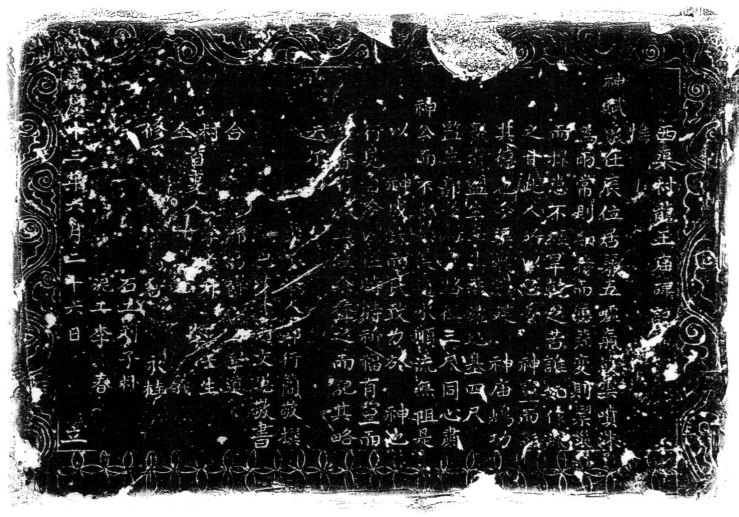

348. 西渠村龍王廟碑記

立石年代：清嘉慶十三年（1808年）
原石尺寸：高37厘米，寬52厘米
石存地點：洛陽市新安縣石寺鎮渠里村

西渠村龍王庙碑記

惟神賦象在辰，位居第五，嘘氣成雲，噴沫爲雨，常則知持而應節，变則禦灾而捍患。不經旱乾之苦，誰知作霖之甘，此人所以思妥神靈而報其德也。今渠裏議建神庙，鳩工聚資，監生李生恭施地基四尺，監生郭賢施路徑三尺，同心蕭神公而不□□，渠通水順流無阻，是以神成民而民致力於神也。行見自今以往，時時祈福有靈而馨香有□矣。故余聞之而記其略云尔。

庶子舉人鄧行簡敬撰，澠邑□□鄧文聰敬書。

合村同修。

首事人：郭萬禄、李士升、李□□、李學道、李壬生、李義、李永桂。

石工：刘子璞。

泥工：李春。

嘉慶十三年六月二十六日立。

龍王殿碑

皇恩蘇封八邑溫其一焉溫之西踰于夏故里近司馬古城聚族而處烟火萬家則曰作禮村

何時或緣古先王作禮之意而名之與但見居茲土者余醋德農服浣疇老幼尊卑秋然有序總之

不離乎禮者近足頫人皆循禮神亦有靈然馭風鐲喜然逼臨入廟觀堂左右配合獨西北隅不無

缺再有建修方爲周匝矣首善闆言感絀合各社共桐妥謹無不極口稱善茅功程浩大難以猝辦

年歲凶荒茲化在志未建莫可如何幸有不速之客來至廟中欲得大木以需利用遂將栢楸樹株

善貫而沽得銀一百餘兩創建栢楸樹株

間歲殿房三間賈地二畝四分更有吉安施地三分晃明在拜啓高裁構廟兩行十株吉王公在東西兩

角裁栢樹八桂此艱善由心生要水有成乃克有濟於善於禮禮合人情遑神道

村名作禮善人尤多率皆在廟肅肅栢平曲眞眞口至誠感神此之謂也所以家無捐資之費廟有自成

之功非神爲之靈佑烏克臻此因勤石以誌不朽云

侯選儒學訓導歲貢生梁璞敬撰

邑庠生員梁錦中敬書

皇清嘉慶十四年歲次己巳仲冬上浣穀旦

住持僧深體

石匠孟邑張學文

349. 龍王殿碑

立石年代：清嘉慶十四年（1809年）
原石尺寸：高148厘米，寬61厘米
石存地點：焦作市溫縣祥雲鎮作禮村龍王廟

〔碑額〕：龍王殿碑

嘗思蘇封八邑，溫其一焉。溫之西逾子夏故里，近司馬古城，聚族而處，烟火萬家，則曰作禮村。夫口始於何時？其或緣古先王作禮之意而名之與。但見居茲土者，士食舊德，農服先疇，老幼尊卑，秩然有序。總之不離乎禮者近是，顧人皆循禮。神亦有靈，默驅風鑒，惠然遙臨，入廟觀望，左右配合，獨西北隅不無所缺，再有建修，方爲周匝。爰出首善，聞言感動，糾合各社，共相妥議，無不極口稱善。第功程浩大，難以猝辦，年歲凶荒，不能募化，有志未逮，莫可如何。幸有不速之客來至廟中，欲得大木，以需利用。遂將柏、楸樹株善賈而沽得銀二百餘兩，創建龍王寶殿，以補乾方之缺，不惟神位得其至正，亦且輦駕出入甚便。至於所剩銀兩，重修韋陀樓禪房五間、戲房三間，買地二畝四分。更有吉安寧施地三分，梁明在拜殿前栽柏樹兩行十株，吉、王公在東西兩角栽柏樹八株。此雖善由心生，要亦有感乃應，蓋神之所歆者善，而善莫善於禮，禮合人情、通神道。村名作禮，善人尤多，率皆在廟蕭蕭，格乎幽冥。《書》曰"至誠感神"，此之謂也。所以家無捐資之費，廟有自成之功。非神爲之靈佑，烏克臻此？因勒石以誌不朽云。

候選儒學訓導歲貢生梁璞敬撰，邑庠生員梁錦中敬書。

張成水施錢二千文，范立成施銀一兩正，梁印施錢六百文，徐維清施錢二百文，梁城施錢二百文，梁政中施錢二百文，王風清施錢二百文，崔永平施錢二百文，崔世豐施錢二百文，梁聰施錢二百文，梁耀中施錢一百文，郭際貞施錢一百文，梁蕙施柏樹十二株錢二十文，崔大英施錢二百文，崔永茂施錢二百文，崔大興施錢二百文，郭永寧施錢二百文，魏學文施錢一百文，郭成秀施錢二百文，郭宗泰施錢一百文，崔守成西殿前施柏樹四株，崔世法施錢二百文，梁信施錢二百文，崔守官施錢二百文，王口福施錢一百文，崔永慶施錢二百文，崔永吉西北殿前施柏樹四株，崔永花施錢二百文，郭起花東殿前施柏樹兩株。

承領會首：崔學中、吉濟寧。

五社會首：王子和、郭宗信、蘇九皋施錢二百文，梁明、王家祿、崔有貴、吉君舉施錢二百文，王逸貴、梁朝鳳施錢一百文，王永福施錢二百文，楊又白施錢一百文，任玉施錢一百文，吉相林、崔永吉、王作相、郭龍章、王口施錢二百文。

住持僧：深體。石匠：孟邑、張學文。

皇清嘉慶十四年歲次己巳仲冬上浣穀旦。

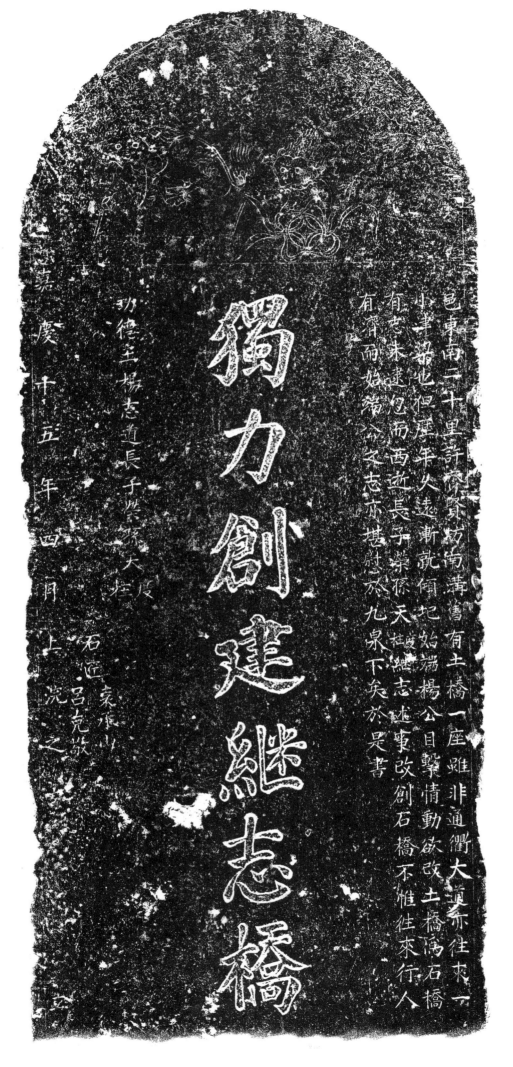

獨力創建繼志橋

350. 獨力創建繼志橋碑

立石年代：清嘉慶十五年（1810年）
原石尺寸：高132厘米，寬55厘米
石存地點：洛陽市汝陽縣劉店鎮七賢村楊家溝組

獨力創建繼志橋

邑東南二十里許齊賢坊南溝，舊有土橋一座，雖非通衢大道，亦往來一小津梁也。但歷年久遠，漸就傾圮。始端楊公目擊情動，欲改土橋爲石橋，有志未逮，忽而西逝。長子榮，孫天度、天柱繼志述事，改創石橋，不惟往來行人有濟，而始端公之志亦堪慰於九泉下矣。於是書。

功德主：楊志道長子榮，孫天度、天柱。

石匠：袁承山、呂克敬。

嘉慶十五年四月上浣之吉立。

清（二）

大清嘉慶拾伍年梁月

大清嘉慶拾伍年梁月　　　　　穀旦

351. 創建善船碑記

立石年代：清嘉慶十五年（1810年）

原石尺寸：高196厘米，寬66厘米

石存地點：焦作市博愛縣孝敬鎮張村火神廟

〔碑額〕：碑記

創建善船碑記

《禹貢》稱覃懷爲平地，獨河内實山川鍾會之區。丹沁二水自晋澤萬山中來，蜿蜒入境内，抵郡城左匯，而東勢益豪。每夏秋交水漲發，浪輒蹴天，或濶數里許。冬則常流漸，惟春頗安瀾。然宜而深，難褰裳涉。於是橋梁舟楫之利興焉。邑境渡處約十餘所，惟此郭官渡聽行人便，未嘗索一錢。餘皆爲射利計榜人輩，大率倚要津爲貪暴，不稱所求不止，雖販夫販婦，輒勒索不少貸。時有譁而鬥者；甚至不勝憤，竟臨河返，迂道自他所濟者。余嘗目擊其事，爲於邑者久之，欲平其憾，不可得。而張村羅公養寰、牛公悦庵等，乃適有創建善船之役。是役也，公先謀諸鄉人及孝敬、蔣村、任村、王召等處，各按户捐資，度不足，又請四方親友捐資，乃設渡於蔣村之西偏，爲善船二，土橋一十。既蕆，屬予爲記，且曰：爲善而有名心，吾重恥之，況事細甚，奚誌爲？顧吾輩居瀕河，識濟渡苦，方便行人，自分内事。遠方諸公聞見不及，甚或終歲不一渡，捐金助工，胡爲者？是義舉也，不可没，且尤有懼焉。吾聞昔有爲此舉者，或數年廢，或數十年廢，始非不踴躍，後稍凌遲衰微矣。兹欲爲久遠計，使吾鄉子弟即數十百年後，讀殘碑斷碣，如見前輩父老，心惴惴焉。以爲善不卒爲慮，而勉爲之後焉，則此記也更不爲無功。余聞之爲夫嘆服。既幸公之先釋憾，而又嘉公之不自有其善，且樂揚人之善，并預爲後之人導無窮之善。其思深慮遠，樂善之誠，爲尤不可及也。是爲記。

甲子科舉人候選知縣申漢章撰文，邑庠生生員張書銘書。

共捐資元銀七佰一十四兩，火錢一佰三十一千四佰文，打船兩隻使元銀二佰兩，造橋買財使元銀二佰元，人手工食使元銀一佰六十兩，請客唱戲使大錢八十五千文，雜項零用使大錢四十六千四佰文。

會首：張村牛士達、牛萬蘭、羅濟川、牛萬興、余宗舜、牛千倉、牛建明、刘秉義、張文明、趙國太、牛萬世、刘秉公、鄒士文、蘇龍泉、蘇懷詩，孝敬張大宣、楊方寶、楊永昇、王大士、林有祥、王永章、楊文長、李安貴、常生魁、常成□、楊大林、陳作雙、趙天貞、陳廷儀、張大武，蔣村李生、張宗紹、趙生成、秦懷正、張龍藻、郝宗、張世禄、張宗幸、□興邦、□永安，任村張萬礼、張宗淵、張宗聖、張宗曾、張宗敬，王召索秉文、郭希鐸、陳六韜、陳明新、郭大承、茹重成、申保元、魏龍光、魏一成、刘文建、李世元、韓廷楊、茹學明、申魁、來生金，馬鋪王啓花、張文元、刘國龍、許占鼇、刘法湯。

同立。

王雨林、王壽年石。

木匠：郭太洪。

大清嘉慶拾伍年柒月穀旦。

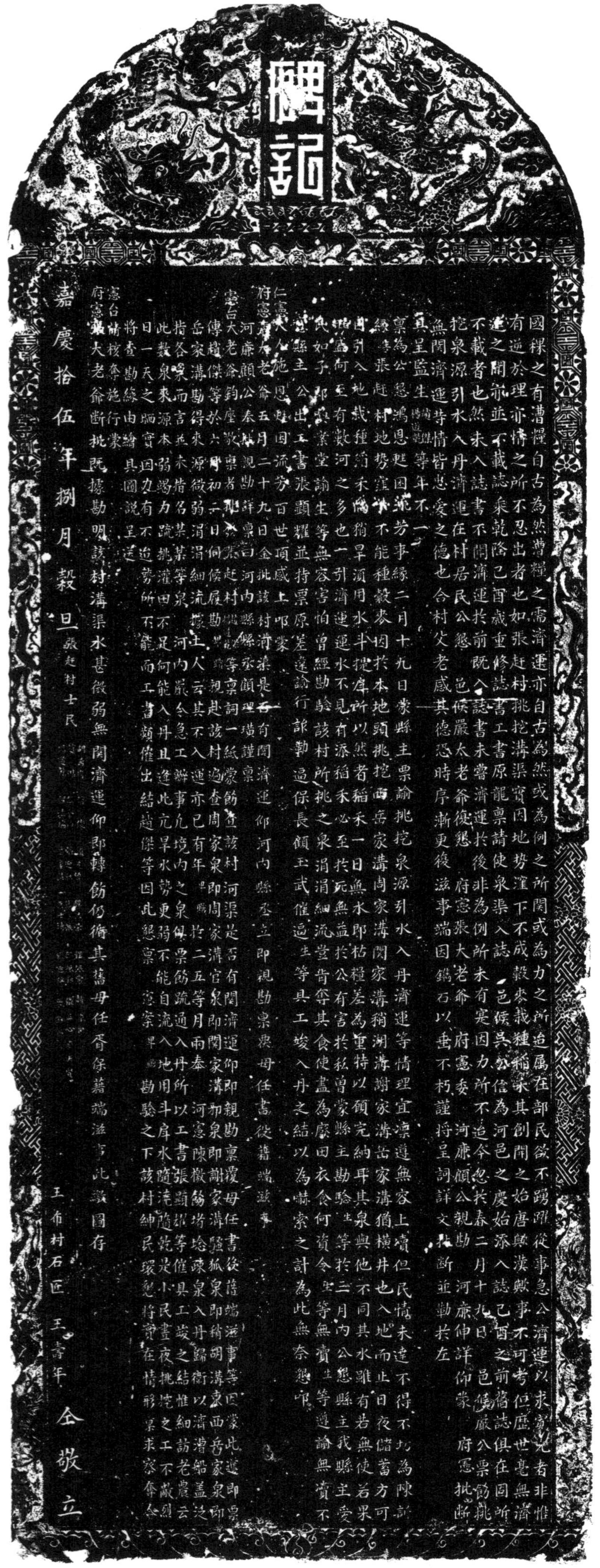
碑記
嘉慶拾伍年捌月穀旦
王布村石匠 王 仝敬立

352. 挑挖泉源引水入丹濟運批文碑

立石年代：清嘉慶十五年（1810 年）
原石尺寸：高 168 厘米，寬 61 厘米
石存地點：焦作市博愛縣磨頭鎮東張趕村

〔碑額〕：碑記

國稼之有漕糧，自古爲然。漕糧之需濟運，亦自古爲然。或爲例之所關，或爲力之所迫，属在部民欲不踴躍從事急公濟運以求寬允者，非惟有逆於理，亦情之所不忍出者也。如張趕村挑挖溝渠，實因地勢窪下，不成穀麥，栽種稻禾，其創開之始唐歟？漢歟？事不可考。但歷世毫無濟運之聞，亦并不載誌乘。乾隆己酉歲重修誌書，工書原龍稟請使泉渠入誌。邑侯吳公信爲河邑之慶，始添入誌。己酉之前舊誌俱在，固所不載者也。然未入誌書，不聞濟運於前；既入誌書，未聞濟運於後，非爲例所未有，實因力所不迫。今忽於春二月十九日邑侯嚴公票飭挑挖泉源，引水入丹濟運。在村居民公懇邑侯嚴太老爺，復懇府憲張大老爺，府憲委河廉顧公親勘，河廉伸詳。仰蒙府憲批斷無關濟運等情，皆忠愛之德也。合村父老感其德，恐時序漸更，復滋事端，因鐫石以垂不朽。謹將呈詞詳文批斷，并勒於左。

具呈監生趙傑、楊道乾等年不一：稟爲公懇鴻恩，蘇困流芳，事緣二月十九日蒙縣主票諭挑挖泉源，引水入丹濟運等情，理宜凜遵，無容上瀆。但民情未達，不得不切爲陳訴。緣等張趕村地勢窪下，不能種穀麥，因於本地頭挑挖西岳家溝、周家溝、關家溝、稍湖溝、謝家溝、岳家溝，猶橫井也，入地而止，日夜儲蓄，方可因引入地，栽種稻禾。倘稍旱須用水斗提戽，所以然者，稻禾一日無水即枯，糧差爲重，特以顧完納耳。其泉與他不同，其水雖有若無，使若果旺盛，何至有數河之多也？一引濟運，運水不見有添，稻禾必至於死，無益於公，有害於私。曾蒙縣主勘驗，生等於三月內公懇縣主，我縣主愛民如子，即喚案，堂諭生等無容害怕，曾經勘驗，該村所挑之泉，涓涓細流，豈肯奪其食，使盡爲廢田，衣食何資？令生等無瀆。生等遵諭無瀆，不意縣主公出，工書張顯耀并持票原差遠諭行詐勒逼，保長顧玉武催逼生等，具工竣入丹之結，以爲嚇索之計。爲此無奈懇叩仁憲大人，施恩蘇困，流芳百世，頂感上叩，蒙府憲張大老爺五月二十九日金批：該村河渠是否有關濟運，仰河內縣丞立即親勘稟覆，毋任書役藉端滋事。河廉顧公奉批親勘，詳稟曰：河內縣縣丞顧理璜，謹稟憲台大老爺鈞座，敬稟者批發張趕村趙傑、楊道乾等稟詞一紙，蒙飭查該村河渠是否有關濟運，仰叩親勘稟覆，毋任書役藉端滋事等因。蒙此遵，即票傳趙傑等於六月初二日伺候履勘，卑職親赴該村，遍查周家泉，即周家溝；官泉，即關家溝；邪泉，即謝家溝；騷狐泉，即稍胡溝；東西岳家泉，即岳家溝。勘得來源微弱，涓涓細流，據土人云：其不入運亦已有年。卑職於二、五等月，兩奉河憲陳檄，飭堵埝疏泉入丹歸衛以濟漕船，盖泛指各泉而言，并未指明某某等泉。河內嚴令急工辦事，凡境內之泉，俱票飭疏通入丹，所以工書張顯耀等，催具工竣之結。惟細訪老農云：此數泉來源本弱，竭力疏挑，灌田不足，何能入丹？且逢此亢旱，水勢更弱，不能自流入地，用斗戽水，隨澆隨乾，是小民畫夜挑挖之工，不敵烈日一天之晒，實因力有不迫，勢所不能。而工書頻催出結，趙傑等因此懇稟憲案。卑職勘驗之下，該村紳民環懇將實在情形稟求察奪，今將查勘緣由，繪其圖说，呈送憲台請核奪施行。蒙府憲張大老爺斷挑既據勘明，該村溝渠水甚微弱，無關濟運，仰即轉飭仍循其舊，毋任胥保藉端滋事，此繳圖存。

張趄村士民：胡希周、趙傑、楊道乾、趙俊、張學功、程法端、顏友增、張迎秋、來學詩、程法榮、焦振、原士清、程振常、程振邦、張迎位、趙永和、張正心、岳殿順、來大賢。

王希村石匠：王壽年。

同敬立。

嘉慶拾伍年捌月穀旦。

國稞之有漕糧自古為然漕糧之需濟運亦自古為然或為例之所關
有逆於理亦情之所不忍出者也如張赶村挑挖溝渠實因地勢窪下為
不載者也亦並不求入誌書未嘗濟運稟請使非泉挖溝渠龍稟請
挖泉源引水入丹濟運蒞情皆忠愛之德也合村父老感其德恐時
其呈監生楊道傑乾隆等年不一二月十九日蒙縣主票諭挑挖泉源引
無關係生楊道傑等年不一
緣為公懇鴻恩更因挖本地頭挖挖西岳家溝周家引
民如子邪與菜堂諭生等無容害怕曾經勘驗該村所挑之泉涓涓細
引入至有數種稻禾河之多也稻一早須用運水半提岸所以添稻禾必至挖死魚無水
縣主公出因流百世芳張題耀並持票原差遠諭行
傳趙顧顧爺鈞座奉五月二十九日稟者批詳稟張赶河內縣滑渠是否有關濟運仰河內縣承
惡人老施恩更因流芳
岳家溝勘等得於六月初二日稟張候赶村內縣滑渠稟顧查該村泉即河源
大河老廉顧爺鈞公奉敬稟者批稟張赶河內縣
此指各泉來源本弱竭力疏挑灌田不足何能入丹且逢此元旱水勢更泉
指岳家溝勘得來源微弱涓涓細流撼土河內嚴各急工辦事亢

《挑挖泉源引水入丹濟運批文碑》拓片局部

黄大王故里

王府在治西南十里許王家庄
王墓在治南五里里萬安山

偃師縣知縣武肅立石

嘉慶十五年九月穀旦

七世孫黄天德奉祀

353. 黄大王故里碑

立石年代：清嘉慶十五年（1810 年）
原石尺寸：高 188 厘米，寬 79 厘米
石存地點：洛陽市偃師區岳灘鎮王莊村

黄大王故里
王府在治西南十里許王家庄。
王墓在治南五十里萬安山。
偃師縣知縣武肅立石。
七世孫黄天德奉祀。
嘉慶十五年九月穀旦。

嘉慶拾伍年拾月吉旦　河東村全社鍤修廟神記

354. 創修廟碑記

立石年代：清嘉慶十五年（1810 年）

原石尺寸：高 46 厘米，寬 87 厘米

石存地點：安陽市林州市臨淇鎮河東村觀音堂

嘉慶拾伍年拾月吉旦河東村同社創修廟碑記。

嘉慶十四年六月既生魄，越四日戊申大雨，秋有年。八月復雨，僅盈寸，未過犁。冬無雪。其明年夏無麥禾。至五月不雨，村中居舍十室九空，惟六月甲申旁死魄□三日丙戌朏，若翼日。丁亥，閻語等率眾祈雨三日，己丑，乃雩於齊天大聖尊前，若翼日庚寅晦大雨至，百穀始播。後時雨，秋大獲。眾念神聖有靈，理宜報焉。於是肇造構宇，修飾丹青，越十月哉生魄。厥功既成，乃屬文於予，而爲之記曰：惟天爲大，惟聖則之。德莫能名，功不可企。巍巍大聖，赫赫天齊。風馳電激，雲行雨施。布茲膏澤，活我黔黎。始時村人，翼折尾頹。今時村人，魚躍鳥騰。削屢馮馮，築之登登。其告而長，而父而兄。奔走偕來；不日乃成。下回洪水，上聳高陽。石樓西峙，寶泉北洋。晨昏居所，朝夕來鄉。代天之功，慰民之望。惟聖之靈，一息萬里。惟聖之能，參天雨地，無時不有，無處不寓。如水之流，如風之吹。聊成丈方，庶以位之。敢修尺幅，作以記之。

丁卯科舉人路鎮藩撰書。

會首：閻應全二百五十，張勤二百五十，李紳二百五十，閻保山五百，閻□七百，李大邦五百，閻□□□百，張見元二百，□詠二百，□同二百五十，李大榮、監生閻鍾奇、郭榮、馮林、趙加聚、王有燦、李日有、司文魁、□□□、張□□、任有旺、李大學、劉進榮、王有祿、張玉林、郭瑞才、王法、閻謹、閻瞻惠、閻應遜、郭守銀、栗方琪、殷貴、郭和、郭花、郭秀、趙國富、駱有財、閻諮、傅棟、張柏、楊守江、郝惟俊、郭春、王惠、常汝霖、楊得山、王寅、閻□、閻瞻漢、□加序、閻閻端，各捐錢乙百文。

□□□、李調各捐錢乙百文。

石匠李永清，木匠栗知春，瓦匠元永花，畫匠閻閻淳。

特調河內縣左堂薰管修武河務侯補直隸州分州加五級紀録九次顧

為永遠嚴禁以免滋訟事照得嘉慶十六年十月內下清南渠利戶生員馬景昭等

及埝長衛廷香各稟閏家斜村人季萆年串通中泗洞於長丁庚賢在伊村私開小河

將下清南渠利水立入中泗河澳利水肥審情在亲当經本廳親勘修填于坦傳學訊

明本廳宪處詳批因有馮秀葉其息抱呈季萆年等改過自新承乱願私河結

並馬景昭等遵依前來公愿免當經其自知段過不敢再犯姑准免究宪飭

一案但查河內縣舊寒嘉慶十年詠枝私開小河一次經和吉十六年四月又行私開

若不嚴行示禁恐日久獎生伤有私開漖訟之事合行出示嚴禁為此示仰閏家斜保

地甲長居民人等知悉自示之後各宜寺法毋再故凢致汗者宪令宜宪違毋知特示

告示

嘉慶十七年三月二十四景

押

右仰通知

355. 私開小河盜下清渠水告示碑

立石年代：清嘉慶十七年（1812 年）
原石尺寸：高 110 厘米，寬 64 厘米
石存地點：焦作市沁陽市山王莊鎮萬善村湯帝廟

特調河內縣左堂兼管修武河務候補直隸州分州加五級紀錄九次顧。

爲永遠嚴禁以免滋訟事，照得嘉慶十六年十月內，有下清南渠利户生員馬景昭等，及埝長衛廷香，各稟閆家斜村人季華年串通中泗河埝長丁庚賢，在伊村私開小河，將下清南渠利水盜入中泗河，漁利分肥等情在案。當經本所親勘，飭填平坦，傳案訊明。本應究處詳辦，因有馮秀等具息粘呈：季華年等改過自新，永不敢再開私河，具結。并馬景昭等遵依前來公懇免究。當經念其自知改過，不敢再犯，姑准免究。牒縣備案。但查河內縣舊卷，嘉慶十年該村私開小河一次，經訟和結。十六年四月又復私開。若不嚴行示禁，恐日久弊生，仍有私開滋訟之慮，合行出示嚴禁。爲此示，仰閆家斜保地甲長、居民人等知悉。自示之後，各宜守法，毋再效尤，致干查究，合宜凜遵毋違。特示。

（此處有草書"遵"字）

右仰通知。

嘉慶十七年三月二十四日示。

押，告示。

實貼閆家斜村八所，勿損。

356. 禱祈靈應立會酬神碑

立石年代：清嘉慶十七年（1812 年）
原石尺寸：高 210 厘米，寬 71 厘米
石存地點：新鄉市衛輝市城郊鄉玄帝廟

〔碑額〕：衆善題名

禱祈靈應立會酬神碑

元武者，北方之七宿星也。列宿之精降生於世，歸元返本，復爲神明，尊居天一。天一者，水之所從生，故禱雨有應焉。昔有元皇慶年間，詔道士張守清禱雨而雨，次年旱，又禱又雨。至有明屢遣官禱雨，普降甘霖。而我朝王民𤚥亦有謝雨致祭文，神之爲靈昭昭矣。嘉慶十三年，汲邑自孟春以至季夏，亢旱爲殃，二麦已頹，田禾未播。張鎬、呂瀛洲暨本街士商等，於六月初九日設壇焚香，虔誠禱祝，不逾時而雲起，雨澤霶霈，秋禾普種，遠近歡呼。願酬神覎，獻戲三台，設祭迎麻。□至十四年春，本街士商復思神之庇蔭廣生無窮，謂五行之中，水能制火，五方之義，北爲肅殺，禦災救患，感應昭然。且水滋土潤，生息無疆，又能以旺資財而廣嗣緒。神之功固無往而不存，其被護佑或不被護佑也，惟在人之誠敬不誠敬而已。神之靈亦無時而或息，其常被護佑或不常被護佑也，惟在誠敬者之有恒無恒而已。因立會致祝，期以爲常，既於十四年至十七年，恭逢三月三日獻戲酬神矣。倡於前者，尤賴有繼於後，所望者雨暘時若，災難不萌，五谷豐登，人財興旺，凡我本街士商咸被始終保護，俱思永遠報，將於萬斯年垂諸無替云爾。

丁卯科舉人候選知縣秦鑾頓首撰，郡庠增廣生員成功一沐手敬書。（以下功德主名單略而不録）

大清嘉慶十七年歲次壬申桃月吉日穀旦立石。

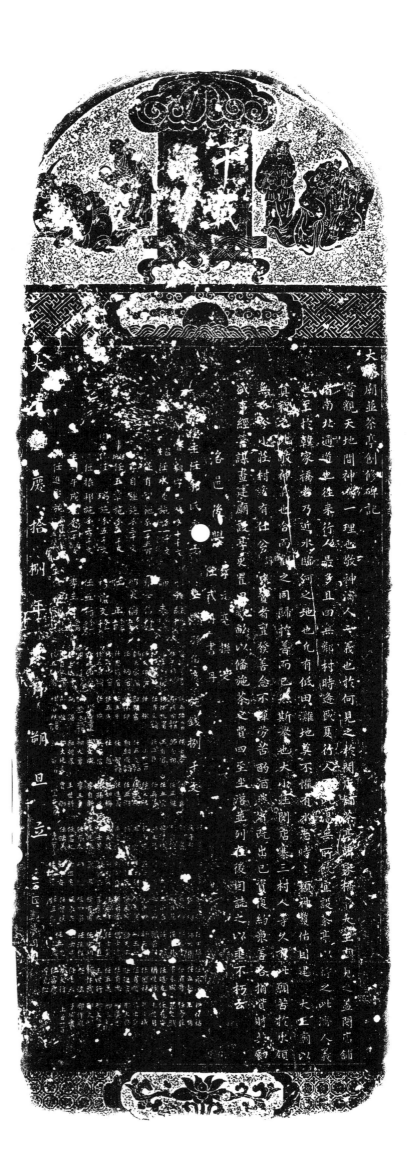

357. 大王廟并茶亭創修碑記

立石年代：清嘉慶十八年（1813年）
原石尺寸：高165厘米，寬59厘米
石存地點：洛陽市伊川縣城關鎮小莊村

〔碑額〕：千載流芳

大王廟并茶亭創修碑記

　　嘗觀天地間，神人一理也。敬神濟人，一義也。於何見之？於閔店鋪茶亭、韓家橋中九王廟見之。盖閔店鋪者，南北通道也，往來行人最多，且四無鄰村，時逢盛夏，行人至此，渴無所飲，宜設茶亭以□之，此濟人義也。至於韓家橋者，乃近水臨河之地也，凡有低田灘地，莫不懼有水患，時時賴神護佑，因建大王廟以奠祝之，此敬神義也。合而觀之，同歸於善而已。然斯舉也，大小莊、閔店寨三村人等，久有此願，苦於承領無人。今小莊村適有任公諱□貴者，亶發善念，不憚勞苦，酌酒燕賓，既出己資，復約眾善，各捐資財，共襄盛事，經營謀畫，建廟設亭，更置田數畝，以備施茶之費。四至坐落并列在後，因誌之，以垂不朽云。

　　洛邑後學李元亮撰文，洛邑後學任式丹書丹。

　　功德主任郭氏率子士顏、孫佰慶施錢捌千文。

　　（以下功德主名單漫漶不清，略而不錄）

　　大清嘉慶拾捌年七月朔旦立。

清（二）

358. 重修龍王五神廟碑記

立石年代：清嘉慶二十一年（1816 年）

原石尺寸：高 175 厘米，寬 67 厘米

石存地點：焦作市博愛縣寨豁鄉大底村龍王五神廟

〔碑額〕：重修

重修創立廟宇新旧也，曰：大寨底龍王社大佛會屢年積聚錢粮二百七十千零五百三十文，□□□朝陽寺佛殿三間，龍王五神廟宇一所，創舊年深日久，風雨崔坏，幸根長存，荒草長茂，□不□爲重修□□盡都泯滅乎？善人會首林子元、王怀學等衆公議，錢粮即如本廟，興工盡力，善心威靈有感，神目如電，善心先知。凡睹此目擊，不覺偶有所應，□發善念，于是領合社人等奮力造修佛殿廟宇，工程以畢，曰龍王五神廟宇三間，東序創修新殿一間，工程碾王拜殿色色也，不數月而告成焉，刻石以揚。

白坡村趙法君題。

葛□春錢六千四百，□□□錢六千二百，葛永□錢六千一百一十，賈起堂錢一千三百五十，葛怀士錢二千四百三十，葛□文錢一千四百五十，葛果智錢一千八百，□□□二千一百，□□□錢二千九百，□□□錢五千二百，□懷侯錢三千八百六十，□□□一千六百六十，□□軒錢一千三百一十，□子元錢五千六百，□□□錢一千四百，□□保錢一千八百九十，葛永敬錢一千九百六十，葛永祥錢一千七百五十，□□□錢一千八百九十，王懷珠錢二千一百七十，□□□錢二千零三十，葛□□錢一千八百二十，王守智錢一千二百四十，王守仁錢一千九百六十，葛宗高錢一千六百八十，賈起平錢一千□百六十，王朝孝錢一千三百□十，葛育仁錢一千九百五十，王怀清錢一千一百九十，葛永廣錢一千二百六十，葛育武錢一千一百九十，葛育□錢一千一百二十，葛育存一千四百文，母兆德錢一千五百四十，賈怀海錢一千四百七十，賈玉保錢一千三百三十，葛永方錢一千三百九十，葛育□錢二千一百五十，葛永□錢一千四百文，葛育□錢二千九百六十，林公金錢一千六百一十，葛老根錢一百四十，葛育雙錢一百四十，葛永田錢一百四十，葛育溫錢四百二十，葛永直錢二百八十，葛永生錢九百一十，葛育明錢六百三十，葛育良錢七百，王通順錢五百六十，王朝官錢六百三十，葛育松錢三百五十，賈怀臣錢九百一十，賈玉还錢七百，王朝善錢二百三十文。

會首：葛果智、王朝江、林子元、賈祥占、葛永春、葛永奇、賈怀忻、王怀學。

同立石。

期城石工：王□興。

時大清嘉慶貳拾壹年閏陸月穀旦。

大王廟碑記

洛城東棗園口者古渡也其南岸有
大王廟一在初故址臨甚僅可依
神貢壽慶拾貳年始廊大之規模方
塔已求有成績神像而未之丹青也藏在兩子卿君
見自歛以此廟貲糜於已安功隆棟幾立帆深覆青懸同奈并思景倏許君
化之鳩工元材程功即事不數月而竣枝是廟兒輝煌有革飛鳥革之衆立至是績用肯成云維
四月十六日落成勒石而誌鎮之贊之其辭曰海宇恬波河添順軌枝禋清廟在河之溪實像
維新盖斷美亹亹祀闓徑自今伊始萬古千秋永赤弗祀

益津縣癸酉科拔人喬
培拜撰
邑庠生白
錦書丹

大清嘉慶貳拾貳年正月
穀旦

住持僧心祿住源真

359. 靈佑帝全龍圖大王廟碑記

立石年代：清嘉慶二十二年（1817 年）
原石尺寸：高 157 厘米，寬 65 厘米
石存地點：洛陽市洛龍區白馬寺鎮棗園村

靈佑帝全龍圖大王廟碑記

洛城東棗園口者，古渡也。其南岸有□□□全□□大王廟一座，初故址隘甚，僅可依神。至嘉慶拾貳年始廓大之，規模乃宏。惜堂宇粗具，門屏揩圯，未有成績，神像亦未之丹青也。歲在丙子，鄧君諱玢、許君諱鵝、許君諱合公、倪君諱鐸、許君諱自敬，以此廟業廢於已安，功墜於幾立，慨深覆簣，悲同弃井，思纂修之。遂共謀之，并偕眾募化之，鳩工庀材，程功即事，不數月而竣。於是，廟貌輝煌，有翬飛鳥革之狀，蓋至是續用有成云。維四月十六日落成，勒石而誌，鏤文贊之。其辭曰：

海宇恬波，河流順軌。於穆清廟，在河之涘。寶像維新，奐輪斯美。享祀罔愆，自今伊始。萬古千秋，永茲弗圮。

孟津縣癸酉科舉人喬培拜撰，邑庠生白錦書丹。

（以下功德主漫漶不清，略而不錄）

住持僧心禄、侄源真。

大清嘉慶貳拾貳年正月穀旦。

清（二）

875

360. 重修觀世音菩薩堂并金妝聖像碑記

立石年代：清嘉慶二十二年（1817 年）
原石尺寸：高 107 厘米，寬 57 厘米
石存地點：新鄉市牧野區白露村龍華寺

〔碑額〕：萬古流芳

重修觀世音菩薩堂并金妝聖像碑記

盖聞莫爲之前，雖美不彰；莫爲之後，雖盛弗傳。以是知前後一人之所係者大也。即如我衛郡汲縣之南二圖白露荒村之西首，舊有觀世音菩薩堂一座，曾經乾隆二十二年黄水漫淹，二十六年□水泛濫，俱未至於衝倒。独至乾隆五十九年六月季夏，沁水開口，平地橫流，而此堂遂爲圮覆，聖像亦於是乎毀壞。有會首四姓等者目擊心傷，約衆捐資，共舉善事。今當廟堂功程告竣，聖像金妝一新，囑余作文以記其事。余非能文者，但余素性最好人之好爲善者，是以忘其固陋，聊爲俚語數句以記之，庶乎後之有志於爲善者，踐乎前人之□，以接□於不替焉尔。此前人所以堪爲後人之師，後人更堪爲後人之師也與。而謂前之美有不於是，而彰後之盛有不於是，而傳也哉。

衛輝府學廩膳生員王炳如撰文并書丹。

廟主李顯宗錢三千，今首李安宗錢六百，經歷王炳如錢二千五百。錢粮：張元卿錢一千四百，張五成錢一千五百。買辦：張海錢一千五百，陳堂錢六百七十。總催：張連升錢七百，張五常錢二千。總催：張福有錢五百，陳魁錢七百。總催張信錢五百。今首李振宗錢五千，今首李紹宗錢三千，今首李成文錢三千。李興錢三千，陳忠錢六百七十，張智錢五百，張會錢五百，張錫錢五百，張五經錢一千，陳段氏錢六百七十，張得貴錢二百，張权錢五百，李玉錢五百，李金錢一千，李榮錢五百，王中清錢五百，張永寧錢七百，張三元錢五百，張沆錢一千，張湖錢七百，張浩錢一千，張元慶錢一千五百，王中和錢五百，張沺錢五百，張洞錢三百，刘陳氏錢五百，馬見資錢五百，郭正元錢一百，郭太錢一百，郭張氏錢二百，閆承業錢二百，王福錢一百，閆興錢一百，閆法錢一百，閆立業錢一百。萬莊：毛見貴錢一千，萬義錢二百，萬有福錢二百，萬有禄錢一百，萬良錢二百，萬信錢一百，萬來福錢一百，萬公錢一百，萬成錢一百，郭現錢一百，郭成錢二百。

木作張□，泥作李成林，畫工胡仁，石工張□□。

大清嘉慶貳拾貳年歲次丁丑孟冬穀旦同立。

流芳百代

趙家坡重修普濟橋碑誌

蓋聞道途平坦是稱如砥之安橋梁傾陷每致隄阻之嘆趙家坡村西旦塹舊有土
橋東西往來要道前人創建良模迨今主頃路隘行人蹦蹭本村馬商諱珍慨任其
事興工補砌秉耜諸公任費擔勞共勤庶履道坦坦無不利濟焉功程告竣
謹刻石以誌云

後學白縱周撰並書丹

太學馬珍捐錢伍千文

賀求鳳據代西商支
馬商列世興壽捐錢二千有文
董希文捐錢八百文
趙鵬飛捐錢二百文
趙聖錕捐錢二百文
趙學璋捐錢二百文
自趙得科捐錢二百文

嘉慶二十三年歲次戊寅仲春中浣　鐵筆郭建學刻

361. 趙家坡重修普濟橋碑誌

立石年代：清嘉慶二十三年（1818 年）
原石尺寸：高 116 厘米，寬 53 厘米
石存地點：洛陽民俗博物館

〔碑額〕：流芳百代

趙家坡重修普濟橋碑誌

蓋聞道途平坦，是稱如砥之安；橋梁傾陷，每致險阻之嘆。趙家坡村西巨壑舊有土橋，東西往來要道，前人創建良模，迄今土傾路陷，行人躑躅。本村馬君諱珍慨任其事，興工補砌，兼有諸公任費擔劳，共襄厥功。庶履道坦坦，無不利濟焉。功程告竣，謹刻石以誌云。

大首事馬珍捐錢五千文，監生高同文捐錢四百文，董希文捐錢八百文，趙望齡捐錢二千文，趙鵬飛捐錢八百文，白□捐錢六百文，生員趙學瑗捐錢一千二百，監生馬得淵捐錢一千文，賀永興捐錢四百文，馬澗捐錢一千二百文，刘世興捐錢一千二百文，趙壽捐錢一千文，馬天仁捐錢八百文，王仲溪捐錢四百文，王乾捐錢四百文，寧克良施錢八百，寧王卿施錢三百，梁書田施錢二百，王純仁施錢二百，監生王价施錢二百，監生寧蟻屏施錢二百，王良臣施錢一百，監生段慈惠施錢一百。寧克明、王桐、王萬選、王萬朝、趙申、王萬有、寧克溫、和之光、靳永泰、靳九合、王德文、和萬年、和萬有、田燦，以上各一百。王進錢三百。張盤村：梁縂錢二百，梁天選、梁天魁、梁新祥各一百，梁文遠、梁懷、宋萬清、梁价各一百。朱家倉：監生朱志安錢三百，陳善、古儒各二百，朱興旺、朱連理、朱有、朱印、朱多寔、朱英各一百。張家凹：監生張百謙錢三百。龍虎灘：貢生黃謙誠錢五百。

鐵筆郭連學刻。

後學白從周撰并書丹。

嘉慶二十三年歲次戊寅仲春中浣穀旦立。

遊大伾山記

大伾在中州且出嵩小曰南導河東逾洛汭至于大伾而名始顯居衛之北濟之東為河朔巨觀把其勝者代不乏人余桓已卯夏由郡城南九十里出迎口禄野青嶂千疊橫目而主秋爽凡上出重霄宛然一方靈償起把歩非筆墨

其間陵森茸拍攢絮

公泉水甘而煥令尹之遺戒忘也捷徑歴百歲遂東獨立為泉滿把雲淨忘也捷徑歴百岁逆其所頭日云霄竊竊曰馬道天道悦有尊回來宴賓少頃道盡天道悦有尊松忘遠之廈門葛窩窩無心生幽倚雁思遠之廈門葛峭峭陵立塑悴青松雜出其間上君右人石刻而東夷總月下書出也生

院主縣目尊浮師立堂脈血城闊四圍部歲不多凡四形隆立山頭下瞰石嗣兩隼禪荷葷可畓西西由山往波飛虹橋石澗水上如岐盧闊隈此徊陶拾級歴後十僧指上一封橋揚上石犀長車仙岐古今岐潤多出到公子畎而登萬仙樓東望綠河故僧活沙究支盖津大隄俯而觀光省西眺凓九岐首水斯以然少之外歲禪蔭世陽陳蘇夫前思川上之言越日尋其蘇世前　奇嘉記潤大小三六澄為朱雲夕揚返隱光違六又成人曰因為洞目目前嵩下古柏筑十珠自屏潤龍出罩不汉訶西瞿半山房佳存其跡南沙浩落嶺址俗言洞或為古守左之别壑歲為世仡人全福田編其頂場有中寧集為而成歷東陝無復存者南廟之是即其陂也咪昨元主吉嵩堅德如天棠飽熟功者常忘為克德烈小之名不朽也

泰紀三四年月十二月壬毅烈日巳紀

北平鄧武剛志哉

362. 游大伾山記

立石年代：清嘉慶二十四年（1819 年）
原石尺寸：高 40 厘米，寬 140 厘米
石存地點：鶴壁市浚縣大伾山

游大伾山記

大伾在中州，其山最小，自禹導河"東過洛汭，至于大伾"而名始顯。居衛之北，浚之東，爲河朔巨觀。攬其勝者代不乏人。余於己卯夏，由郡城九十里出道口，綠野青疇，平原極目，而圭棱突兀，上出重霄，宛然一方壺聳立於蒼茫雲樹间。又二十里至其麓，森森翠柏，叠陰崇階，旁有劉公泉，水甘而冽，舊令尹之遺愛，志不忘也。徒行数百步，達呂祖洞，遺世獨立，如到蓬萊，香雲淨水，非復塵寰矣。少頃，進壶天道院，有亭曰"來鶴"，坳曰"鳴琴"。栖止之所，顔其額曰"雲窩"，寓"無心出岫，倦飛思還"之意。门前峭壁陡立，野竹青松雜出其间，上多名人石刻，而吏隐"斤"，不書山也。出院，至縱目亭，浮邱在望，綿亘城闌；四圍村落，禾麥芃芃。回顧"群玉山頭"，下臨石洞，雨集種荷，兼可畜魚。乃由山徑渡飛虹橋，石间水上，如"步虛聲"。過此，循階拾級，歷数十層，始上八卦樓。樓上石壁、表章、仙迹、古今歌詞，多出劉公手。既而登萬仙樓，東望黄河故衢，流沙宛在；孟津大陸，猶可想見者。西臨衛凡，逝者如斯，慨然思川上之言。越日取道，再游其最著者。龍洞大小三穴，將雨出雲；夕陽返照，光透穴中，或又曰"酉陽洞"。百步之外，履偉觀岩，黎陽勝概如在目前。岩下古柏数十株自壁間挺出，翠不改柯，而"雲半山房"僅存其迹。南陟洪濛嶺，北俯觀音洞，或爲古守臣之別墅，或爲世俗人之福田。攀躋其頂，舊有中軍亭，而破屋頹垣，無復存者，禹廟之建即其址也。嗟乎！元圭告錫，聖德如天；崇祀報功，禮有常經：禹之德顯，山之名不朽也。

嘉慶二十四年四月初三日靈武謝玉田記。

北平金端本書。

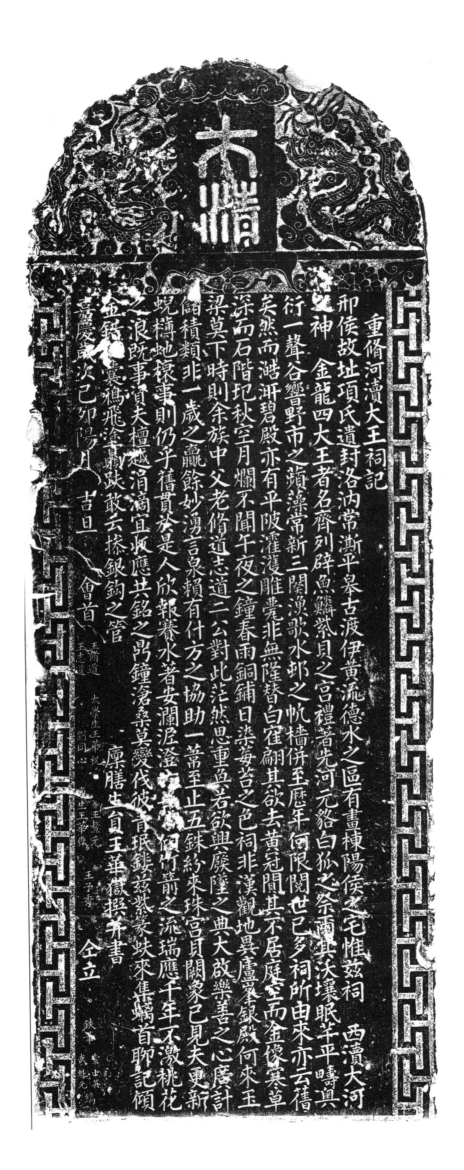

重脩河瀆大王祠記

邢侯故址項氏遺封洛汭常澌平皋古渡伊黄流德水之區有畫棟陽侯之宅惟茲祠　西瀆大河
神金龍四大王者名齊列辟魚鱗紫貝之宮禮著先河元貉白狐之祭爾其沃壤眠芊平疇興
行一聲谷響野市之頔藻常新三關澳歌水邨之帆檣併至歷年何限閱世已多祠所由來亦云舊
芙然而澹沱碧殿亦有平陂灌澆雕甍非無隆替白崔翩其欲去黄冠聞其不居庭空而金像何來玉
深而石階圮秋空月爛不聞午夜之鐘春雨銅鋪日染莓苔之色祠非漢觀地異盧峯銀殿何來王
梁莫下時則余族中父老脩道志二公對此茫然思重畫若欲典隆之典大啟樂善之心廣計
儲積類非一歲之贏餘妙湧言泉賴有什方之協助一篝至止五銖紛來珠宮貝闕象已見夫更新
蜿槮地銀重則仍乎舊貫於是人欣報養水著安瀾泥澄代彼泪涓所箭之流瑞應千年不濺桃花
之浪既事須夫檀越滴滴宜板應共銘之罍鐘溶桑桑蔑伐來集螭首聊記傾

廩膳生貞王華嶽撰并書

嘉慶歲次己卯陽月　古旦

金鐕　襄鴆飛金最跌敢云搭銀鈎之管

會首
王紹道
王志道

大學生王華稅
劉同心

王敬元　生王華欽
王子秀

全立

鐵牛武烈元鈞

363. 重修河瀆大王祠記

立石年代：嘉慶二十四年（1819年）
原石尺寸：碑高173厘米，寬64厘米
石存地點：焦作市溫縣趙堡鎮北平皋村

〔碑額〕：大清

重修河瀆大王祠記

邢侯故址，項氏遺封，洛汭常漸，平皋古渡，伊黃流德水之區，有畫棟陽侯之宅。惟茲祠西瀆大河之神，金龍四大王者，名齊，列辟魚鱗紫貝之宮，禮著先河，元貉白狐之祭。爾其沃壤眠芊，平疇奧衍。一聲谷響，野市之蘋藻常新；三閬漁歌，水村之帆檣併至。歷年何限，閱世已多，祠所由來，亦云舊矣。然而澔汗碧殿，亦有平陂，灈濩雕甍，非無隆替。白鶴翩其欲去，黃冠聞其不居。庭空而金像寒，草深而石階圮。秋空月爛，不聞午夜之鐘；春雨銅鋪，日染莓苔之色。祠非漢觀，地异廬峰，銀殿何來，玉梁莫下。時則余族中父老修道、志道二公，對此茫然，思重奐若，欲興廢墜之典，大啓樂善之心。廣計儲積，類非一歲之贏餘；妙涌言泉，賴有什方之協助。一葦至止，五銖紛來。珠宮貝闕，象已見夫更新；蜎橉蛇槤，事則仍乎舊貫。於是人欣報賽，水著安瀾。泥澄□半，常傾竹箭之流；瑞應千年，不激桃花之浪。既事資夫檀越，涓滴宜收，應共銘之鼎鐘，滄桑莫變。伐彼青珉，鏤茲紫篆。蚨來集螭首，聊記傾金錯□囊，鴉飛塗贔趺，敢云操銀鈎之管。

廪膳生員王華嶽撰并書。

會首王修道、王志道，太學生王華祝、劉同心，廪生王鰲元、王華嶽、王子秀同立。

鐵筆索士英、武魁元鐫。

嘉慶歲次己卯陽月吉旦。

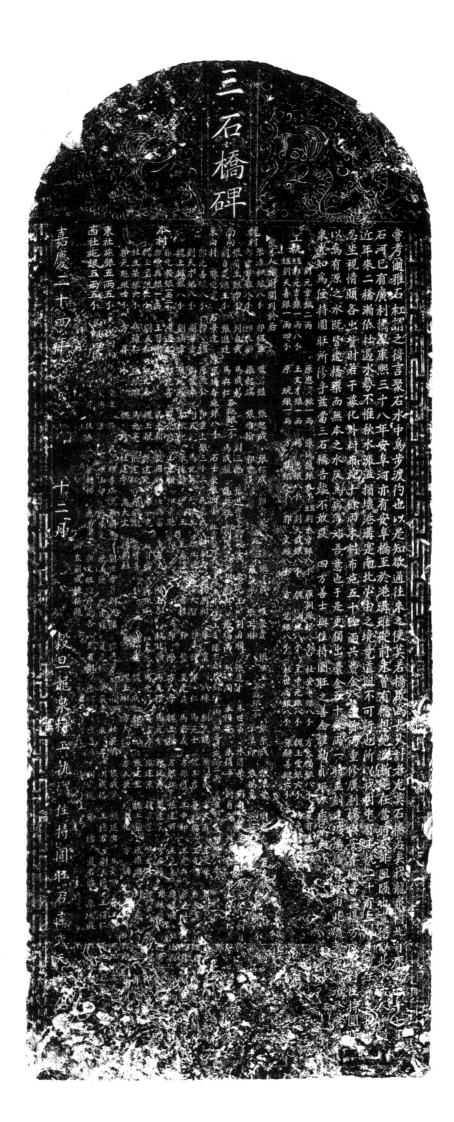

三石橋碑

364. 三石橋碑

立石年代：清嘉慶二十四年（1819 年）

原石尺寸：碑高 161 厘米，寬 62 厘米

石存地點：焦作市沁陽市西向鎮龍泉村關帝廟

〔碑額〕：三石橋碑

嘗考《爾雅》，石杠謂之倚，言聚石水中爲步渡彴也。以是知欲通往來之便莫若橋，欲爲長久計者，尤莫石橋若矣。我龍泉村北自康熙二十七年石河已有廣利橋，至康熙三十八年安阜河亦有安阜橋。至於港溝，雖從前未曾有橋，想絶流断港在當時或非阻隔也，豈得以此□古人乎？惜近年來二橋漸低，杜遏水勢，不惟秋水漲溢，損壞禾田港溝，實南北必由之境，竟道阻不可行也。所以我村中有工執二十有□人，其睹汪洋之□，不忍坐視，情願各出資財若干，募化外村布施十餘兩，本村布施五十餘兩，共費金八十餘兩，重修廣利橋與安阜橋，凿二橋方成。□村住持圓旺以爲有源之水既皆建橋梁，而無本之水反爲病涉，非吾意也。于是更獨出囊金五十餘兩，一時并創建港溝橋，□□由此橋者或□功於□□泉，豈知爲住持圓旺所修乎？兹當三石橋告竣，不敢没四方善士與住持圓旺之善念，謹勒貞珉以垂永久。

工執：劉元章銀二兩，監生郭元吉銀一兩八錢，監生劉天喜銀一兩四錢，原應□銀一兩，王文才銀一兩，原珖銀一兩，張延龍銀九錢，楊忠銀八錢，方旺銀八錢，監生劉采章銀八錢，劉天成銀八錢，郭文銀八錢，原朝鳳銀八錢，魏瀾銀八錢，方芝銀八錢，杜安平銀八錢，王中元銀八錢，杜世亮銀八錢，方大福銀八錢，魏玉堂銀六錢，張繼善銀六錢，夏有□銀四錢，□元□□□。

衆善人施財開列於後：

魏村：張清和銀八錢，郭雲祥銀八錢，郭紹孟、郭良卿、張萬鎰、張起端、張起成、張維翰、張仁成、郭雲漢、郭雲龍各施銀四錢，張道成、張成宗、張聚貴、張玉琳、張洪□各施銀二錢，張榮成、張法印、張法善、張鵬萬、周良先、張□□、夏□順各施銀一錢。

南向：張蘭生銀四錢，劉自寬銀三錢，劉自武、張進廷、馬成彩、馬興仁各施錢二錢，劉三德、馬成龍、張進賢、馬興旺、韓敬壽、刘成舉、秦光玉、張鵬興、刘自順、張紹禹、張進才、張紹周、朱世富、朱得安、朱得榮、朱得平、劉自天、劉自海、□□□、劉□倉、秦光全、秦□□、劉自修、馬成學、馬……

東向村：陳世寬、石景達、陳家福各施銀八錢，郭元善銀八錢，劉天才銀八錢，魏玉振銀八錢，石士榮四錢，郭福、劉華章、劉煥章、原殿公、劉富章、張延鳳、郭雲上銀三錢三，劉天乾、方振紀、馬元英、張延齡、原應太、原卿玉、原□玉、原朝□、魏玉德、王克□、楊朝相、方大智、□雲桂、□震、郭□恒、郭鰲、劉成棟、郭仁、夏光義、劉天賜、馬元士、馬宏義、原門田氏、魏玉彥、方振川、方大有、夏光興、王中和、王文華、王克瑞、王克興、原□□、原遇□、原遇時……

北魯鎮：陳義□、陳□年、□玉、陳志貞□□□二兩。

西高村施銀二兩。

義莊村武生□施銀八錢。

本村：郭元順銀一兩二錢，郭景典銀一兩，魏玉璽銀六錢，杜生華銀六錢，郭元魁銀四錢，原道□、王習□、劉天和、張懷仁、方昇、郭□喜，以上各施銀四錢，夏光前、馬元相、魏玉獻、

馬元亮、魏珍、王克順、趙國順、張建元、張建松、杜廷秀、郭景魁、任興富、□宗堯、原殿魁、高大文、郭□□、孟有文、孟有壽、宋賓善、楊朝柱，以上各施銀二錢；杜延齡、郭學，以上各施銀一錢五；方大學、馬元禮、馬元□、魏成、魏玉琳、魏玉檢、馬元□、□盡孝、郭□、方振江、張延壽、張建京、張建堂、方大榮、張建寅、張建□、韓□芝、魏玉聲、原玉□、王克喜、方□禎、馬宏□、原振準、方祿、厚遇順、張延慶、張門武氏、劉天……

　　東社施銀五兩五錢，又□銀四兩；西社施銀五兩五錢，又□銀銀四兩。郭文生、郭文興、郭昇、郭武、張繼□、任□立、邢希瑞、原玉印、原朝相、原朝忠、原宗文、原□忠、劉京章、原玉德、郭文旺、劉□祺、原宗舜、原□合、原遇芳、夏光禮、韓有潮、劉耀章、劉衮章、原臨□、杜□明、宋□玉、原遇□、張成芳、劉成椿、關□槐、張延興、王德方、宋儒、馬□勛、劉天德、夏有德、□□□、王得仁、張延成、原福元、馬□□、杜安□、劉□□、方大□、原……

　　沁左劉成棟撰題。

　　嘉慶二十四年十二月穀旦，龍泉村工執等、住持圓旺、石匠武天□同立。

嘗考爾雅石杠謂之徛言聚石水中爲步渡彴也以是知泲
石河已有廣利橋蓋康熙三十八年安阜河亦有安阜橋及
近年來二橋漸低杜過水勢不惟秋水漲溢損壞巷溝定春
忍坐視情願各出貲財若干募化外村而施十餘兩吾
以爲有源之水既皆遠橋梁而無本之水反爲病淺
泉豈知爲住持圓駐所修于兹當三石橋告竣不敢沒

工軌

衆善人施財開列於后

郭紹盃
張鎰　　張起成
張維翰　張起端
郭雲漢　張仁成
張進廷　劉三德
馬成彩　劉三龍
馬奂仁　馬奂珉
谷施銀三小
石士崇銀四小

劉元章銀二兩
郭元吉銀一兩八小
鹽監劉天喜銀一兩四小

原應崇銀一兩
王文才銀一兩二小
原玩銀一兩

張延龍銀九小
監生劉天喜銀八小
方　　銀八小

魏村
張清和銀八小
張蒲生銀四小
劉自覺銀四小
石景堂
陳寇僑
谷施銀八小

南高村
劉自覺銀王小

東向村
陳世寬
劉天才銀八小
郭元善銀八小

《三石橋碑》拓片局部

887

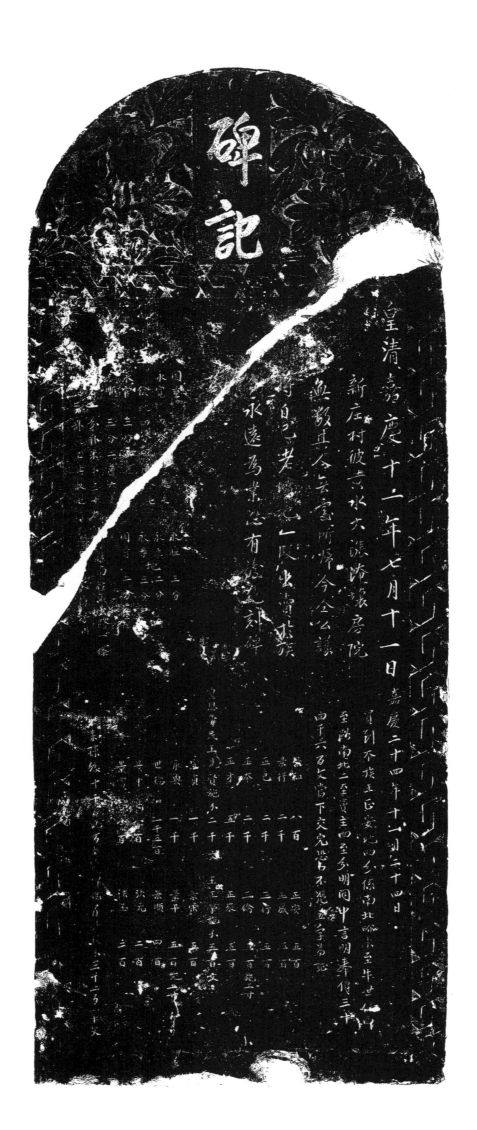

碑記

皇清嘉慶十二年七月十一日

新庄村彼荒水大漲沖壞房院

……血數且今众寡所傷今合公議

……自己……一反……出賣此

永遠為業恐有後无凭立碑

365. 買賣土地契約

立石年代：清嘉慶二十四年（1819 年）
原石尺寸：高 98 厘米，寬 38.5 厘米
石存地點：焦作市溫縣招賢鄉西招賢村王氏祠堂

〔碑額〕：碑記

皇清嘉慶十一年七月十一日，新庄村彼黃水大漲，淹壞房院無數，其人無處所歸。今同公議，將自己老墳地一段，出賣於族人，永遠爲業。恐有後□，刻碑□記。

國重地□□，永寬四分地□□毛，儉地四分四厘□毛，永官地三分□□，永順地三分二厘六□。□□分糧米錢二十九□□，□□□□出路一條……房用。

嘉慶二十四年十一月二十四日，買到本族王正安地四分。係南北畛，東至牛世保，西至路，南北二至賣主。四至分明，同中言明，奉價三十四千六百文，當下交完。恐口不憑，立字爲證。

王景和施錢八百文，王景行施錢二千文，王正己施錢二千文，王正本施錢二千文，王正才施錢五千文，皇恩壽民王建賢施錢二千文，王守貞施錢一千文，王永興施錢一千文，王世德施錢一千五百文，王景中施錢八百文，王景□施錢八百文，王正安施錢五百文，王正成施錢五百文，王正行施錢五百文，王正倫施錢五百文，施工廿，王正學施錢五百文，王景榮施錢五百文，王景平施錢五百、施工廿，王景順施錢四百文，王法元施錢二百文，王法玉施錢二百文。

□來陳張十千□九萬□□□化□，□□錢三十二萬一十文。

創修叫河犁水潭石橋俑施碑

賜進士出身文林郎知河南直隸陝州盧氏縣事加七級紀錄十次方時亮捐銀拾兩

特授河南南陽鎮荊關協盧氏營守備趙六縣捐銀拾兩

特授河南直隸陝州分州護理山東全省運河兵備道加二級紀錄五次桂捐銀肆兩

特授兗州武舉任河南南陽鎮標荊關營盧氏把總薛國樞捐銀肆兩

特授甲午科分拔朱陽關部萬清捐銀貳拾兩

特授廬氏縣武舉人盧氏縣督補廬加二級紀錄五次桂捐銀肆兩

戊午科舉人盧氏縣儒學教諭姬捐銀四兩

恩賜千叟宴扶貢生侯送州判坊吳夢榴邑人郭秉南捐銀壹兩

癸酉科拔貢生侯選州判吳夢榴捐銀壹兩

物科常化

現任直隸易州淶水縣知縣常榮錦捐銀壹兩
山東試用縣丞署萊州府經廳靳同捐銀壹兩
甲寅科武舉現任撫標右營千總王九畔捐銀壹兩
原任貴州思南府甲江縣典史常王沐捐銀壹兩
候補兵馬司吏目靳一桂捐銀壹兩
庚午科舉人新彰張夢椿捐銀壹兩
癸酉科舉人新彰郭同清捐銀壹兩
候補營千總郭同清捐銀壹兩
庠生吳夢芝捐銀壹兩
庠生楊禮常金羊
馮國正
王傑
趙當
張六才
聶書吉 趙成林
王元璧

主
穆法明 號長聚
和號 吳成名
陳有道
李得明
朱大興號 永盛號
王永興
廩生周 崔金福
宋環
張永魁
董克功
謝文良
余宗送
李得果 楊禮
史天祿
庠生吳夢禮
楊合春

中和號 楊廷棟
馮大顯
楊大興
中和成號 陳正明
崔正興
趙通號 范永祥
穆長聚
段萬財
鄒聯登
李式茶
宋楊式 全忠
周大鳳
胡有才
孫有祿
朱連銘
泰兆祥
任廷舉

土成 戴國瑞
王文顯
常萬里
全成和
趙法和
陳維新
陳長興
金成泉
崔正興
劉貴臣
梁中魁
胡有才
楊兆林
劉福壽
李世魁
杜士輝
宋得亮
李得福
長黃號
朋東邑號

式成 王永順
馮大順
德順號 趙號號
順興號
戴明倫
袁鳳仁
程孟德
喬文秀
尚永奇
崔金
范軼鎮
范希養
張應養
王世榮
霍世榮

生貢著 吳文通
新歲號 戴順號
卲東仁號
南經義
張彥新
朱大興
王興邦
文勞新
李支秀

河犁

366-1. 創修叫河犁水潭石橋布施碑（碑陽）

立石年代：清嘉慶二十五年（1820 年）
原石尺寸：高 177 厘米，寬 64 厘米
石存地點：洛陽市欒川縣叫河鎮叫河村

創修叫河犁水潭石橋布施碑

賜進士出身文林郎知河南直隸陝州盧氏縣事加七級紀錄十次方時亮捐銀拾兩，特授河南南陽鎮荊門協盧氏營守備趙六韜捐銀拾兩，特授河南直隸陝州分州劉天桂捐銀貳拾兩，戊午科舉人盧氏縣儒學教諭姬銑捐銀四兩，特授盧氏營分坊朱陽關部廳方萬清捐銀貳拾兩，甲子科武舉任河南南陽鎮標荊關協盧氏營把總薛國梁捐銀肆兩，特授河南直隸陝州盧氏縣督補廳加二級紀錄五次桂攀捐銀肆兩，特授袞州府分府護理山東全省運河兵備道邑人莫夢齡捐銀壹兩，恩賜千叟宴正八品建百齡坊監生邑人郭秉南捐銀壹兩，癸酉科拔貢生候選州判莫夢榴捐銀壹兩，貢生靳天綱捐銀壹兩，現任直隸易州淶水縣知縣常榮錦捐銀壹兩，山東試用縣丞署萊州府經廳靳同捐銀壹兩，甲寅科武舉現任撫標右營千總王九皋捐銀壹兩，原任貴州思南府印江縣典史常沐捐銀壹兩，候補兵馬司吏目靳一桂捐銀壹兩，庚午科舉人靳彩章捐銀壹兩，癸酉科舉人張夢椿捐銀壹兩，候補營千總靳鑑捐銀壹兩，候補衛千總郭同清捐銀壹兩，廩生周淼捐銀壹兩，庠生莫夢芝捐銀壹兩。

經營物料：穆長聚、范希周、陳有道、馮大順、朱大興、王永興、崔金福、李得果、楊禮、常金星。

化主：楊法明施錢貳拾千。中和號、楊禮各施錢拾伍千。王文顯、武生常萬里、馮大順、王永興，以上各施錢拾千。武生戴國瑞暨男金甲、明甲施錢捌千。王盛才施錢捌千。耆民吳文通施錢叁拾千。叫河：貢生杜薦、新盛號各施錢伍千。監生吳成名、屯田司楊廷棟、全盛和、閻百昌、和成號、順興號、陳有道、常傑、趙法，以上各施錢五千。德順號、戴明倫、通順號，以上各施錢叁千。李得明施錢伍千。監生陳萬財、穆長聚、陳維新、趙正明、崔正興、陶灣全盛號、范永祥、泉通號，以上各施錢叁千。袁鳳仁施錢叁千。邵秉仁、魁隆號各施錢貳千。永盛號、楊合春各施錢叁千。生員段師式、武生鄒開泰、監生李聯登、監生李式恭、耆民劉貴臣、監生常域，以上各施錢貳千。梁中魁、張聚奎、喬文秀、程孟德各施錢貳千。宋環、三成號、朱連銘、孫有祿、胡有才、秦兆祥、任廷舉，以上各施錢貳千。李得果、崔金福各施錢壹千伍佰。尚永奇、戴明經各施錢貳千。張甫施錢壹千五佰。監生吳魁、張永太、董克功、李世魁、劉福壽、杜生輝、楊兆書、宋得亮、長發號，以上各施錢壹千。范軼鎮施錢壹千五佰。王興邦、朱大興各施錢壹千。史天祿、余宗選、謝文良、周大昌、武全忠、楊鳳、朱東壯班、朱西壯班、陽關東皂班、陽關西皂班，以上每人施錢壹千。范希周、張應發、艾秀薪各施錢壹千。馮國正、王傑、趙當、張六才、聶成林、趙書吉，以上各施錢伍佰。王元壁施錢叁佰。宋餘慶、王奪、霍世榮、李支秀各施錢壹千。

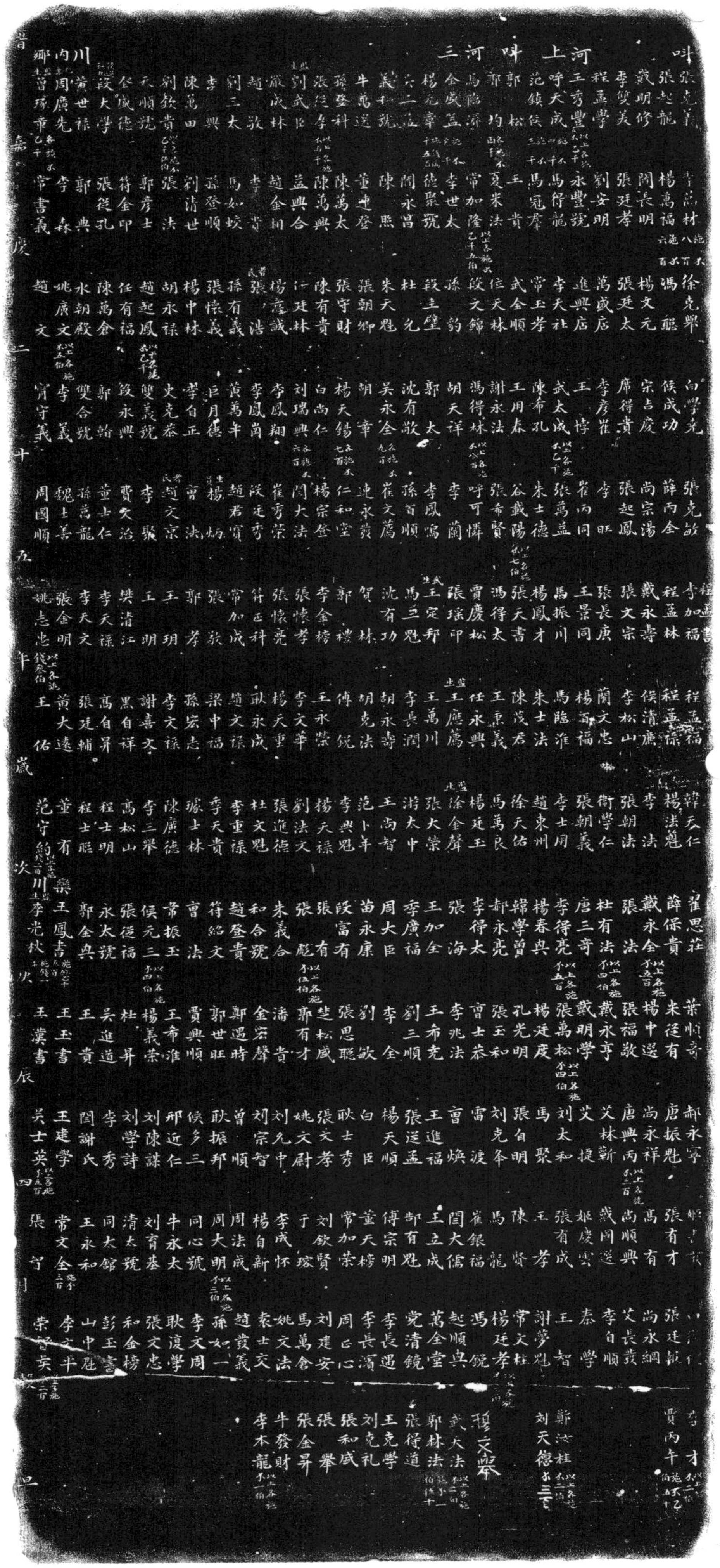

366-2. 創修叫河犁水潭石橋布施碑（碑陰）

立石年代：清嘉慶二十五年（1820 年）
原石尺寸：高 177 厘米，寬 64 厘米
石存地點：洛陽市欒川縣叫河鎮叫河村

叫河：張克義、張起龍、戴明修、李雙美、程孟學、王秀豐，以上各施錢乙千。上叫河：呼天成施錢四千，范鎮侯施錢三千，郭松、郭均、馬臨濟，各施錢兩千。三川：全盛益施錢叄千，楊元章施錢兩千五百，吳三益、義和號、牛萬選、孫登科、張從厚，以上各施錢兩千。監生劉武臣、嚴成林、趙敬、劉三太、李興、陳萬田、劉欽貴，以上各施錢乙千五百。天順號、全盛德、候選從九段大學、黃世祿。內鄉：化主周廣先、監生曾琢章各施錢乙千，李萬林施錢八百，楊萬福施錢六百，閆長明、張廷孝、劉安明、永豐號、馬得龍、馬冠群、王貴、夏米法、常加隆，以上各施錢乙千五百。李世太、德聚號、閆永昌、陳照、董連登、陳萬太、陳萬興、益興合、趙金相、李貴、馬如蛟、孫登順、劉清世、張法、郭彥士、符金印、張從孔、郭典、李森、常書義、徐克舉、馮聰、楊文元、張廷太、萬盛店、進興店、李天社、常玉孝、武全順、位天林、段文錦、孫豹、段圭璧、杜允、朱天魁、張朝卿、張守財、張有貴、任天林、楊意誠、耆民張浩、孫有義、張懷義、楊中林、胡永祿、趙起鳳，以上各施錢乙千。任有福、陳萬倉、水朝殿、姚廣文，以上各施錢五百。趙文、白學堯、侯成功、宋吉慶、席得貴、李彥崔、王悖、武太成：以上各施錢乙千、陳希孔、王朋春、謝永法、馮得林，以上各施錢八百。胡天祥、郭太、沈有敬、吳永全，各施錢九百。胡章、楊天錫，各施錢七百。白尚仁、劉瑞興，各施錢六百。李鳳翔、李鳳岡、黃萬年、巨月德、李自正、史克恭、雙義號、段永興、郭翰、雙合號、李義、寧守義、張克敏、薛丙全、尚宗湯、張起鳳、李旺、崔丙同、張萬益、朱士德、谷載陽，以上各施錢七百。張希賢、呼可憐、李蘭、李鳳鳴、孫百順、崔文薦、連永發、仁和堂、楊宗登、閆大法、崔秀榮、段廷秀、趙君寶、生員楊炳、曹法、耆民趙文京、李聚、費文治、董士仁、孫萬龍、魏士善、周國順、程孟書、李加福、程孟林、戴永壽、張文宗、張長庚、王景同、馬振川、楊鳳才、張天書、馮得太、賈慶松、張瑤印、武生王定邦、馬三魁、沈有功、賀林、郭禮、李金榜、張懷孝、張懷亮、符正科、常加成、張敬、郭孝、王玥、王明、樊清江、李天祿、李天文、張金明、姚志忠，以上各施錢叄佰。程孟福、程孟祿、侯清廉、李松山、藺文忠、楊百福、馬臨淮、朱士法、陳茂君、王秉義、任永興、監生王應薦、王萬川、李長潤、胡永壽、胡克法、傅銳、王永榮、李文華、楊天重、耿永成、趙文祿、梁中福、孫宏志、李文祿、謝喜文、黑自祥、高自昇、張廷輔、黃大遠、王佑、韓天仁、楊法魁、李法、張朝法、衛學仁、張朝義、李士用、趙東州、徐天佑、馬萬良、楊廷玉、監生徐金聲、張大榮、游太中、王尚智、范卜年、李興魁、楊天祿、劉法文、張進德、杜文魁、李重祿、季天貴、璩士林、陳廣德、李三舉、高松山、程士明、程士聰、董有、范守約，以上各施錢二百。翟思莊、薛保貴、戴永全，以上各施錢五百。張法、杜有法，以上各施錢四百。唐三奇、李得亮，以上各施錢五百。楊春興、韓學曾、郝永亮、李得太、張海、王加全、季廣福、周大臣、苗永康、段富有、張有、張彪，以上各施錢五百。朱義合、和合號、趙登貴、符紹文、曹法、韋振玉、侯元三，以上各施錢四百。張從福、永太號、郭全興。欒川：王鳳書施錢乙千五百，監生李光秋施錢一千，葉順奇、米從有、楊中選、張福敬、戴永亨、戴明學、張萬松，以上各施錢四百。楊廷度、孔光明、

張玉和、曹士恭、李兆法、王希堯、劉三順、李全、劉敏、張思聰、楚松盛、郭有才、潘貴、金宏聲、鄭遇時、郭世旺、賈興順、王希淮、楊義榮、杜昇、吳進道、王貴、王玉書、王漢書、郝永寧、唐振魁、尚永祥、唐興丙，以上各施錢三百。艾林蘄、艾捷、劉太和、馬聚、張自明、劉克夆、雷渡、曹煥、王進福、張從孟、楊天順、白臣、耿士秀、張文孝、姚文尉、劉允中、劉宗智、曾順、耿振邦、侯多三、邢近仁、劉陳謀、劉學詩、李秀、閆謝氏、王建學、吳士英，以上各施錢五百。姬長發、張有才、高有、尚順興、戴國選、姬慶雲、張有成、王孝、陳賢、馬龍、崔銀福、閆大儒、王立成、郜有魁、傅宗明、董天榜、常加榮、劉欽賢、于瑢、李成懷、楊自新、周法成、周大明，以上各施錢三百。同心號、牛永太、劉育基、清太號、同太館、王永和、常文全，施錢三百。張智、白復禮、張廷報、尚永綱、艾長發、李自順、秦學、王智、謝夢魁、常文柱、楊廷孝，以上各施錢二百。馮銳、起順興、萬全堂、黨清鏡、李長遇、李長濱、周正心、劉建安、馬萬倉、姚文法、袁士交、趙發義、孫如一、李文周、耿復學、張文忠、和金榜、彭玉書、山中魁、李文平、榮智矣，以上各施錢二百。李才以上各施錢二百，賈丙午施錢乙百五十，鄭汝桂以上各施錢二百，劉天德錢三百，武天法以上各施錢二百。郭林法施錢一百五十，張得道、王克學、劉克禮、張和盛、張舉、張金昇、牛發財、李本龍，以上各施錢一百。

時嘉慶二十五年歲次庚辰四月穀旦。

張克敏　薛丙全　尚宗湯　張起鳳　李丙同　崔丙同　朱士德　張萬益　谷載陽　張希賢　呼可憐　李鳳鳴　李百（？）　孫文薦　崔永薦　連和發　楊仁堂　閻大法　崔宗榮　段秀秀　趙廷寶　貢生楊君炳

程孟福書　程孟壽　戴永宗　張文宗　張長庚　王景同　馬振川　楊天書　張得才　馮得松　賈慶邦　張瑤（？）　武生王定魁　馬三魁　沈有功　賀禮林　郭登（？）　李金榜　張懷亮　符正科　常加成　張加歆

韓天仁　楊法魁　李松山　蘭百福　楊文忠　馬臨淮　朱士法　陳茂義　王秉興　監生王應薦　王萬川　任永薦　張瑤（？）　馬三定　胡永壽　胡克銳　傅克銳　王永榮　李文華　楊天重　李永成　楊文祿　梁中福

李法魁　楊法　李朝法　張朝義　張學仁　李士用　趙東州　徐天佑　馬萬良　楊廷玉　徐大榮　監生張太中　游太智　王尚智　李卜年　楊興文　范法文　劉法　張進德　杜文魁　李重祿　季天貴

翟思莊　薛保貴　戴永全　張永法　唐三奇　李得亮　楊學曾　韓永太　郝得海　李加全　王加福　季廣福　周大臣　苗永有　段富有彪　張富有　張有彪　朱義合　和合魁　趙登貴　符紹文
（以上伍伯各施）

郝永寧　尚興斬　唐永祥　唐興提　戴明學　戴萬松　張廷度　楊光明　孔光明　曾士和　李兆法　王希克　劉三順　李三全　周（？）　張思聰　郭有才　楚有威　金宏聲　潘貴　鄭遇時　郭世旺
（以上肆伯各施）（以上伍伯各施）（以上肆伯各施）

郝永魁　尚興斬　唐興提　艾林提　張福敬　楊中選　來逕有　葉順奇　耿振邦　曾振順　劉宗中　劉允智　姚文孝　張文秀　耿士臣　白（？）　楊天順　張逕孟　王進福　曾焕　雷克明　劉自渡　張自舉　馬太聚和　劉太和　唐興斬提
（以上叁伯各施）

《創修叫河犁水潭石橋布施碑（碑陰）》拓片局部

創修叫河犁水潭石橋記

邑治南百一十里有山市曰叫河以犁水之㟁得名也清水自東北来發源五六十里將逝叫河石壁聳立陡兀峰嶸回環踞岨幾無從出之路而一線中通清水汕蕩潔布而下若犁水潭象形也潭深莫測三丈而為東往来要道弗駕橋梁斷飛渡自有市以来伐木為梁屢蹉屢易不勝其勞邑候選汾州王君文秀字峯九者足履此土目覩其勞而憂其工之不固也始欲約衆易之以石乃有志未遂遷爾解世今木橋又將頹敗過者難之適有犁水廟從師愛牛本壽約請叫河諸善士為石橋一勞永逸渡身者王君之于潤身是謀以勤厥事工起於嘉慶二十四年三月初七日歲於本年九月二十七日院告竣丐文於余以壽諸石余惟王君峯九以利濟為心首善之人也其子克成父志善緒述也雖千金之貴非出於一人之囊而用心之臺慕化之勞督理之煩均不可沒況修橋築君之戕力贊勵同心向善也難之之適有犁水廟住持道人善有禆行人誠屬善舉以視夫世之愿有用之賞財剝無益之滛祠其賢否為何如也遂不辭鄙陋而記其顛末焉

邑儒學生員段一成錦式伯方氏撰文
邑儒學生員段師成仲雯代氏書丹

首事王潤身暨姪天吉天祥施錢伍伯千
候選府經歷司王文雄施錢參拾千
督工闔邑吳文通和成號順興號

修橋李金庭郭振坤劉魁昇
常萬良紀劉馬家通陳
黃劉進兄有

石工路絡先僧人照祿本壽王合德喬思忠鐫字
抓工道人武智德

石工路絡先
石工喬思忠鐫字

嘗創施錢督工閭百昌吳文通督工閭中和號㵢國瑞嘉慶二十五年歲次庚辰四月穀旦立

367-1. 創修叫河犁水潭石橋記（碑陽）

立石年代：清嘉慶二十五年（1820 年）
原石尺寸：碑高 197 厘米，寬 64 厘米
石存地點：洛陽市欒川縣叫河鎮叫河村

創修叫河犁水潭石橋記

邑治南百一十里，有山市曰叫河，以犁水之聲得名也。淯水自東北來，發源五六十里將逝。叫河石壁聳立，陡兀崢嶸，回還盤踞，幾無從出之路。而一綫中通淯水，洶涌瀑布而下，若犁犁然，故曰犁水潭，象形也。潭深莫測，不可逼視，濶約三丈，而爲東西往來要道，弗駕橋梁，斷難飛渡。自有市以來，伐木爲梁，屢毀屢易，不勝其勞。永邑候選分州王君文秀，字峰九者，足履此土，目睹其勞，而憂其工之不固也，始欲約衆，易之以石，乃有志未逮，遽爾辭世。今木橋又將頹敗，過者難之。適有犁水廟住持道人牛本壽，約請叫河諸善士，議爲石橋，一勞永逸，因憶昔日王君之志，復覓王君之子潤身者領其事。顧潤身年甫弱冠，從師受學，外事無聞焉，感諸君之請，仰體先人之意，誠不可泯，於是謀諸二三同志，代爲之勞，以襄厥事。工起於嘉慶二十四年三月初七日，成於本年九月二十七日。既告竣，丐文於余，以壽諸石。余惟王君峰九以利濟爲心，首善之人也，其子克成父志，善繼善述也。諸君之勠力贊襄，同心向善也。雖千金之費，非出於一人之囊，而用心之壹，募化之勞，督理之煩，均不可没。況修橋築路，有裨行人，誠屬善舉，以視夫世之麼有，用之資財，創無益之淫祠，其賢否爲何如也。遂不辭弇鄙，而記其顛末焉。

邑儒學生員段師式佰方氏撰文，邑儒學廩生段成錦仲雯氏書丹。

首事王潤身暨侄天吉、天祥施錢伍佰千，候選布經歷司王文雄施錢叁拾千。

督工：閻百昌、吳文通、和成號。

總理銀錢：中和號、武生戴國瑞、順興號。

修橋石工：李金廷、馬萬良、常家通、劉進有、黃亮、郭純、刘振坤、刘昇、陳魁。

石工段紹先、喬思忠鐫字。

幫工：僧人照禄，道人牛本壽、武智德，王合德。

時嘉慶二十有五年歲次庚辰四月穀旦立。

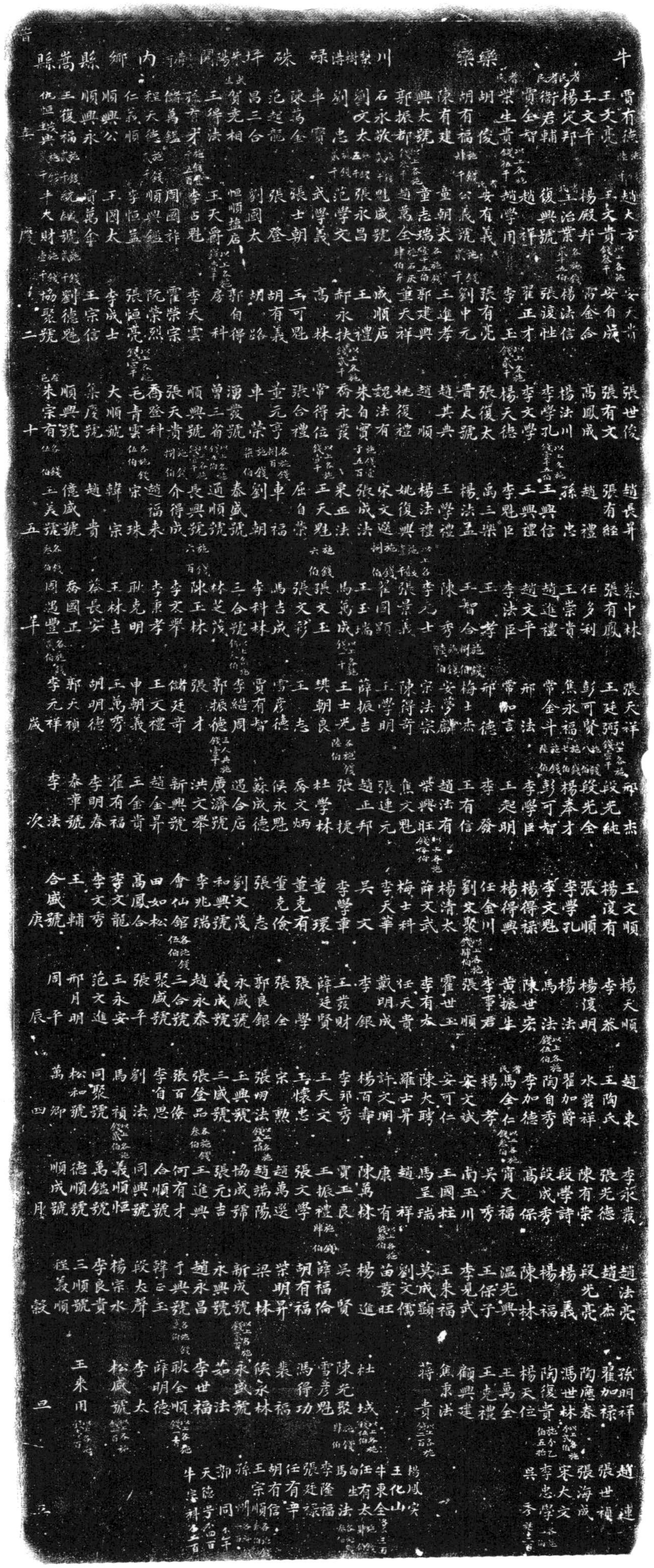

367-2. 創修叫河犁水潭石橋記（碑陰）

立石年代：清嘉慶二十五年（1820年）
原石尺寸：碑高197厘米，寬64厘米
石存地點：洛陽市欒川縣叫河鎮叫河村

牛欒：賈有德施錢陸千，王文亮、王文平、耆民楊定邦、耆民衛君輔、賈全智、耆民柴生貴、胡俊，以上各施錢伍千。欒川：胡有福施錢肆千。陳有建、興太號、郭振都，以上各施錢叁千。石永敬施錢貳千。梨樹溝：刘文太施錢五千，刘忠施錢貳千。碌砟坪：車寶、陳萬金、范起龍、昌三合。朱陽關：武生賀堯相、王得法。小溝河：孫有才施錢壹千五百，儲萬鎰。内鄉縣：程天德施錢貳千，仁義順、順興公、順興永。嵩縣：王復福施錢貳千，仇恒茂、仇恒生典施錢貳千。趙大方、王文貴，以上各施錢叁千。楊殿邦、耆民王治業各施錢貳千五佰。復興號、趙祥、趙學用、耆民安有義、公義號施錢貳千。童朝太、童志瑞各施錢壹千五佰。趙萬全施石灰肆佰斤。魁盛號、張永昌、范學文、武學義、張士朝、張登、刘國太、恒順鹽店、王天爵，以上各施錢壹千。李占魁、周國祚、順興鑑、李恒益、王國太、賈萬金、統盛號施錢貳千。牛大財施錢壹千。安天貴、安自成、雷金合、楊法信、張復性、翟正才、李玉，以上各施錢貳千。張有亮、刘中元、王進孝、郭建興、董天祥、成順店、王禮、郝永扶，以上各施錢貳千。高林、王可魁、胡有義、胡路、郭自得、房科、李天雲、霍榮宗、阮榮烈、張恒亮，以上各施錢壹千。李成士、王宗信、刘德魁、協聚號、張世俊、張有文、高鳳成、楊法川、李學孔，以上各施錢壹千五佰。李文學、楊天德、張復太、晉太號、趙其典、趙順、姚復禮、魏法有、朱自實施錢壹千五百。喬永發、常得位，以上各施錢壹千。張合禮、董元亨各施錢捌百。車榮施錢柒佰。涌發號、曾三省，以上各施錢五佰。順興號以上各施錢壹千。張天貴施錢捌佰。喬登科、毛青雲各施錢五佰。大順號、集慶號、順興號、登邑朱宗有各錢五佰。趙長昇、張有經、趙禮、孫忠、王興信、王興禮、李魁臣、禹三樂、楊法孟、王學禮、楊法禮、姚復興，以上各施錢壹千。宋文選施錢捌佰。張成法、栗正法、王天魁施錢六佰。屈自榮、車福、刘朝、泰盛號、通順號、長興號施錢六百。介得成、趙福來、宋珠、韓宗、趙貴、億盛號、玉美號各錢叁佰。蔡中林、張有鳳、任多利、王崇貴、趙進禮、趙文平、李法臣、王孝、王智合施錢捌佰。陳秀施錢陸佰。李元士、張景義、翟國顯、王玉瑞、馬萬成，以上各錢一千。張文玉、張文彩、馬吉成、李科林、三合號，以上各施錢叁佰。林芝茂、陳玉林、李文舉、李秉孝、耿克明、王林吉、蔡長安、喬國正、周遇豐各施錢貳佰。張天祥、王廷弼，以上各施錢壹千。彭可賢施錢八佰。焦永福施錢七佰。常金斗施錢陸佰。邢法、常加言、邢德、梅士杰、安夢麟、宋法宗、陳得奇、王學明、薛振吉、王士光各施錢陸佰。樊朝良、王志、雷彦德、賈有智、李繼周、郭振德三人共施錢壹千。張才、儲廷奇、王文禮、申朝義、王萬秀、胡明德、郭天禎、李元祥、邢杰、段光純、段光全、楊奉才、彭可智、李學臣、王起明、李發、王有信、趙法有、柴興旺，以上各施錢伍百。焦文魁、張連元、趙正邦、張捷、杜學林、喬文炳、侯永魁、蘇成德、遇合店、廣濟號、洪文舉、新興號、趙金昇、王金貴、翟有福、李明春、泰章號、李法、王文順、楊復有、張順、李學孔、李文魁、楊得禄、楊得興、任金川、刘文聚，以上各施錢肆佰。楊清太、薛文武、梅士科、李天華、吳文、李學章、董環、董克有、董克儉、張志、劉文茂、和興號、李兆瑞、會仙館各施錢伍百。田如松、高鳳合、李文龍、李文秀、王輔、合盛號、楊天順、李恭、楊復明、楊法、馬法，以上各施錢伍佰。陳世法、黄振生、李事君、張順、霍世玉、李有太、任天貴、戴明成、李銀、王發財、薛廷賢、張學 、張全、郭良銀、永盛號、義成號、趙永泰、三合號、聚盛號、張平、王永安、范文進、邢月明、周平、趙東、王陶氏、水發祥、翟加爵、陶自秀、李加德、耆民馬全仁，以上各施錢叁佰。楊孝、宋文斌、安可仁、陳大聘、羅士昇、許文明、楊百壽、李邦秀、王天文、王懷忠、宋勳、張朋法，以上各施錢伍佰。玉興號、三盛號、張登品各施錢叁佰。張百僚、李自思、刘法、馬禎，以上各施錢貳佰。同聚號、松和號、萬卿、李永發、張光德、陳有榮、段學詩、段成秀、高保、寧天福、吳秀、南玉川、王國柱、馬呈瑞、趙祥、康有，以上各施錢叁佰。陳萬林、賈玉良、王振禮施錢肆佰。張文學、趙萬選、趙端陽、協成號、張元吉、王進興、何有才、合順號、同興號、義順恒、萬鎰號、德順號、順成號、趙法亮、趙杰、段光亮、楊義、楊福、陳林、温光興、王保子、李見武、王來福、莫成顯、刘文儒、苗發旺、楊進、吳賢、薛福倫、胡有福、柴明昇、梁林、新成號，以上各施錢貳佰。永興號、趙永昌、于興號各施錢貳佰。韓正玉、段太聲、楊宗水、李良貴、三順號、程義順、孫明祥、翟加禄、陶應春、馮世林，以上各施錢貳百。陶復貴施錢乙佰五十。楊天位、王萬全、王克禮、顧興建、焦秉法、蔣貴，以上各施錢二佰。杜域，以上各施錢伍佰。陳光聚施錢肆百。雪彦魁、馮得功、裴福、侯永林、永盛號、茹法、李世福、耿全順，以上各施錢一百。薛明德、李太、松盛號，以上各施錢一百。王來用，以上各施錢壹百。趙連、張世禎、張海成、宋大文、李忠學各施錢乙百。吳秀施錢三百。楊鳳实、王化山、牛東全各錢三百。任有太施錢肆錢。白生法、馬法各施錢叁佰。李隆福、張廷禄、任有辛、胡有信、王宗順各施錢叁佰。孫州各施錢一佰。郭同錢乙千。天德號錢四百。牛宗科錢二百。

時嘉慶二十五年歲　次庚辰四月穀旦立。

王美號　億盛號　韓號　趙　宗　趙　介　長興成　通順　泰盛號　劉　車　屈　王　粟天紫　張　宋文　姚文興　楊復禮　王學禮　楊法禮　禹三樂　李魁臣
　　　　　　　　貴　宗　福珠　得來　成　順號　號　盛號　朝　自福　　　正魁　成　　　　　　　　　　　　孟　　臣

周遇豐　喬國正　蔡長安　王林吉　耿克明　李秉明　李芝茂　陳　林　三　李科　馬吉成　張文彩　張文　馬成　王萬成　崔王瑞　張圓　李元義　陳顯　王智秀　李景義　李法孝

李元祥　郭大禎　胡明德　王萬秀　申朝義　王文禮　儲廷奇　張振德　郭紹周　李有智　賈有德　雪彦德　王朝志　樊朝良　王士光　薛振吉　王學明　陳得宗　宋夢麟　安士杰　梅士德　邢如德　常如言

李法　泰章號　李明號　崔有春　王金福　趙金貴　新文昇　洪濟號　廣合舉　過成號　蘇永德　侯文魁　喬學炳　杜學林　張提邦　趙正元　張連魁　焦文興　紫興旺　趙法有　王有信　李發明　王起明

合盛號　王文輔　李文秀　李鳳龍　高如松　田合松　曾仙館　李兆瑞　和興號　劉文　張克茂　董克志　董有儉　李學璋　吳天文　李天華　梅士科　薛文武　楊清太　劉文太　任金川　楊得興

周　邢月明　范文進　王永安　張　聚盛號　三合號　趙永　義永成　郭良銀　張盛號　張廷賢　薛廷賢　王發財　李明成　戴明銀　任天貴　李有太　霍世玉　張　李　黃振生　秦文試

順德　松和號　同聚號　馬禎法　劉　李省思　張百僚　張登品　三盛號　王興號　宋明勳　張懷忠　王天文　王天文　李郭秀　楊文明　許百　羅大壽　陳可仁　安可仁　趙　馬　王南　吳富

順德　萬　義　張　王　三　趙　趙　張　王　賈　陳　康　趙　馬　王　南

《創修叫河犁水潭石橋記（碑陰）》拓片局部

901

368. 開浚河南府洛嵩兩邑各渠碑記

立石年代：清嘉慶年間
原石尺寸：高 168 厘米，寬 70 厘米
石存地點：洛陽民俗博物館

開浚河南府洛嵩兩邑各渠碑記

夫生民衣食之本，厥惟農田，農田培養之資，厥惟水利。是以夏勤溝洫，周制井田，皆以時蓄泄而備旱潦。漢杜詩召信臣之建陂塘，猶師《周禮·稻人》，遂人遺意，以利農事。盖歲收之豐歉關乎天，而水旱之不時咸資人事以調劑之。河郡地形高廣，漢唐浚鑿各渠，分引伊洛兩河之水，灌溉農田，其來已久。然歷年既遠，湮廢遂多，數十年來，即所稱五洛渠者，開自前明宏治中，較在漢唐者近已不可復問矣，又安論其他？夫先民之遺澤就湮，即閭閻之生計日隘，恤民隱者能勿思所以董率興復之耶？歲甲子夏升任江西中丞，前方伯溫公承惠因公駐洛，時值亢暘，農民盼澤孔殷，即訪察舊渠源流，責成水利通判楊世福督率重修之。于是楊倅稽考故道，相度經營，與居民相胼胝歲餘。其有古渠全湮，沿舊名而重浚者，則洛水之古洛、六靖、新興、通津，伊水之古洪也；有舊址尚存，因其淤淺狹隘而充暢之者，則洛水之太明，伊水之黃道、永濟、清渠、伊渠也。又有因地制宜，補前人所未備，於舊渠之外，創新渠而立新名者，在洛水則太平，在伊水則樂豐、人和、香合、天議、永固、會心、周城、金城；在甘水則甘鶴、順興也。他如甘泉、六合、永利、權善四渠未竣者不計，而浚舊開新之已成者，計二十一處，可灌地二十餘萬畝。其開渠所占地有給價者，有編枚者，給價之多寡，一準以地之所出，編枚亦然。凡渠戶所澆地畝，有出自枚夫而澆者，有僅出枚費者，均各隨其所，樂從而不強之以所不便。至各渠之成也，凡壩堰橋閘，即因之而建，司其事者，則有渠長、小甲之設。然而善始所以要終，歷久期於不壞，因復今要立章程條約，以示遵循弗替者，又詳且善焉。余閱兵至洛，溯洄沿覽，見夫清流如帶，瀠洄於青疇綠壤之間者，皆他日亢暘之備也，慰藉者久之，因爲之入告，以副聖天子愛養黎元之至意，庶幾諸渠之利，亦可與伊洛兩河流澤靡崖矣。各渠顛末方伯既分紀之，而楊倅暨兩邑紳士復請余書其大略，勒諸石以垂不朽云。

　　賜進士出身兵部侍郎兼都察院右副都御史巡撫河南等處地方兼提督銜兼理河務并駐防滿營官兵世襲騎都尉前翰林院庶吉士軍功加三級紀錄三次馬慧裕撰并書。

〔注〕：該碑無確切立碑日期，因前有楊世福于清嘉慶十年（1805 年）撰并書《開浚洛嵩兩邑新舊各渠總碑記》，此兩碑內容相似，故此碑立碑時間應在嘉慶十年前後。